Serdal Ayhan

Hochgenaue radarbasierte Abstandsmessung mit geführter Wellenausbreitung

Karlsruher Forschungsberichte
aus dem Institut für Hochfrequenztechnik und Elektronik

Herausgeber: Prof. Dr.-Ing. Thomas Zwick

Band 81

Hochgenaue radarbasierte Abstandsmessung mit geführter Wellenausbreitung

von
Serdal Ayhan

KIT Scientific Publishing

Dissertation, Karlsruher Institut für Technologie (KIT)
Fakultät für Elektrotechnik und Informationstechnik, 2015

Impressum

KIT Scientific Publishing

Karlsruher Institut für Technologie (KIT)
KIT Scientific Publishing
Straße am Forum 2
D-76131 Karlsruhe

KIT Scientific Publishing is a registered trademark of Karlsruhe Institute of Technology. Reprint using the book cover is not allowed.

www.ksp.kit.edu

Print on Demand 2016

ISSN 1868-4696
ISBN 978-3-7315-0433-7
DOI 10.5445/KSP/1000049623

Vorwort des Herausgebers

Radare sind längst nicht mehr nur in der Luft- und Raumfahrt oder der Verteidigung im Einsatz. In vielen Bereichen des täglichen Lebens begegnen uns heute Radare ohne dass wir dies explizit bemerken. Speziell die Bewegungsdetektion, z.B. zum Öffnen von Türen, oder auch in Alarmanlagen ist weit verbreitet. Ein weiteres Anwendungsfeld, in dem Radarsysteme, dank der enormen Fortschritte der Halbleitertechnologien, in den letzten 15 Jahren Einzug erhielten, ist die Automobilumfeldsensorik. Radarsysteme bieten zwar bei weitem nicht die Auflösung optischer Systeme, können aber im Gegensatz zu diesen auch bei schlechtenWitterungsbedingungen noch brauchbare Messwerte liefern. Diese Eigenschaft ist auch der Grund für den Einsatz von Radaren im industriellen Umfeld mit der berührungslosen Füllstandsmessung von Flüssigkeiten als Haupteinsatzfeld. Im Gegensatz zu den zuvor genannten Anwendungen besteht die Aufgabe des Radarsensors bei den industriellen Anwendungen meist aus der möglichst genauen Abstandsbestimmung nur eines Ziels. Dadurch konnten hierbei schon heute bei kommerziellen Systemen Abstandsgenauigkeiten von bis zu 1 mm erreicht werden. In der Forschung dagegen wurde basierend auf neuartigen Algorithmen und verbesserter Hardware in den letzten Jahren sogar von Werten im Mikrometerbereich berichtet. Für eine kommerzielle Realisierung dieser Genauigkeiten fehlt allerdings die Kenntnis des genauen quantitativen Zusammenhangs zwischen den Nichtidealitäten (Phasenrauschen, Störungen, Abweichungen von idealer Frequenzrampe, ungewollte Reflexionsstellen) eines FMCW-Radars und der hochgenauen Abstandsmessung. Genau an dieser Stelle setzt die Arbeit von Herrn Ayhan an.

Herr Serdal Ayhan hat wichtige wissenschaftliche Grundlagen zur hochgenauen radarbasierten Abstandsmessung erarbeitet. Erstmalig wurde dabei ein quantitativer Zusammenhang zwischen den Nichtidealitäten eines FMCW-Radars und der hochgenauen Abstandsmessung hergestellt und messtechnisch verifiziert. Die von Herrn Ayhan entwickelte neuartige Methodik ermöglicht eine zuverlässige Auslegung der Einzelkomponenten solcher Systeme, wie es für eine spätere

Produktentwicklung unabdingbar ist. Dadurch gelang es Herrn Ayhan, mit einem K-Band Radarsensor und nur 800 MHz Bandbreite, die durch die CRLB theoretisch vorhergesagte Standardabweichung (d.h. Messwiederholgenauigkeit) näherungsweise zu erreichen. Die abso-lute Abstandsgenauigkeit seines Systems von 4,5 µm und damit nur ca. dem Doppelten der CLRB stellt einen neuen Rekord dar. Ich bin mir sicher, dass seine Ansätze in der Wissenschaft und insbesondere der Industrie weltweit aufgegriffen und weiterentwickelt werden. Herrn Ayhan wünsche ich, dass seine Kreativität und sein großes Organisationstalent ihn auch weiterhin zu wissenschaftlichen und wirtschaft-lichen Erfolgen führen wird.

Prof. Dr.-Ing. Thomas Zwick
– Institutsleiter –

Forschungsberichte aus dem Institut für Höchstfrequenztechnik und Elektronik (IHE) der Universität Karlsruhe (TH) (ISSN 0942-2935)

Herausgeber: Prof. Dr.-Ing. Dr. h.c. Dr.-Ing. E.h. mult. Werner Wiesbeck

Band 1 Daniel Kähny
Modellierung und meßtechnische Verifikation polarimetrischer, mono- und bistatischer Radarsignaturen und deren Klassifizierung (1992)

Band 2 Eberhardt Heidrich
Theoretische und experimentelle Charakterisierung der polarimetrischen Strahlungs- und Streueigenschaften von Antennen (1992)

Band 3 Thomas Kürner
Charakterisierung digitaler Funksysteme mit einem breitbandigen Wellenausbreitungsmodell (1993)

Band 4 Jürgen Kehrbeck
Mikrowellen-Doppler-Sensor zur Geschwindigkeits- und Wegmessung - System-Modellierung und Verifikation (1993)

Band 5 Christian Bornkessel
Analyse und Optimierung der elektrodynamischen Eigenschaften von EMV-Absorberkammern durch numerische Feldberechnung (1994)

Band 6 Rainer Speck
Hochempfindliche Impedanzmessungen an Supraleiter / Festelektrolyt-Kontakten (1994)

Band 7 Edward Pillai
Derivation of Equivalent Circuits for Multilayer PCB and Chip Package Discontinuities Using Full Wave Models (1995)

Band 8 Dieter J. Cichon
Strahlenoptische Modellierung der Wellenausbreitung in urbanen Mikro- und Pikofunkzellen (1994)

Band 9 Gerd Gottwald
Numerische Analyse konformer Streifenleitungsantennen in mehrlagigen Zylindern mittels der Spektralbereichsmethode (1995)

Band 10 Norbert Geng
Modellierung der Ausbreitung elektromagnetischer Wellen in Funksystemen durch Lösung der parabolischen Approximation der Helmholtz-Gleichung (1996)

Band 11 Torsten C. Becker
Verfahren und Kriterien zur Planung von Gleichwellennetzen für den Digitalen Hörrundfunk DAB (Digital Audio Broadcasting) (1996)

Forschungsberichte aus dem
Institut für Höchstfrequenztechnik und Elektronik (IHE)
der Universität Karlsruhe (TH) (ISSN 0942-2935)

Band 12 Friedhelm Rostan
Dual polarisierte Microstrip-Patch-Arrays für zukünftige satellitengestützte SAR-Systeme (1996)

Band 13 Markus Demmler
Vektorkorrigiertes Großsignal-Meßsystem zur nichtlinearen Charakterisierung von Mikrowellentransistoren (1996)

Band 14 Andreas Froese
Elektrochemisches Phasengrenzverhalten von Supraleitern (1996)

Band 15 Jürgen v. Hagen
Wide Band Electromagnetic Aperture Coupling to a Cavity: An Integral Representation Based Model (1997)

Band 16 Ralf Pötzschke
Nanostrukturierung von Festkörperflächen durch elektrochemische Metallphasenbildung (1998)

Band 17 Jean Parlebas
Numerische Berechnung mehrlagiger dualer planarer Antennen mit koplanarer Speisung (1998)

Band 18 Frank Demmerle
Bikonische Antenne mit mehrmodiger Anregung für den räumlichen Mehrfachzugriff (SDMA) (1998)

Band 19 Eckard Steiger
Modellierung der Ausbreitung in extrakorporalen Therapien eingesetzter Ultraschallimpulse hoher Intensität (1998)

Band 20 Frederik Küchen
Auf Wellenausbreitungsmodellen basierende Planung terrestrischer COFDM-Gleichwellennetze für den mobilen Empfang (1998)

Band 21 Klaus Schmitt
Dreidimensionale, interferometrische Radarverfahren im Nahbereich und ihre meßtechnische Verifikation (1998)

Band 22 Frederik Küchen, Torsten C. Becker, Werner Wiesbeck
Grundlagen und Anwendungen von Planungswerkzeugen für den digitalen terrestrischen Rundfunk (1999)

Band 23 Thomas Zwick
Die Modellierung von richtungsaufgelösten Mehrwegegebäudefunkkanälen durch markierte Poisson-Prozesse (2000)

Forschungsberichte aus dem
Institut für Höchstfrequenztechnik und Elektronik (IHE)
der Universität Karlsruhe (TH) (ISSN 0942-2935)

Band 24 Dirk Didascalou
Ray-Optical Wave Propagation Modelling in Arbitrarily Shaped Tunnels (2000)

Band 25 Hans Rudolf
Increase of Information by Polarimetric Radar Systems (2000)

Band 26 Martin Döttling
Strahlenoptisches Wellenausbreitungsmodell und Systemstudien für den Satellitenmobilfunk (2000)

Band 27 Jens Haala
Analyse von Mikrowellenheizprozessen mittels selbstkonsistenter finiter Integrationsverfahren (2000)

Band 28 Eberhard Gschwendtner
Breitbandige Multifunktionsantennen für den konformen Einbau in Kraftfahrzeuge (2001)

Band 29 Dietmar Löffler
Breitbandige, zylinderkonforme Streifenleitungsantennen für den Einsatz in Kommunikation und Sensorik (2001)

Band 30 Xuemin Huang
Automatic Cell Planning for Mobile Network Design: Optimization Models and Algorithms (2001)

Band 31 Martin Fritzsche
Anwendung von Verfahren der Mustererkennung zur Detektion von Landminen mit Georadaren (2001)

Band 32 Siegfried Ginter
Selbstkonsistente Modellierung der Erhitzung von biologischem Gewebe durch hochintensiven Ultraschall (2002)

Band 33 Young Jin Park
Applications of Photonic Bandgap Structures with Arbitrary Surface Impedance to Luneburg Lenses for Automotive Radar (2002)

Band 34 Alexander Herschlein
Entwicklung numerischer Verfahren zur Feldberechnung konformer Antennen auf Oberflächen höherer Ordnung (2002)

Band 35 Ralph Schertlen
Mikrowellenprozessierung nanotechnologischer Strukturen am Beispiel von Zeolithen (2002)

Forschungsberichte aus dem
Institut für Höchstfrequenztechnik und Elektronik (IHE)
der Universität Karlsruhe (TH) (ISSN 0942-2935)

Band 36 Jürgen von Hagen
Numerical Algorithms for the Solution of Linear Systems of Equations Arising in Computational Electromagnetics (2002)

Band 37 Ying Zhang
Artificial Perfect Magnetic Conductor and its Application to Antennas (2003)

Band 38 Thomas M. Schäfer
Experimentelle und simulative Analyse der Funkwellenausbreitung in Kliniken (2003)

Band 39 Christian Fischer
Multistatisches Radar zur Lokalisierung von Objekten im Boden (2003)

Band 40 Yan C. Venot
Entwicklung und Integration eines Nahbereichsradarsensorsystems bei 76,5 GHz (2004)

Band 41 Christian Waldschmidt
Systemtheoretische und experimentelle Charakterisierung integrierbarer Antennenarrays (2004)

Band 42 Marwan Younis
Digital Beam-Forming for high Resolution Wide Swath Real and Synthetic Aperture Radar (2004)

Band 43 Jürgen Maurer
Strahlenoptisches Kanalmodell für die Fahrzeug-Fahrzeug-Funkkommunikation (2005)

Band 44 Florian Pivit
Multiband-Aperturantennen für Basisstationsanwendungen in rekonfigurierbaren Mobilfunksystemen (2005)

Band 45 Sergey Sevskiy
Multidirektionale logarithmisch-periodische Indoor-Basisstationsantennen (2006)

Band 46 Martin Fritz
Entwurf einer breitbandigen Leistungsendstufe für den Mobilfunk in Low Temperature Cofired Ceramic (2006)

Band 47 Christiane Kuhnert
Systemanalyse von Mehrantennen-Frontends (MIMO) (2006)

Band 48 Marco Liebler
Modellierung der dynamischen Wechselwirkungen von hoch-intensiven Ultraschallfeldern mit Kavitationsblasen (2006)

Forschungsberichte aus dem
Institut für Höchstfrequenztechnik und Elektronik (IHE)
der Universität Karlsruhe (TH) (ISSN 0942-2935)

Band 49 Thomas Dreyer
Systemmodellierung piezoelektrischer Sender zur Erzeugung hochintensiver Ultraschallimpulse für die medizinische Therapie (2006)

Band 50 Stephan Schulteis
Integration von Mehrantennensystemen in kleine mobile Geräte für multimediale Anwendungen (2007)

Band 51 Werner Sörgel
Charakterisierung von Antennen für die Ultra-Wideband-Technik (2007)

Band 52 Reiner Lenz
Hochpräzise, kalibrierte Transponder und Bodenempfänger für satellitengestützte SAR-Missionen (2007)

Band 53 Christoph Schwörer
Monolithisch integrierte HEMT-basierende Frequenzvervielfacher und Mischer oberhalb 100 GHz (2008)

Band 54 Karin Schuler
Intelligente Antennensysteme für Kraftfahrzeug-Nahbereichs-Radar-Sensorik (2007)

Band 55 Christian Römer
Slotted waveguide structures in phased array antennas (2008)

Fortführung als
"Karlsruher Forschungsberichte aus dem Institut für Hochfrequenztechnik und Elektronik" bei KIT Scientific Publishing
(ISSN 1868-4696)

Karlsruher Forschungsberichte aus dem Institut für Hochfrequenztechnik und Elektronik (ISSN 1868-4696)

Herausgeber: Prof. Dr.-Ing. Thomas Zwick

Die Bände sind unter www.ksp.kit.edu als PDF frei verfügbar oder als Druckausgabe bestellbar.

Band 55 Sandra Knörzer
Funkkanalmodellierung für OFDM-Kommunikationssysteme bei Hochgeschwindigkeitszügen (2009)
ISBN 978-3-86644-361-7

Band 56 Thomas Fügen
Richtungsaufgelöste Kanalmodellierung und Systemstudien für Mehrantennensysteme in urbanen Gebieten (2009)
ISBN 978-3-86644-420-1

Band 57 Elena Pancera
Strategies for Time Domain Characterization of UWB Components and Systems (2009)
ISBN 978-3-86644-417-1

Band 58 Jens Timmermann
Systemanalyse und Optimierung der Ultrabreitband-Übertragung (2010)
ISBN 978-3-86644-460-7

Band 59 Juan Pontes
Analysis and Design of Multiple Element Antennas for Urban Communication (2010)
ISBN 978-3-86644-513-0

Band 60 Andreas Lambrecht
True-Time-Delay Beamforming für ultrabreitbandige Systeme hoher Leistung (2010)
ISBN 978-3-86644-522-2

Band 61 Grzegorz Adamiuk
Methoden zur Realisierung von dual-orthogonal, linear polarisierten Antennen für die UWB-Technik (2010)
ISBN 978-3-86644-573-4

Band 62 Jutta Kühn
AlGaN/GaN-HEMT Power Amplifiers with Optimized Power-Added Efficiency for X-Band Applications (2011)
ISBN 978-3-86644-615-1

Karlsruher Forschungsberichte aus dem Institut für Hochfrequenztechnik und Elektronik (ISSN 1868-4696)

Band 63 Małgorzata Janson
Hybride Funkkanalmodellierung für ultrabreitbandige MIMO-Systeme (2011)
ISBN 978-3-86644-639-7

Band 64 Mario Pauli
Dekontaminierung verseuchter Böden durch Mikrowellenheizung (2011)
ISBN 978-3-86644-696-0

Band 65 Thorsten Kayser
Feldtheoretische Modellierung der Materialprozessierung mit Mikrowellen im Durchlaufbetrieb (2011)
ISBN 978-3-86644-719-6

Band 66 Christian Andreas Sturm
Gemeinsame Realisierung von Radar-Sensorik und Funkkommunikation mit OFDM-Signalen (2012)
ISBN 978-3-86644-879-7

Band 67 Huaming Wu
Motion Compensation for Near-Range Synthetic Aperture Radar Applications (2012)
ISBN 978-3-86644-906-0

Band 68 Friederike Brendel
Millimeter-Wave Radio-over-Fiber Links based on Mode-Locked Laser Diodes (2013)
ISBN 978-3-86644-986-2

Band 69 Lars Reichardt
Methodik für den Entwurf von kapazitätsoptimierten Mehrantennensystemen am Fahrzeug (2013)
ISBN 978-3-7315-0047-6

Band 70 Stefan Beer
Methoden und Techniken zur Integration von 122 GHz Antennen in miniaturisierte Radarsensoren (2013)
ISBN 978-3-7315-0051-3

Band 71 Łukasz Zwirełło
Realization Limits of Impulse-Radio UWB Indoor Localization Systems (2013)
ISBN 978-3-7315-0114-5

Band 72 Xuyang Li
Body Matched Antennas for Microwave Medical Applications (2014)
ISBN 978-3-7315-0147-3

Karlsruher Forschungsberichte aus dem Institut für Hochfrequenztechnik und Elektronik (ISSN 1868-4696)

Band 73 Sebastian Diebold
Transistor- und Leitungsmodellierung zum Entwurf von monolithisch integrierten Leistungsverstärkern für den hohen Millimeterwellen-Frequenzbereich (2014)
ISBN 978-3-7315-0161-9

Band 74 Christian Rusch
Integrierte, planare Leckwellenantennen für 3D-Millimeterwellen-Radarsysteme basierend auf dem holografischen Prinzip (2014)
ISBN 978-3-7315-0234-0

Band 75 Marlene Harter
Dreidimensional bildgebendes Radarsystem mit digitaler Strahlformung für industrielle Anwendungen (2014)
ISBN 978-3-7315-0249-4

Band 76 Michael A. Baldauf
Abhängigkeit der Exposition von der Zellgröße beim Mobilfunk unter Gewährleistung der Versorgung (2015)
ISBN 978-3-7315-0308-8

Band 77 Alicja Ossowska
Highly Resolved Synthetic Aperture Radar with Beam Steering (2015)
ISBN 978-3-7315-0315-6

Band 78 Małgorzata Dominika Brzeska
RF Modelling and Characterization of Tyre Pressure Sensors and Vehicle Access Systems (2015)
ISBN 978-3-7315-0348-4

Band 79 Ulrich Lewark
Aktive Frequenzvervielfacher zur Signalerzeugung im Millimeter- und Submillimeterwellen Frequenzbereich (2015)
ISBN 978-3-7315-0354-5

Band 80 Kai-Philipp Walter Pahl
Distributed Transformers for Broadband Monolithic Millimeter-Wave Integrated Power Amplifiers (2015)
ISBN 978-3-7315-0409-2

Band 81 Serdal Ayhan
Hochgenaue radarbasierte Abstandsmessung mit geführter Wellenausbreitung (2016)
ISBN 978-3-7315-0433-7

Hochgenaue radarbasierte Abstandsmessung mit geführter Wellenausbreitung

Zur Erlangung des akademischen Grades eines

DOKTOR-INGENIEURS

von der Fakultät für
Elektrotechnik und Informationstechnik
des Karlsruher Instituts für Technologie (KIT)

genehmigte

DISSERTATION

von

M.Sc. Serdal Ayhan

geb. in Nussloch

Tag der mündlichen Prüfung: 29.04.2015

Hauptreferent: Prof. Dr.-Ing. Thomas Zwick
Korreferent: Prof. Dr.-Ing. Nils Pohl

Zusammenfassung

Die vorliegende Arbeit stellt ein neuartiges Messkonzept für eine hochgenaue, radarbasierte Abstandsmessung mit geführter Wellenausbreitung vor, das den Einsatz der Radartechnik in einem neuen Anwendungsfeld im Bereich der industriellen Sensorik ermöglicht. Durch den Ansatz mit geführten Radarwellen in einem Hohlleiter werden Umgebungseinflüsse im industriellen Umfeld wie Staub, Öl oder Späne minimiert und zeitgleich wirkstellennahe Abstandsmessungen gewährleistet. Das innovative Messprinzip basiert auf der Auswertung der Frequenz im FMCW-Verfahren, das mit einer Phasenauswertung erweitert wird. Auf diese Weise wird neben einem großen Eindeutigkeitsbereich ebenfalls eine hohe Abstandsgenauigkeit erreicht. Das Konzept und die Anforderungen an die erweiterte Phasenauswertung werden im Detail beschrieben. Die umgesetzten Algorithmen zur Frequenz- und Phasenauswertung werden vorgestellt und in Bezug auf die Abstandsgenauigkeit sowie die Echtzeitfähigkeit analysiert. Dabei sind die Algorithmen und die Analyse in dieser Arbeit auf alle FMCW-Radare zur Abstandsmessung übertragbar.

Die Methoden und Techniken zur Charakterisierung der Rauscheigenschaften des Radarsensors gewährleisten die genaue Bestimmung des Signal-zu-Rausch-Verhältnisses und des Phasenrauschens. Diese Rauschgrößen werden anschließend mit Frequenzabweichungen auf der Frequenzrampe in Bezug gesetzt, die mit einem neuen Verfahren zur Linearitätsanalyse der Frequenzrampe im FMCW-Radar ermittelt werden. Durch analytische Beschreibung und gezielte Erhöhung der gegebenen Frequenzabweichungen wird eine einfache Methode in dieser Arbeit vorgestellt, die verallgemeinert den Einfluss von derartigen Frequenzabweichungen auf das Zwischenfrequenzsignal und damit auf die Abstandsgenauigkeit im FMCW-Radar bestimmt.

Die Ausbreitungseigenschaften des Radarsignals in einer geschlossenen Messumgebung werden mit dem neuartigen Simulationsansatz in dieser Arbeit im

Detail untersucht. Das aufgestellte, analytische Signalmodell erfasst dabei den Dispersionseinfluss, wodurch der Einfluss auf die Frequenz- und die Phasenauswertung bewertet werden kann. Darüber hinaus können zusätzliche Reflexionsstellen in der Messstrecke mit der Simulation charakterisiert und Konzepte zur Optimierung realisiert werden.
Damit sind alle relevanten Einflüsse auf die Abstandsmessung mit einem FMCW-Radar erfasst und eine optimale Systemauslegung schon im Vorfeld möglich. Mit Radarmessungen in einem Hohlleiter können sowohl der Simulationsansatz als auch die Analysemethoden zur Rausch- und Linearitätsbestimmung verifiziert werden. Ferner wird die Eignung des radarbasierten Messkonzeptes im industriellen Anwendungsfeld anhand der erreichten Abstandsgenauigkeit im Submillimeterbereich bestätigt.
Ein weiterer Fokus der Arbeit liegt auf der Integrierbarkeit und der Flexibilität des Messkonzepts. Hierzu werden Anwendungsbeispiele vorgestellt, die typischerweise im industriellen Umfeld vorzufinden sind. Die eindimensionale Abstandsmessung in einem Hohlleiter wird in eine hydraulische Vorschubachse integriert, die ein Bestandteil einer miniaturisierten Werkzeugmaschine ist. In diesem Zusammenhang wird das Messkonzept zu einer zweidimensionalen Messung erweitert und die Möglichkeit einer wirkstellennahen Positionsbestimmung an einer Parallelkinematik gezeigt. Mit einer kreisförmigen Hohlleiterstruktur werden ebenfalls Messmöglichkeiten zur hochgenauen Bestimmung von Dreh- bzw. Rotationsbewegungen präsentiert. Als zusätzliches Anwendungsszeanrio wird die Positionsdetektion in einem hydraulischen Zylinder realisiert. Die Messkonzepte werden im Detail beschrieben, analysiert und anhand von Messungen verifiziert.

Vorwort

Diese Dissertation entstand während meiner Tätigkeit als wissenschaftlicher Mitarbeiter am Institut für Hochfrequenztechnik und Elektronik (IHE) des Karlsruher Instituts für Technologie (KIT).
An erster Stelle möchte ich mich daher beim Institutsleiter und meinem Hauptreferenten Prof. Dr. Thomas Zwick für die Möglichkeit zur Promotion an seinem Institut und das mir entgegengebrachte Vertrauen bedanken. Während meiner gesamten Zeit am IHE konnte ich stets auf seine Unterstützung, seine positive Anregungen und seinen kompetenten Rat zählen, so dass er einen entscheidenden Anteil zum Gelingen dieser Arbeit beigetragen hat. Ebenfalls geht mein besonderer Dank an Prof. Dr. Nils Pohl für das Interesse an dieser Arbeit und die Übernahme des Korreferats.
Des Weiteren möchte ich mich bei all meinen IHE-Kollegen aus der Wissenschaft, aus der Verwaltung und aus der Technik für die ausgezeichnete Arbeitsatmosphäre am Institut und für die Unterstützung bei technischen sowie nichttechnischen Angelegenheiten bedanken. Dabei möchte ich insbesondere die mechanische Werkstatt hervorheben, die für meine Forschung zahlreiche, spezielle Aufbauten umgesetzt hat. Zu Dank verpflichtet bin ich auch meinen ehemaligen Studenten für die motivierte Mitarbeit an unterschiedlichen Themen meiner Dissertation.
Ein ganz besonderer Dank gilt meinen Kollegen Steffen Scherr, Mario Pauli und Tobias Mahler für die kritische Durchsicht des Manuskripts. Danken möchte ich ferner meinem Zimmerkollegen Ronald Vester für seine stetige Hilfsbereitschaft, Philipp Pahl für die ausgiebigen, fachlichen Diskussionen und Mario Pauli für die gewonnenen Erfahrungen während Konferenz- und Projektreisen. Im Speziellen danke ich meinem Zimmerkollegen Steffen Scherr für die großartige Zusammenarbeit an unserem Radarthema und vor allem die stetige Unterstützung während meiner Zeit am IHE.

Schließlich möchte ich mich ganz besonders bei meinen Eltern, meinem Bruder Serkan und seiner Familie bedanken, die mich stets unterstützt haben und ich mich immer auf sie verlassen konnte. Der größte Dank geht schließlich an meine Frau Simge und meine Tochter Liya Efla, die mein Leben einzigartig bereichern und stets den notwendigen Rückhalt und Zuneigung sowie Freude und Ablenkung geben.

Karlsruhe, im September 2015

Serdal Ayhan

Inhaltsverzeichnis

Abkürzungen und Symbole

Abkürzungen

AD	Analog/Digital
BP	Bandpass
CAD	Rechnerunterstützte Konstruktion (engl. *Computer Aided Design*)
CRLB	Mindestgrenze für die Varianz von Schätzverfahren deterministischer Parameter (engl. *Cramér–Rao Lower Bound*)
CORDIC	Iterativer Algorithmus zur Berechnung von trigonometrischen Funktionen (engl. *Coordinate Rotation Digital Computer*)
CST	Elektromagnetischer 3D-Feldsimulator (engl. *Computer Simulation Technology*)
CW	Monofrequentes Radarverfahren (engl. *Continuous Wave*)
CZT	Nichtparametrisches Frequenzschätzverfahren auf DFT-Basis (engl. *Chirp-Z Tranform*)
DA	Digital/Analog
DDS	Verfahren zur Signalerzeugung (engl. *Direct Digital Synthesis*)
DFG	Deutsche Forschungsgemeinschaft
DFT	Diskrete Fouriertransformation (engl. *Discrete Fourier Transform*)
DSP	Digitaler Signalprozessor (engl. *Digital Signal Processor*)

ESPRIT	Paramterisches Frequenzschätzverfahren (engl. *Estimation of Signal Parameters by Rotational Invariant Techniques*)
EM	Elektromagnetisch
FFT	Schnelle Fouriertransformation (engl. *Fast Fourier Transform*)
FM	Frequenzmodulation
FMCW	Frequenzmoduliertes Radarverfahren (engl. *Frequency Modulated Continuous Wave*)
FT	Fouriertransformierte
FTW	Frequenzwort (engl. *Frequency Tuning Word*)
FPGA	Programmierbarer digitaler Schaltkreis (engl. *Field Programmable Gate Array*)
HF	Hochfrequenz
HL	Hohlleiter
HW	engl. *Hardware*
HVSA	Hydraulische Vorschubachse
IHE	Institut für Hochfrequenztechnik und Elektronik
IP-Core	Vorgefertigte Funktionsblöcke bei Programmiersprachen (engl. *Intellectual Property Core*)
IQ	Inphase-Quadratur
K-Band	Frequenzband zwischen 18 GHz und 26,5 GHz
KIT	Karlsruher Institut für Technologie
LNA	Rauscharmer Verstärker (engl. *Low Noise Amplifier*)
MUSIC	Paramterisches Frequenzschätzverfahren (engl. *Multiple Signal Classification*)
NCO	Numerisch gesteuerter Oszillator (engl. *Numerically Controlled Oscillator*)
NF	Niederfrequenz
NWA	Netzwerkanalysator
PA	Phasenakkumulator
PEEK	Polyetheretherketone
PFD	Phasen-Frequenz-Detektor
PKM	Parallelkinematik

PLL	Phasenregelschleife (engl. *Phase-Locked Loop*)
PTFE	Polytetrafluoroethylene
PVC	Polyvinylchlorid
RAM	Speicher mit direktem Zugriff (engl. *Random Access Memory*)
Radar	Technologie zur Ortung, Abstands- und Geschwindigkeitsmessung mittels elektromagnetischen Wellen (engl. *Radio Detection and Ranging*)
S-Parameter	Streuparameter
Si	Silizium
SiGe	Siliziumgermanium
SNR	Signal-Rausch-Verhältnis (engl. *Signal-to-Noise-Ratio*)
SPP	Schwerpunktprogramm
SSB	Einseitenband-Phasenrauschspektrum (engl. *Single-Side-Band*)
STCZT	Kurzzeit-Chirp-Z Transformation (engl. *Short-Time Chirp-Z Transform*)
STFT	Kurzzeit-Fourier Transformation (engl. *Short-Time-Fourier-Transform*)
TCP	Werkzeug- bzw. Werkstückposition (engl. *Tool Center Point*)
TEM	Transversal elektromagnetisch
TE	Transversal elektrisch
TFR	Zeit-Frequenz-Darstellung (engl. *Time Frequency Representation*)
TM	Transversal magnetisch
TP	Tiefpass
TRL-Kalibration	Kalibrationsmethode mit den drei Standards Durchgang (engl. *Through*), Reflexion (engl. *Reflect*) und Leitung (engl. *Line*)
VCO	Spannungsgesteuerter Oszillator (engl. *Voltage-Controlled-Oscillator*)
W-Band	Frequenzband zwischen 75 GHz und 110 GHz
WZM	Werkzeugmaschine

ZF	Zwischenfrequenz
ZP	Verfahren zur Steigerung der DFT-Frequenzauflösung (engl. *Zeropadding*)
1D	Eindimensional
2D	Zweidimensional
3D	Dreidimensional

Mathematische und physikalische Konstanten

$c_0 = 299792458$ m/s	Lichtgeschwindigkeit im Vakuum
$e = 2{,}71828...$	Eulersche Zahl
$\pi = 3{,}14159...$	Kreiszahl

Lateinische Symbole und Variablen

Kleinbuchstaben

a_n	CZT-Koeffizient
a	lange Seite eines Rechteckhohlleiters
b	kurze Seite eines Rechteckhohlleiters
b_n	CZT-Koeffizient
b_k^*	komplex konjugierter CZT-Koeffizient
c	Konstante Längenkante im 2D-Messaufbau
d_PEEK	Durchmesser PEEK-Abschnitt des Koaxial-Hohlleiter-Adapters
$e(t)$	Störmodelle in Form von Frequenzabweichungen auf der Frequenzrampe
f	Frequenz
f_a	Abtastfrequenz
$f_\mathrm{a,erf}$	erforderliche Abtastfrequenz
f_c	Cut-off Frequenz
f_clk	Taktfrequenz der DDS
$f_\mathrm{DDS,M}$	Ausgangsfrequenz der DDS

f_e	Störfrequenz der sinusförmigen Nichtlinearität auf der Frequenzrampe
f_{LO}	Lokaloszillator
f_m	Frequenzabstand zum Träger
f_{max}	Startfrequenz der Frequenzrampe
f_{min}	Endfrequenz der Frequenzrampe
f_{off}	Offsetfrequenz für die CZT-Auswertung
f_{real}	reale Frequenz der Frequenzrampe mit Frequenzabweichungen
$f_{res,med}$	Resonanzfrequenz des ölgefüllten Resonators
$f_{res,air}$	Resonanzfrequenz des leeren Resonators
f_{Rx}	ideale Frequenz der Frequenzrampe des Empfängers
f_{Tx}	ideale Frequenz der Frequenzrampe des Senders
f_{ZF}	Frequenz des ZF-Signals
$f_{ZF,e}(t)$	gestörte Frequenz des ZF-Signals
$f_{ZF,erf}$	erforderliche Zwischenfrequenzauflösung für die erweiterte Phasenauswertung
$f_{ZF,max}$	Zwischenfrequenz für den maximalen Abstand
f_0	Mittenfrequenz der Frequenzrampe
k	Zählindex im Frequenzbereich
k_{max}	Maximum im Frequenzbereich
k_{ph}	Hohlleiter-Korrekturterm für die Phase im ZF-Signal
l	Verbindungsöffnung von zwei Hohlleiterabschnitten im Riblet-Koppler
l_{end}	Länge des letzten Abschnitts im optimierten Radarziel
m	Eindeutigkeitszelle der kombinierten Frequenz- und Phasenauswertung
m,n	gerade Zahlen zur Nummerierung von Moden
m_{inc}	Anzahl der Frequenzwörter im DDS
m_{step}	Schrittweite der Frequenzwörter im DDS
n	ganzzahliger Zählindex
p_{HL}	Position im Hohlleiter mit 0,45 m Abstand zum Hohlleiterende
r	Radius

r_{B}	Rillenbreite im optimierten Radarziel
r_{circ}	Radius des Winkelmessaufbaus
r_{in}	Innenradius
r_{out}	Außenradius
r_{T}	Rillentiefe im optimierten Radarziel
$s_{\mathrm{DDS}}(t)$	Ausgangssignal der DDS
s_{n}	Diskretes ZF-Signal im Zeitbereich
$s_{\mathrm{Rx}}(t)$	Empfangssignal im FMCW-Radar
$s_{\mathrm{Tx}}(t)$	Sendesignal im FMCW-Radar
$s_{\mathrm{ZF}}(t)$	ZF-Signal im Zeitbereich
$\tan \delta_{\mathrm{med}}$	Verlusttangens des Öls
t	Zeit
t_{a}	Abtastrate
t_0	Zeitverschiebung
v_{gr}	Gruppengenschwindigkeit im Hohlleiter
v_{ph}	Phasenschwindigkeit im Hohlleiter
x_{TCP}	x-Wert des Schnittpunkts am TCP im 2D-Messaufbau
x	Reflexionsstelle in der Matlabsimulation
y_{TCP}	y-Wert des Schnittpunkts am TCP im 2D-Messaufbau

Großbuchstaben

A_{e}	Störamplitude der sinusförmigen Nichtlinearität auf der Frequenzrampe
$A_{\mathrm{e,mess}}$	gemessene Störamplitude der Frequenzabweichungen auf der Frequenzrampe
A_{n}	zufällige Frequenzschwankungen auf der Frequenzrampe
A_{ZF}	Amplitude des ZF-Signals
$A_{3\sigma}$	3σ-Standardabweichung der zufälligen Frequenzschwankungen auf der Frequenzrampe
A_0	Störamplitude der quadratischen Nichtlinearität auf der Frequenzrampe

A_1	Koeffizient im quadratischen Störmodell für die Frequenzrampe
B	Bandbreite der Frequenzrampe
B_{CZT}	Bandbreite für die CZT-Auswertung
B_{k}	Parameter für die CZT-Auswertung
B_{noise}	Rauschbandbreite im ZF-Signal
B_{ZF}	ZF-Filterbandbreite
$B_{\mathrm{3dB,med}}$	3 dB Bandbreite des Resonators
F_{gain}	Prozessierungsgewinn der FFT
J_{n}	Besselfunktion erster Art
K	Anzahl der Frequenzstützstellen
L	PLL-Teilerfaktor
M	Frequenzwort der DDS
M_{B}	Differenz der Frequenzworte über die Bandbreite im DDS
M_{FM}	Modulationsgrad der Frequenzmodulation am Ausgang der DDS
M_{min}	Frequenzwort der DDS für die Startfrequenz des FMCW-Radars
M_{n}	Messwiederholung
N	Anzahl der Abtastwerte
N_{DDS}	Bitbreite des Festwertspeichers
N_{FFT}	Transformationslänge der FFT
N_{pos}	Anzahl der Messpositionen auf der Messstrecke
P_{Filter}	Leistungsunterschied im ZF-Signal für Frequenzen außerhalb der ZF-Filterbandbreite
P_{in}	Eingangsleistung
P_{Rx}	empfangene Leistung
P_{ref}	reflektierte Leistung
P_{S}	Leistung der Zwischenfrequenz im Spektrum des ZF-Signals
P_{SSB}	Rauschleistung im Phasenrauschen
P_{term}	Schwellwert für die Matlabsimulation
P_{tr}	transmittierte Leistung

$P_{\Delta\Phi}$	Einseitenband-Phasenrauschen
R	Abstand zum Radarziel
R_{abs}	absoluter Abstand zum Radarziel
$R_{f_{\text{ZF}}}$	ermittelter Abstand über die Frequenzauswertung
R_{max}	maximaler Abstand zum Radarziel
R_{radar}	Realer Abstand zum Radarziel
R_{ref}	Idealer Abstand zum Radarziel
R_{unamb}	Eindeutigkeitsbereich der Phase
$R_{\phi_{\text{ZF}}}$	ermittelter Abstand über die erweiterte Phasenauswertung
S_{k}	ZF-Signal im Frequenzbereich
$\|S_{11}\|$	Reflexionsfaktor
$\|S_{21}\|$	Transmissionsfaktor
S_{11}	Anpassung im Riblet-Koppler
S_{21}	Transmission im Riblet-Koppler
S_{31}	Isolation im Riblet-Koppler
S_{41}	Kopplung im Riblet-Koppler
T	Rampendauer der Frequenzrampe
T_{a}	DDS-Aktualisierungsrate
W_{loss}	Dämpfung durch die Fensterfunktion
W_1	Standrohr im Hydraulikzylinder
W_2	Tauchrohr im Hydraulikzylinder
Z_{L}	Wellenwiderstand
ZP	Zeropadding-Faktor

Griechische Symbole und Variablen

α	Reflexionsfaktor am Radar-Kabel-Übergang
α_{D}	Dämpfung
α_{erf}	benötige Winkelgenauigkeit für die erweiterte Phasenauswertung
β	Reflexionsfaktor am Kabel-Dämpfungsglied-Übergang
δ	Reflexionsfaktor am Dämpfungsglied-HL-Übergang

Δa	Toleranz für die Hohlleiterseite a
Δf	Differenzfrequenz zwischen zwei ZF-Signalfrequenzen
Δf_{CZT}	Frequenzauflösung der CZT
$\Delta f_{\mathrm{DDS,HF}}$	Frequenzschrittweite der DDS nach Umsetzung in die Hochfrequenz
Δf_{DFT}	Frequenzauflösung der DFT
$\Delta f_{\mathrm{DFT,ZP}}$	Frequenzauflösung der DFT mit Zeropadding
Δf_{erf}	geforderte Frequenzauflösung für die Frequenzauswertung
Δf_{FMCW}	Frequenzabweichungen auf der Frequenzrampe
Δf_{pos}	Positionsauflösung der SCZT
$\Delta f_{\mathrm{DDS,step}}$	Frequenzschrittweite der DDS
Δr	relative Radiusänderung
ΔR	Entfernungsauflösung
ΔR_{erf}	geforderte Genauigkeit der Abstandsbestimmung
ΔR_{f}	Abstandsfehler mit der Frequenzauswertung aufgrund von Toleranzen der Hohlleitergeometrie
ΔR_{zul}	Zulässige Ungenauigkeit in der Abstandsbestimmung für die Frequenzauswertung
ΔR_{ϕ}	Abstandsfehler mit der Phasenauswertung aufgrund von Toleranzen der Hohlleitergeometrie
Δp	Schrittweite der Messung
$\Delta\phi$	Differenzphase zwischen zwei ZF-Signalphasen
$\Delta\phi_{\mathrm{CORDIC}}$	Phasengenauigkeit CORDIC-Algorithmus
$\Delta\phi_{\mathrm{PA}}$	Phasenauflösung der DDS
Δx	relative Abstandsänderung in x-Richtung
Δy	relative Abstandsänderung in y-Richtung
ε	komplexe dielektrische Permittivität
$\varepsilon_{\mathrm{r}}'$	Realteil der dielektrischen Permittivität
$\varepsilon_{\mathrm{r}}''$	Imaginärteil der dielektrischen Permittivität
γ	Reflexionsfaktor am Radarziel
$\lambda_{\mathrm{cut-off}}$	Cut-off-Wellenlänge
λ_{min}	Wellenlänge der Startfrequenz des FMCW-Radars
λ_{z}	Wellenlänge im Hohlleiter

λ_0	Wellenlänge im Freiraum
μ_{abs}	Mittelwert der absoluten Abstandsfehler
ν_{disp}	Dispersionsfaktor
η	SNR
η_{AD}	SNR des AD-Wandlers
$\eta_{\phi_{\mathrm{noise}}}$	SNR-Abschätzung über das Phasenrauschen
η_{ZF}	SNR-Abschätzung im Spektrum des ZF-Signals
θ	Reflexionsfaktor am Hohlleiterende
$\sigma_{\mathrm{CRLB(freq)}}$	CRLB-Standardabweichung der Abstandsauswertung über die Frequenz
$\sigma_{\mathrm{CRLB(komb)}}$	CRLB-Standardabweichung der Abstandsauswertung über die Phase
σ_{f}	Standardabweichung der Frequenzauswertung
σ_{R}	Standardabweichung der Abstandsauswertung
τ	Laufzeit bis zum Empfang des Radarsignals
τ_{FFT}	Rechenzeit der FFT im FPGA
$\tau_{\mathrm{v_{gr}}}$	berechnete Laufzeit über die Gruppengeschwindigkeit
τ_0	Laufzeit als Integrationsgrenze beim Empfang des Radarsignals
$\phi_{\mathrm{A_{ZF}}}$	Phasenterm für einen komplexen Reflexionsfaktor in der Matlabsimulation
ϕ_{ZF}	Anfangsphase im ZF-Signal
$\phi_{\mathrm{ZF}}(t)$	Momentanphase des ZF-Signals
$\phi_{\mathrm{ZF_{HL}}}$	Anfangsphase im ZF-Signal unter Berücksichtigung des Hohlleiters
$\psi(t)$	Phase des FMCW-Sendesignals
ω	Kreisfrequenz ($\omega = 2\pi f$)

1 Einleitung

Das Radar (engl. *Radio Detection and Ranging*) ist in vielen Bereichen des täglichen Lebens vertreten. Vor allem die Bewegungsdetektion ist omnipräsent. Beispielsweise wird das automatisierte Öffnen und Schließen von Türen oft von einem Radarsensor gesteuert. Neben der einfachen Bewegungsdetektion sind durch Erfassung der Richtung intelligente Sensorsysteme umgesetzt, die energiesparend eine unnötige Aktivierung des Systems vermeiden. Die Liste der Anwendungsfelder kann mit bspw. Alarmanlagen, Lichtsteuerung oder im zivilen Bereich mit Luftverkehrsüberwachung, Verkehrsüberwachung, Schifffahrt und Wetterbeobachtung beliebig fortgesetzt werden [Sko08, Inn14].
Neben diesen bekannten Anwendungsfeldern werden Radarsysteme durch den stetigen Fortschritt in der Halbleitertechnologie für zahlreiche Anwendungsgebiete attraktiv, die zuvor nicht abgedeckt werden konnten. Aktuell ist insbesondere im Automotive-Bereich eine verstärkte Präsenz zu verzeichnen, die neben der ständigen Weiterentwicklung von Radarsensoren zu deren Kostensenkung führt. Infolgedessen sind radarbasierte Systeme nicht nur in Oberklassefahrzeugen, sondern mittlerweile immer öfter in Kompakt- und Kleinwagenklassen eingebaut [WHW+11]. Die entsprechenden Fahrerassistenzsysteme tasten das Fahrzeugumfeld während der Fahrt ab und liefern sicherheitsrelevante Informationen zur Unterstützung des Fahrers. Auf diese Weise können der Sicherheitsabstand zum vorausfahrenden Fahrzeug eingehalten oder bei einem Spurwechsel Fahrzeuge im toten Winkel erfasst werden. Die Vorteile des Radars gegenüber optischen Verfahren wie Infrarot oder Kamera zeigen sich insbesondere in diesem Bereich, da unabhängig von Licht- oder Witterungsverhältnissen Messungen durchgeführt werden können.
Diese robuste Messmöglichkeit unter schwierigen Messbedingungen wird auch im industriellen Messbereich genutzt. Neben dem Einsatz in der Automatisierungstechnik zur Detektion von Abständen, Geschwindigkeiten oder Vibrationen

von Objekten ist ein Haupteinsatzfeld im Bereich der berührungslosen Abstandsmessung von Füllständen gegeben. Dabei sind zum Einen Messungen im Freiraum mit Antennen und zum Anderen geführte Messungen der Radarwellen in Rohren (Hohlleitern) möglich, um in Industrie- und Prozessanwendungen mit vielen Störstellen hochgenaue Abstandsmessungen zu ermöglichen [Bru03].

1.1 Motivation und Umfeld der Arbeit

Die vorliegende Arbeit setzt mit einem neuen Konzept für eine radarbasierte Abstandsmessung mit geführter Wellenausbreitung ebenfalls im industriellen Umfeld an. Zur Erweiterung des Anwendungsfeldes wird ein Radarsensor vorgestellt, der zur hochgenauen Messung von Abständen mit Genauigkeiten im Bereich von optischen Messsystemen, im einstelligen µm-Bereich, eingesetzt werden kann. Dabei ist das Radar nicht direkt als Konkurrenz, sondern als Alternative oder Ergänzung zu bestehenden, hochgenauen optischen Messsystemen zu sehen, um Abstände unter erschwerten Messbedingungen zu bestimmen.
Das Schwerpunktprogramm SPP1476 (Schwerpunktprogramm) der DFG (Deutsche Forschungsgemeinschaft) [Lab14] setzt hier an. Das Ziel des SPPs sind die Entwicklung und prototypische Untersuchung von innovativen Werkzeugmaschinen für die Bearbeitung von Mikrostrukturen. Aktuell werden zu diesem Zweck konventionelle Werkzeugmaschinen aus dem Präzisionsmaschinenbau eingesetzt. Folglich resultiert ein ungünstiges Verhältnis von Bau- zu Arbeitsraum. Im SPP werden einzelne Module der WZM (Werkzeugmaschine), wie Antriebe und Werkzeuge, entwickelt, die flexibel in einen gemeinsamen Rahmen eingesetzt werden können [WVW+13]. Zum Einsatz kommen hauptsächlich WZM für spanende Verfahren, die auf mechanischer, thermischer, elektrothermischer und elektrochemischer Energie basieren. Durch die Entwicklung neuartiger Maschinenkonzepte werden neben dem technischen Nutzen durch höhere Genauigkeiten bei der Fertigung, vor allem ökonomische und ökologische Vorteile erwartet, die zur Kostensenkung und zur Reduzierung des Energieverbrauchs bei der Herstellung und im Betrieb der Maschine führen sollen [WGKK10], [26].
Im Rahmen des SPPs, das traditionell dem Fachbereich Maschinenbau zugeordnet ist, werden neben mechanischen Innovationen ebenso hochgenaue Messsys-

teme zur Steuerung der Verfahrwege des Werkzeugs bzw. des Werkstücks benötigt. Eine große Herausforderung ist die Integrationsfähigkeit des Messsystems in das Maschinenkonzept, um eine wirkstellennahe Positionsmessung am Werkzeug bzw. Werkstück zu gewährleisten, um kumulierende Fehler bei einer indirekten Messung in den Antrieben zu vermeiden. Infolgedessen sind erhöhte Anforderungen an die Messtechnik in Bezug auf Genauigkeit, Messrate, Zuverlässigkeit und ebenfalls Integrationsfähigkeit gegeben. Nach dem aktuellen Stand der Messtechnik sind in den entwickelten Einzelmaschinenmodulen der SPP-Projektpartner teilweise keine wirkstellennahen Abstandsmessungen realisierbar, die mit dem radarbasierten Messkonzept ermöglicht werden [SPP13]. Durch die flexible Integration bietet das Radar neben einer hohen Messwiederholrate eine zuverlässige, robuste Messmöglichkeit mit geführter Wellenausbreitung in einem Hohlleiter, die durch Umgebungseinflüsse wie Staub, Öl oder Späne nicht eingeschränkt ist. Die geringe Wellenlänge bei hohen Frequenzen ermöglicht einen kompakten Sensoraufbau mit hoher Genauigkeit. Mit Hilfe von modernen FPGAs (engl. *Field Programmable Gate Array*) steht eine günstige und leistungsstarke Möglichkeit zur Auswertung der vom Radar empfangenen Reflexionen zur Verfügung.

1.2 Stand der Technik bei radarbasierten Abstandsmessungen

Kommerzielle Messtechnik im Submikrometerbereich basiert in der Regel auf optischen Messprinzipien. Dabei werden Laser oder Linearencoder (Glasmaßstäbe) eingesetzt [Hei14], [Ren14b]. Im Allgemeinen sind diese Systeme je nach Funktionsprinzip mit hohen Kosten, hohem Kalibrationsaufwand und hoher Empfindlichkeit gegenüber Störungen in der Messumgebung verbunden. Teilweise sind nur relative Abstandsmessungen möglich, der Eindeutigkeitsbereich ist limitiert, die Messraten sind eingeschränkt oder es ist keine Integration mit wirkstellennaher Messung möglich, wie sie für den Einsatz in der WZM benötigt wird.
Zum Vergleich mit vorhandenen Radarsystemen wird nachfolgend der Stand der Technik in der Industrie und in der Forschung wiedergegeben. In vielen Veröffentlichungen wird die Standardabweichung der Abstandsgenauigkeit an einer

Position angegeben. Zur Bewertung der Messungen ist allerdings die absolute Genauigkeit über eine Messstrecke entscheidend, so dass dieser Wert als Bezug genommen wird. Ebenfalls ist der Eindeutigkeitsbereich der Messungen entscheidend, da mit reinen CW-Radaren (engl. *Continuous Wave*) mit Phasenauswertung über kurze Strecken hohe Genauigkeiten erzielt werden können, wie exemplarisch in [BVL$^+$12] mit ±0,5 µm über eine Messstrecke von 12,5 µm für ein Sechs-Port Interferometer oder in [VW03] für ein CW-Radar mit 0,5 µm-Genauigkeit vorgestellt. Für höhere Eindeutigkeitsbereiche eignen sich Puls- oder FMCW-Radarverfahren (engl. *Frequency Modulated Continuous Wave*). Diese werden beispielsweise in Füllstandmessgeräten eingesetzt [VEG14, End14]. Dabei handelt es sich ebenfalls um Abstandsmesssysteme mit geführter Wellenausbreitung, die Messgenauigkeiten von ±2 mm ermöglichen. Der Messbereich liegt im zwei- bis dreistelligen Meterbereich. In [MPG$^+$06] und [PGW$^+$07] wird für dieses Anwendungsfeld eine Genauigkeit von ±1 mm erreicht. Im Unterschied zu der vorliegenden Arbeit werden in diesen Veröffentlichungen Messungen in Hohlleitern durchgeführt, die aufgrund ihrer Geometrie zu einer Mulitmodeausbreitung der Radarsignale führen. Damit sind andere Anforderungen an die Messtechnik gegeben. Eine Radarmessung mit Monomodeausbreitung in einem Hohlleiter wird in [LBL$^+$14] vorgestellt. Dabei wird mit einem Sechs-Port-Radar und einem Multifrequenzverfahren eine Genauigkeit von ±35 µm erreicht.

Hochgenaue Abstandsmesssysteme mit Radarsensoren im Freiraum werden in [JVB$^+$12, Mus03, SDLT99, SDW01] vorgestellt. In allen Veröffentlichungen werden Genauigkeiten kleiner 0,1 mm realisiert. In [SCW$^+$13] oder [RGV08] ist das Prinzip auf eine räumliche Lokalisierung erweitert. Dabei ist die erreichte Genauigkeit weitaus geringer. Mit einem Multifrequenzverfahren wird mit einem Sechs-Port eine Genauigkeit von ±5 µm über 6 cm in [LBM$^+$13] erzielt.

Die höchste Genauigkeit, die mit einem Radar über einen großen Eindeutigkeitsbereich bis zum jetzigen Zeitpunkt erreicht wurde, ist in [19] und in [21] präsentiert. In Messungen im Freiraum werden Messergebnisse unter 1 µm nachgewiesen. Zum Einsatz kommt ein FMCW-Radar im W-Band (75-110 GHz) mit einer sehr großen Bandbreite, das allein über die Frequenzauswertung zu einer Genauigkeit von 5 µm führt. Ebenfalls wird ein optimiertes Messszenario mit nur einem Radarziel verwendet. Der K-Band (18-26,5 GHz) Radarsensor in dieser Arbeit weist eine erheblich kleinere Bandbreite auf. Die Messungen werden in einem Hohlleiter durchgeführt, um die Anforderungen für die WZM zu erfüllen. Die in Kapitel 5 präsentierten Ergebnisse mit 5 μm sind gegenwärtig beispiellos. Durch Einsatz von Radarsensoren bei höheren Frequenzen, wie bspw. aus [19], ist aufbauend auf den Ergebnissen dieser Arbeit sowohl eine Größenreduktion des Messaufbaus als auch eine Steigerung der Genauigkeit zu erwarten.

1.3 Lösungsansatz und Gliederung der Arbeit

Unter Berücksichtigung der hohen Genauigkeitsanforderung über einen großen Eindeutigkeitsbereich können konventionelle Radarverfahren wie das Pulsradar oder das CW-Radar ausgeschlossen werden. Das Pulsradar scheitert an der für die Abstandsgenauigkeit erforderlichen Zeitauflösung. Bei einem CW-Radar ist eine sehr hohe Genauigkeit realisierbar, allerdings ist der Eindeutigkeitsbereich limitiert. Daher bietet sich für die Anwendung im diesem Bereich mit geführter Wellenausbreitung das FMCW-Verfahren an, das neben einem großen Eindeutigkeitsbereich ebenfalls eine hohe Abstandsgenauigkeit gewährleistet [Sko08]. In Kombination mit geführten Radarwellen in einem Hohlleiter werden Umgebungseinflüsse minimiert und eine wirkstellennahe Abstandsmessung erreicht.
Aus der Motivation für die Anwendung im SPP heraus werden die Anforderungen an eine radarbasierte Abstandsmessung mit geführter Wellenausbreitung beschrieben. Die einschränkenden Faktoren, die sich durch die eingesetzte Hardware oder die Signalverarbeitung in der Radartechnik ergeben, werden im Detail vorgestellt und in unterschiedlichen Anwendungsszenarien verifiziert. Auf Systemebene bestimmen alle Faktoren die erreichbare Genauigkeit und hängen voneinander ab. Die Signalverarbeitung muss die im FMCW-Radar notwendige Frequenz- und Phasenschätzung hochgenau durchführen. Die Rauscheigenschaften des Radarsensors bzw. der Hardware oder Störungen im System beeinflussen die Schätzung. Daher müssen diese Eigenschaften genau bestimmt werden, um den Einfluss auf die Abstandsmessung bewerten zu können. Das Radarprinzip basiert auf dem Empfang von Reflexionen. Zusätzliche Reflexionsstellen in der Messung bzw. in der Messumgebung führen zur Störung des empfangenen Signals. Die Fähigkeit, zusätzliche Reflexionsstellen aufzulösen, hängt von der Bandbreite des FMCW-Radars und dem eingesetzten Algorithmus ab.

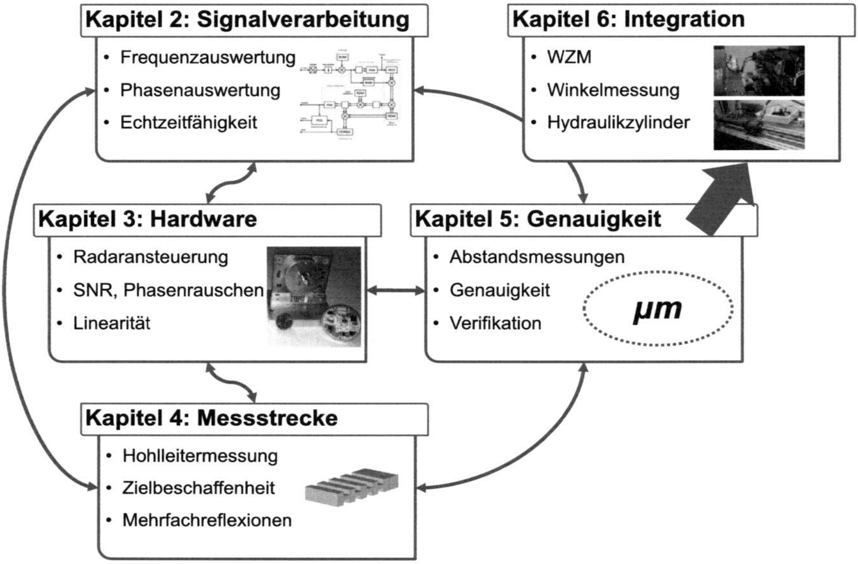

Abbildung 1.1: Lösungsansatz und Gliederung der Arbeit

Folglich sind die Eigenschaften der Messumgebung entscheidend. Die aufgezählten Einflüsse auf die Abstandsmessung werden in den einzelnen Kapiteln dieser Arbeit ausführlich behandelt. Die Zuordnung der Kapitel ist schematisch in Abbildung 1.1 dargestellt.

Das Systemkonzept für die Abstandsmessung mit einem FMCW-Radar, das mit einer Phasenauswertung erweitert wird, ist in Kapitel 2 beschrieben. Neben den eingesetzten Algorithmen für die Frequenz- und Phasenauswertung werden der Ansatz und die Anforderungen für die kombinierte Auswertung beider Größen dargestellt. Darüber hinaus werden die Einflüsse der Signalverarbeitung in Bezug auf die Entfernungsauflösung und -genauigkeit sowie die Echtzeitfähigkeit der Algorithmen bewertet.

In Kapitel 3 werden die Eigenschaften der Radarhardware und das Ansteuerkonzept für das Radar beschrieben. Dabei werden Ansätze vorgestellt, um die Rauscheigenschaften, wie das SNR (engl. *Signal-to-Noise-Ratio*) und das Phasenrauschen des Radars zu bestimmen. In diesem Zusammenhang kann einerseits für die Abschätzung des SNRs das Sendesignal aufgrund des monostatischen Radars für die Rauschmessung nicht kurzgeschlossen werden und andererseits ist durch die FM (Frequenzmodulation) das Phasenrauschen nicht über der gesamten Bandbreite gleich. Beim eingesetzten Radar ist zudem das Phasenrauschen sehr schlecht, so dass das SNR vom Phasenrauschen dominiert wird. Diese Aspekte werden einzeln aufgezeigt. Neben diesen Effekten beeinflusst die Ansteuerung des Radars ebenfalls die Messergebnisse, da sie grundlegend die Linearität der Frequenzrampe vorgibt. Die eingesetzte Methode zur Bestimmung der Linearität wird im Detail erläutert und der Einfluss einer nichtlinearen Frequenzrampe auf Basis von realen Frequenzabweichungen beschrieben. In diesem Zusammenhang werden die Störparameter Rauschen (SNR), Phasenrauschen sowie Störimpulse mit der Linearität der Frequenzrampe und abschließend mit der Auswertung des ZF-Signals (Zwischenfrequenz) im FMCW-Radar kombiniert. In diesem Kapitel werden damit alle HW-bezogenen (engl. *Hardware*) Einflüsse von der Quelle der Störung bis hin zur Auswirkung im ZF-Signal geklärt.

Die aus der Messumgebung im Hohlleiter gegebenen Einflüsse auf die Abstandsauswertung werden in Kapitel 4 behandelt. Das zu diesem Zweck entwickelte Simulationsmodell wird beschrieben und die Beeinflussung der Messung aufgrund von zusätzlichen Reflexionsstellen in der Messstrecke im Detail aufgeschlüsselt. Damit können verschiedene Fehlereinflüsse entlang einer Messstrecke genau charakterisiert werden. Darauf aufbauend werden Optimierungen für das System und die einzelnen Systemkomponenten vorgeschlagen, die für eine Verbesserung in der Abstandsmessung genutzt werden können. Weitere Einflüsse der hohlleiterbasierten Messung werden analytisch beschrieben und deren Auswirkung auf die Frequenz und die Phase des ZF-Signals bewertet.

Das 5. Kapitel stellt den Bezug von HW-spezifischen Einflüssen aus Kapitel 3 und von Einflüssen der Messstrecke aus Kapitel 4 zu realen Radarmessungen im Hohlleiter dar. Das ermittelte SNR, das Phasenrauschen und die Linearitätsanalyse werden anhand von Messungen belegt. Die Simulationen werden durch modifizierte Messbedingungen mit unterschiedlichen Systemkomponenten nach-

gebildet und somit verifiziert. Die erreichte Genauigkeit des Messkonzepts für lineare eindimensionale (1D) Messungen in einem geraden Hohlleiter im Submillimeterbereich wird präsentiert und die Eignung für das angestrebte Einsatzfeld damit bestätigt.
Kapitel 6 zeigt die große Flexibilität des Messkonzeptes. Hierfür wird die 1D-Messung in einem realen WZM-Konzept eingesetzt und die Abstandsmessung an einem hydraulischen Antrieb konzeptionell vorgestellt. Dieser Ansatz wird zu einer zweidimensionalen (2D) Messung erweitert und die Möglichkeit einer wirkstellennahen Messung an einer Parallelkinematik vorgeführt. Der hydraulische Antrieb und die Parallelkinematik bilden gemeinsam ein Antriebsmodul und sind zwei wesentliche Bestandteile einer WZM, die zur Erzeugung ebener translatorischer x-,y-Bewegungen in der Mikrostrukturbearbeitung eingesetzt werden kann. In speziellen Anwendungen im WZM-Bereich werden ebenfalls Dreh- bzw. Rotationsbewegungen durchgeführt und folglich hochgenaue Winkelmessungen notwendig. Durch Führung der Radarwelle in einem kreisförmig angeordneten Hohlleiter sind ebenfalls Winkelmessungen mit dem Radar möglich. Die gesamte Analyse und Machbarkeit einer solchen Messung wird ausgehend von einem Systemkonzept bis hin zum fertigen Prototyp mit realen Radarmessungen beschrieben. Abschließend folgt eine weitere Anwendung des Radars, die eine Messung in einem hydraulischen Zylinder vorsieht. Anwendungsbeispiele für Hydraulikzylinder und somit des Radars sind bspw. in der Steuerung von Nutzfahrzeugen im baugewerblichen und landwirtschaftlichen Einsatz sowie in der Positionierung der Spritzeinheit von Spritzgussmaschinen zu finden. Im Unterschied zu der Anwendung in WZM-Komponenten wird die Messung im Medium Öl durchgeführt. Auch für diese Anwendung wird eine vollständige Systemanalyse durchgeführt und mit Messungen in einem Versuchsstand verifiziert.

2 Hochgenaue Abstandsbestimmung mit einem FMCW-Radar

Die hochgenaue Messung von Abständen in einem industriellen Umfeld wird mit einem FMCW-Radar realisiert. In Kombination mit einem Verfahren zur Phasenauswertung können mit diesem Ansatz hohe Genauigkeiten im Submillimeterbereich in der Abstandsbestimmung erreicht werden [6, 9, 12]. Bei diesem Messkonzept, das ursprünglich in [Guo04] anhand von Simulationen vorgestellt und in [MBV08, MVG08] zur Lokalisierung mit Sichtverbindung eingesetzt wird, erfolgt die Verknüpfung der hochpräzisen, aber in der Reichweite eingeschränkten Phasenmessung mit einer Frequenzmessung, die einen weitaus größeren Eindeutigkeitsbereich aufweist. Die zusätzliche Integration des Radars in einen Hohlleiter sichert insbesondere für industrielle Anwendungen unter schwierigen Messbedingungen eine zuverlässige Messtechnik, die in unterschiedlichen Anwendungen eingesetzt werden kann.

2.1 Beschreibung des neuen Sensorkonzepts

Das Messkonzept basiert auf dem FMCW-Prinzip. Entsprechend dem schematischen Blockschaltbild in Abbildung 2.1 wird bei einem FMCW-System kontinuierlich ein frequenzmoduliertes Signal (Chirp-Signal) erzeugt. Dafür wird die Sendefrequenz f_{Tx} möglichst linear über die Rampendauer T und die Bandbreite B um die Mittenfrequenz f_0 moduliert. Das erzeugte Chirp-Signal wird über einen Koppler von einer Antenne bzw. im Fall einer geführten Ausbreitungsstrecke von einem Wellenleiterübergang abgestrahlt. Das reflektierte Signal wird empfangen, ins Basisband heruntergemischt und tiefpass- oder bandpassgefiltert. Die Auswerteeinheit berechnet aus dem resultierenden ZF-Signal den Abstand und falls erforderlich die Geschwindigkeit des Zielobjekts.

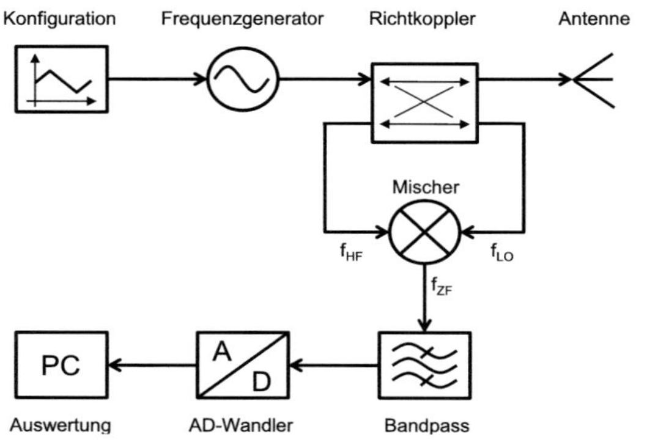

Abbildung 2.1: Schematisches Blockschaltbild des FMCW-Radarprinzips

Die Modulation kann über einen Frequenzgenerator in beliebiger Form erfolgen [11]. Im bestehenden System werden ausschließlich statische Objekte betrachtet. Aus diesem Grund wäre es ausreichend, eine Frequenzrampe in Form einer Sägezahn-Modulation für die Messungen zu verwenden. Bei dieser Modulation wird die Sendefrequenz linear erhöht und beim Erreichen der maximalen Sendefrequenz f_{max} unmittelbar zur minimalen Sendefrequenz f_{min} geschaltet. In Abhängigkeit der Signalgenerierung ist bei dieser Vorgehensweise das Einschwingverhalten des Systems bei einem Frequenzsprung über die gewählte Bandbreite zu beachten. In diesem Fall ist das resultierende ZF-Signal nicht konstant und aus diesem Grund nicht auswertbar. Als Folge wird die effektive Rampenzeit als auch die Bandbreite herabgesetzt. Daher wird im beschriebenen System die Dreiecks-Modulation eingesetzt, um zum Einen nach dem Erreichen der maximalen Sendefrequenz durch lineares Reduzieren der Frequenz einen großen Frequenzsprung zu vermeiden und zum Anderen bei Bedarf die Echtzeitfähigkeit für dynamische Messungen zu berücksichtigen, die in Abschnitt 2.4 detailliert beschrieben wird. Zur Bestimmung des Abstandes R, der proportional zur Laufzeit τ ist, wird das Ausgangssignal des Mischers betrachtet (siehe Abbildung 2.1). Hochfrequente, unerwünschte Mischprodukte werden aufgrund der TP- (Tiefpass) bzw. der BP-Filterung (Bandpass) nicht berücksichtigt. Im stationären Fall mit einem unbewegten Objekt resultiert das zeitvariante und laufzeitabhängige, sinusförmige ZF-Signal mit der Amplitude A_{ZF}:

$$s_{ZF}(t,\tau) = A_{ZF}\cos\left(2\pi\underbrace{\left(\frac{B}{T}\tau\right)}_{=f_{ZF}(\tau)}t + \underbrace{2\pi\left(f_{min} - \frac{1}{2}\frac{B}{T}\tau\right)\tau}_{=\phi_{ZF}(\tau)}\right) \tag{2.1}$$

Für die Auswertung der Laufzeit und der entsprechenden Position eines Objektes stehen folglich zwei Möglichkeiten zur Verfügung: zum Einen die Zwischenfrequenz f_{ZF} (2.2) und zum Anderen die resultierende Anfangsphase ϕ_{ZF} (2.3):

$$f_{ZF}(\tau) = \frac{B}{T}\tau \tag{2.2}$$

$$\phi_{ZF}(\tau) = \pi\frac{B}{T}\tau^2 + 2\pi f_{min}\tau \approx 2\pi f_{min}\tau \tag{2.3}$$

Die durchgeführte Näherung für die Phase ist angesichts von $\tau \ll T$, $f_{ZF} \ll B$ sowie $f_{ZF} \ll f_{min}$ gültig.

Abstandsmessung mit Frequenz und Phase

Die Signallaufzeit ist durch die Zeitdauer definiert, die das gesendete Signal zu einem Objekt und nach Reflexion an diesem Objekt wieder bis zum Empfänger benötigt. In dieser Zeit wird eine Strecke der doppelten Entfernung R zum Ziel mit der Ausbreitungsgeschwindigkeit c_0 der EM-Welle (Elektromagnetisch) in Luft zurückgelegt.

$$R = \frac{c_0}{2}\tau \tag{2.4}$$

Für den Ansatz einer geführten Ausbreitungsstrecke geht die Ausbreitungsgeschwindigkeit c_0 in die Gruppengeschwindigkeit v_{gr} der EM-Welle in einem Hohlleiter über. Das setzt voraus, dass die Gruppengeschwindigkeit mit ausreichender Genauigkeit bekannt ist. Dies ist beim luftgefüllten Hohlleiter mit bekannten Abmessungen und definierter Mode der Fall. Für die Übertragung in anderen Medien, wie beispielsweise Öl, ist der Einfluss der dielektrischen Permittivität ε_r' des Mediums gesondert zu untersuchen. (2.4) eingesetzt in (2.2) und in (2.3) zeigt den direkten Zusammenhang zwischen der Zwischenfrequenz f_{ZF} und der Phase ϕ_{ZF} von der Entfernung R:

$$f_{ZF}(R) = 2\frac{B}{T}\frac{1}{v_{gr}}R \tag{2.5}$$

$$\phi_{ZF}(R) = 4\pi\frac{f_{min}}{v_{gr}}R \tag{2.6}$$

Die Zwischenfrequenz f_{ZF} ist über die gesamte Messstrecke bei stationären Zielen eindeutig, weist allerdings aufgrund der endlichen Bandbreite eine eingeschränkte Genauigkeit in der Auswertung auf, die sich direkt in der Abstandsbestimmung widerspiegelt. Außerdem beeinflussen zusätzlich zur Signalverarbeitung weitere Reflexionsstellen im Messbereich die Abstandsbestimmung über die Frequenzauswertung.
Im Gegensatz dazu hängt die Phase von dem hochfrequenten Radarsignal ab, das allgemein eine höhere Genauigkeit bietet. Dieser Zusammenhang ist identisch zu einem CW-Radar, wobei in diesem Fall kein Signal mit konstanter Frequenz erforderlich ist. Die Phase im ZF-Signal des FMCW-Systems resultiert direkt aus der Phasendifferenz zwischen gesendetem und empfangenem Radarsignal. Unter Berücksichtigung des Eindeutigkeitsbereiches der Phase $[0, 2\pi)$ ergibt sich die Begrenzung der Entfernung auf eine halbe Wellenlänge $\frac{\lambda_{min}}{2}$ des HF-Signals mit der Frequenz f_{min}. Daher besteht bei einer reinen Auswertung der Phase die Diskrepanz, dass zwar bei konstanter Genauigkeit der Phasenauswertung bei höheren Frequenzen die Genauigkeit der Abstandsbestimmung gesteigert werden kann, aber infolgedessen der Eindeutigkeitsbereich reduziert wird. Ebenfalls muss beachtet werden, dass sich für eine geführte Ausbreitung der EM-Welle die Phase mit der Phasengeschwindigkeit v_{ph} dreht (siehe Kapitel 4.1).

Kombination aus Frequenz und Phase

Für die hochgenaue Abstandsmessung werden die Frequenz- und die Phaseninformationen verknüpft. Zunächst wird mit der Frequenzbestimmung der Abstand im Bereich der Phaseneindeutigkeit festgelegt, um anschließend den absoluten

Abstand des Objektes mit erhöhter Genauigkeit über die Phaseninformation zu bestimmen. Das Messprinzip basiert auf einer relativen Messung zu einem definierten Messpunkt, der entweder durch die erste gemessene Position oder durch ein weiteres festes Ziel im Messbereich festgelegt wird. Dieser erste Messpunkt dient mit seiner Zwischenfrequenz und Phase als Bezug. Im ersten Schritt wird die gemessene Zwischenfrequenz auf diesen Punkt bezogen und der Frequenzunterschied Δf_{ZF} und die Phasendifferenz $\Delta\phi_{\mathrm{ZF}}$ berechnet. Aus (2.5) und (2.6) ergibt sich damit

$$R_{f_{\mathrm{ZF}}} = \frac{1}{2}\frac{T}{B} v_{\mathrm{gr}} \cdot \Delta f_{\mathrm{ZF}} \quad , \tag{2.7}$$

$$R_{\phi_{\mathrm{ZF}}} = \frac{1}{2}\frac{v_{\mathrm{gr}}}{f_{\mathrm{min}}}\frac{\Delta\phi_{\mathrm{ZF}}}{2\pi} = \frac{\Delta\phi_{\mathrm{ZF}}}{2\pi}\frac{\lambda_{\mathrm{min}}}{2} \quad . \tag{2.8}$$

Bei der Berechnung der Phase wird bei der Differenzbildung die Phaseneindeutigkeit $R_{\mathrm{unamb}} = \frac{\lambda_{\mathrm{min}}}{2}$ berücksichtigt. Anschließend erfolgt die Aufteilung des gemessenen Abstandes in ein ganzzahliges Vielfaches m von R_{unamb}.

$$m = \frac{R_{f_{\mathrm{ZF}}}}{R_{\mathrm{unamb}}} \qquad m \in \mathbb{N} \tag{2.9}$$

Mit dieser Aufteilung wird ein gleichmäßiges Raster über die gemessene Strecke gelegt. Die einzelnen Stufen m entsprechen den Eindeutigkeitszellen der Phase. Somit ist durch m bekannt, wie oft sich die Phase über der Strecke bis zum Objekt um 2π gedreht hat. Durch Multiplikation von m mit R_{unamb} ist der geringe Eindeutigkeitsbereich der Phase durch die Frequenzauswertung behoben. Die Berechnung des Abstandes innerhalb einer Eindeutigkeitszelle, bzw. innerhalb der Phaseneindeutigkeit im Wertebereich von $\pm\pi$, ist simultan zum CW-Radar mit (2.8) möglich. Der Eindeutigkeitsbereich für den Abstand ist damit

$$R_{\phi_{\mathrm{ZF}}} \in \left[-\frac{1}{2}R_{\mathrm{unamb}}, \frac{1}{2}R_{\mathrm{unamb}}\right] \quad . \tag{2.10}$$

Die Berechnung des absoluten Abstandes R_{abs} kann abschließend wie folgt angegeben werden:

$$R_{\mathrm{abs}} = R_{\phi_{\mathrm{ZF}}} + m \cdot R_{\mathrm{unamb}} \quad . \tag{2.11}$$

Sendemittenfrequenz	f_0	24,1 GHz
Bandbreite	B	0,8 GHz
Rampendauer	T	500 µs
Entfernungsbereich	R	0 - 2 m

Tabelle 2.1: System- und Messparameter des FMCW-Radars

Der über die Frequenz berechnete Abstand des Objektes wird durch die Phaseneindeutigkeit geteilt, aufgerundet und der resultierende ganzzahlige Index mit der Phaseneindeutigkeit multipliziert, um den groben Abstand zu bestimmen. Die Phase wird im nächsten Schritt entsprechend (2.8) zu einem Abstand umgerechnet und zum groben Abstand addiert, um die hochgenaue Messung zu realisieren. Aus (2.10) ist die erforderliche Genauigkeit für die Grobbestimmung gegeben. Allerdings reicht diese Genauigkeit nicht für den gesamten Messbereich der Phase aus. An absoluten Positionen mit einem Phasenwert in der Größenordnung $\pm\pi$ führt eine ungenaue Schätzung der Frequenz zu einer Zuordnung in die falsche Eindeutigkeitszelle. Das Ergebnis der kombinierten Auswertung hat in diesen Fällen eine weitaus höhere Abweichung von R_{unamb}. Diese Fehlzuordnungen können detektiert werden, wenn der Gesamtabstand R_{abs} mehr als eine halbe Phaseneindeutigkeit von der Abstandsbestimmung der Frequenzauswertung entfernt ist. Daraus resultiert für die Frequenzauswertung eine erforderliche Abstandsgenauigkeit von $\frac{\lambda_{\min}}{4}$. Die Korrektur der fehlerhaften Zuordnung der Eindeutigkeitszelle ist nach folgendem Ansatz möglich [22]:

$$R_{\mathrm{abs}} = \begin{cases} R_{\mathrm{abs}} - \frac{\lambda_{\min}}{2} & \text{falls} \quad R_{\mathrm{abs}} - R_{f_{\mathrm{ZF}}} > \frac{\lambda_{\min}}{4} \\ R_{\mathrm{abs}} + \frac{\lambda_{\min}}{2} & \text{falls} \quad R_{\mathrm{abs}} - R_{f_{\mathrm{ZF}}} < -\frac{\lambda_{\min}}{4} \end{cases} \tag{2.12}$$

Systemparameter

Zur Erstellung der Systemspezifikationen ist es notwendig, auf Basis des eingesetzten Radars (siehe Abschnitt 3.1) die Systemparameter festzulegen. Diese sind in Tabelle 2.1 zusammengefasst. Aus diesen Vorgaben ergeben sich weitere

Systemparameter wie Entfernungsauflösung, Eindeutigkeitsbereich der Phasenmessung oder notwendige Frequenz- und Phasenauflösung, die in den nächsten Abschnitten abgeleitet werden.

2.2 FMCW-Radar mit erweiterter Phasenauswertung

Die Genauigkeit der Abstandsmessung beim radarbasierten Messkonzept hängt von der Genauigkeit ab, mit der die Zwischenfrequenz ermittelt werden kann. Das Problem der Frequenzbestimmung bei einem FMCW-Radar führt auf die Schätztheorie von sinusförmigen Signalen zurück [Kay13]. Im Allgemeinen ist eine Aufteilung zwischen nicht-parametrischen und parametrischen Schätzern möglich. Bei den parametrischen Schätzen, wie beispielsweise ESPRIT (engl. *Estimation of Signal Parameters by Rotational Invariant Techniques*) oder MUSIC (engl. *Multiple SIgnal Classification*) müssen vorab Eigenschaften des Signals bekannt sein. Der ESPRIT-Algorithmus liefert nach [RK89] die höchste Genauigkeit, wenn die Ordnung des aufgestellten Modells bekannt ist. Für das spektrale Schätzproblem kann die Ordnung des Modells mit den enthaltenen Frequenzanteilen im beobachteten ZF-Signal gleichgesetzt werden, welche den einzelnen Reflexionsstellen entsprechen. Dabei ist ebenfalls der Pegel des reflektierten Signals von Bedeutung. Bei einem Radar ist diese Voraussetzung vorab nicht gegeben. Daher werden ausschließlich nicht-parametrische Schätzer eingesetzt, die auf die DFT (engl. *Discrete Fourier Transform*) bzw. die FFT (engl. *Fast Fourier Transform*) zurückzuführen sind.

Zur Steigerung der eingeschränkten Frequenzauflösung bei einer DFT sind unterschiedliche Verbesserungsansätze bekannt. Für die FMCW-Radaranwendung werden das sogenannte ZP-Verfahren (engl. *Zeropadding*) [Guo04] und die CZT (engl. *Chirp-Z Transform*) [RSR69] eingesetzt. Die Methode der Interpolation, wie in [7] oder in [Agr07, PKPZ10] beschrieben, wird aufgrund der Abhängigkeit von den eingesetzten Fensterfunktionen im Zeitbereich nicht berücksichtigt. Für die Auswertung der Phase kann die Korrelationsmethode nach [9] eingesetzt werden. In [6] wird gezeigt, dass ebenfalls die Phase direkt aus der CZT berechnet werden kann und dass beide Verfahren zum gleichen Ergebnis führen. Im nachfolgenden Abschnitt werden die implementierten Verfahren kurz vorgestellt und spezifische Einflüsse der Signalverarbeitung beschrieben.

2.2.1 Frequenzauswertung zur Abstandsmessung

Das Ziel der Frequenzauswertung ist es, den Abstand zum Radarziel mit einer Genauigkeit zu bestimmen, die besser als ein Viertel der Wellenlänge des HF-Signals (Hochfrequenz) ist. Mit (2.8) ergibt sich eine zulässige Ungenauigkeit ΔR_{zul} von

$$\Delta R_{\mathrm{zul}} = \frac{1}{2}\frac{v_{\mathrm{gr}}}{f_{\mathrm{min}}}\frac{\Delta\phi_{\mathrm{ZF}}}{2\pi} \overset{\Delta\phi_{\mathrm{ZF}}=\pi}{=} \frac{1}{4}\frac{v_{\mathrm{gr}}}{f_{\mathrm{min}}} \approx 2,6\ \mathrm{mm} \quad . \tag{2.13}$$

Die notwendige Frequenzauflösung ist mit Δf_{erf} aus (2.13) in (2.5) gegeben.

$$\Delta f_{\mathrm{erf}} = 2\frac{B}{T}\frac{1}{v_{\mathrm{gr}}}\Delta R_{\mathrm{zul}} = \frac{1}{T}\frac{B}{f_{\mathrm{min}}} \approx \frac{1}{T}\frac{1}{30} \tag{2.14}$$

Diese Anforderung kann als Richtwert für die Frequenzauflösung der nachfolgend vorgestellten Algorithmen zur Frequenzauswertung gesetzt werden.

Abtastung und DFT zur Frequenzauswertung

Für die eingesetzten Verfahren wird das ZF-Signal aus (2.1) in zeitlich diskreten Schritten abgetastet. Die dazu notwendige Abtastfrequenz f_{a} muss nach dem Nyquist-Shannon-Abtasttheorem größer sein als das Doppelte der maximal möglichen Zwischenfrequenz. Die maximale Zwischenfrequenz läßt sich aus (2.5) unter Zuhilfenahme der Parameter nach Tabelle 2.1 abschätzen. Bei einem maximalen Abstand $R_{\mathrm{max}} = 2$ m und einer Rampendauer von $T = 500$ µs ergibt sich eine maximale Zwischenfrequenz von $f_{\mathrm{ZF,max}} \approx 26$ kHz. Die Abtastfrequenz muss mindestens $f_{\mathrm{a}} = 52$ kHz betragen. Das Abtastintervall t_{a} ergibt sich zu etwa 20 µs.

Das abgetastete ZF-Signal s_n wird zur Bestimmung der Zwischenfrequenz mittels DFT in den Frequenzbereich transformiert. Die DFT ist über

$$S_\mathrm{k,DFT} = \sum_{n=0}^{N-1} s_\mathrm{n} \cdot e^{-\mathrm{j}2\pi\frac{nk}{N}} \qquad k = 0, 1 \ldots, N-1 \tag{2.15}$$

definiert. Der diskrete und normierte Frequenzindex wird mit k und der diskrete Zeitindex mit n beschrieben. Die Anzahl der Abtastwerte ist durch N definiert. Bei der Transformation in den Frequenzbereich müssen Einschränkungen beachtet werden. Über die Rampendauer T lässt sich die Frequenzauflösung Δf_DFT mit (2.16) angeben. Die Frequenzauflösung bestimmt, in welchem Abstand die Koeffizienten $S_\mathrm{k,DFT}$ im Frequenzbereich angeordnet sind. Die Genauigkeit bei der Frequenzauflösung ist von N abhängig.

$$\Delta f_\mathrm{DFT} = \frac{f_\mathrm{a}}{N} = \frac{1}{t_\mathrm{a} \cdot N} = \frac{1}{T} \tag{2.16}$$

Das bedeutet, dass die theoretisch mögliche Frequenzauflösung Δf_DFT entsprechend (2.14) mindestens um den Faktor 30 verbessert werden muss, um die erforderliche Genauigkeit für die Phasenmessung zu erhalten. Dieser Faktor ist unabhängig von der Messdauer und wird gemäß (2.14) von der relativen Bandbreite $\frac{B}{f_\mathrm{min}}$ bestimmt.

FFT mit Zeropadding

Eine Möglichkeit zur Erhöhung der Frequenzauflösung besteht darin, die Anzahl der Abtastwerte N zu erhöhen. Allerdings kann die Beobachtungszeit des aufgenommenen Signals nicht verändert werden. Aus diesem Grund werden Nullen als weitere Messwerte angehängt. Dadurch wird keine zusätzliche Information hinzugefügt und keine Verfälschung des Signals vorgenommen. Zur Beschreibung des Zeropaddings wird ein ganzzahliger Faktor ZP eingeführt, der die Erhöhung der Anzahl der Abtastwerte wiedergibt. Infolge dieser Erhöhung wird auch die Anzahl der Fourierkoeffizienten erhöht.

Die erreichte Frequenzauflösung wird direkt um den Faktor *ZP* erhöht und es ergibt sich

$$\Delta f_{\mathrm{DFT,ZP}} = \frac{f_\mathrm{a}}{N \cdot ZP} = \frac{1}{t_\mathrm{a} \cdot N \cdot ZP} = \frac{1}{T \cdot ZP} \quad . \tag{2.17}$$

Für die notwendige Frequenzauflösung für die Zwischenfrequenz nach (2.14) ist mindestens ein Faktor *ZP* von 30 erforderlich. Es ist zweckmäßig, N auf eine ganze Zweierpotenz aufzurunden, um für die DFT eine FFT verwenden zu können. Für $t_\mathrm{a} = 20$ µs und eine Rampendauer von $T = 500$ µs ergibt sich $N \geq 50$. Mit dem ZP-Verfahren ist somit mindestens eine FFT-Länge von 2048 notwendig. Des Weiteren ist zu beachten, dass die Form der Einhüllenden nicht verändert wird, sondern ausschließlich ein feineres Frequenzraster durch das ZP-Verfahren zur Verfügung steht. Folglich wird das Problem der spektralen Auflösung nicht behoben, wenn die Einhüllende bzw. das Maximum im Frequenzbereich aufgrund des Leckeffektes (siehe Abschnitt 2.3) durch andere Maxima im Spektrum gestört ist und dadurch eine ungenaue Frequenzschätzung resultiert. Ebenfalls ist zu berücksichtigen, dass die Erhöhung des ZP-Faktors nicht automatisch zu einer höheren Genauigkeit in der Frequenzschätzung führt. Bei einem Sinussignal mit einer Frequenzkomponente bietet das ZP-Verfahren dann eine Verbesserung, wenn die gesuchte Frequenz genau in das Frequenzraster fällt. Unter Umständen kann bei einem ungünstigen Verhältnis von zu schätzender Frequenz und erhöhter Frequenzauflösung sogar ein schlechteres Schätzergebnis resultieren [Kay13].

Chirp-Z Transformation

Auf Basis der DFT ist für die FMCW-Anwendung in [6] eine weitere Transformation, die CZT mit verbesserter Genauigkeit hergeleitet, die es erlaubt, bestimmte Bereiche im Spektrum mit erhöhter Auflösung zu analysieren. Bei der Anwendung des Radars mit definierten Abständen, folglich mit einem vorgegebenen Zwischenfrequenz-Bereich kann dieser Vorteil effektiv genutzt werden. Des Weiteren ist es möglich, durch eine vorangehende, grobe Schätzung des Abstandes mit einer kurzen FFT, den Bereich noch weiter einzugrenzen. Für die erreichbare Frequenzauflösung ergibt sich

$$\Delta f_{CZT} = \frac{B_{\mathrm{CZT}}}{K} \quad . \tag{2.18}$$

Die Bandbreite B_{CZT} bestimmt den Bereich, über den das Spektrum ausgewertet wird. Die Anzahl an ausgewerteten Frequenzen ist mit K festgelegt und ist unabhängig von der Anzahl N der Abtastwerte im Zeitbereich. Der Frequenzoffset, der durch die vorangehende FFT bestimmt wird, ist durch f_{off} gegeben. Die umformulierte DFT nach (2.15) wird nach [6] zu

$$S_{\mathrm{k,CZT}} = e^{-\mathrm{j}\pi \frac{B}{f_{\mathrm{a}}K}k^2} \sum_{n=0}^{N-1} \left(s_{\mathrm{n}} e^{-\mathrm{j}2\pi \frac{f_{\mathrm{off}}}{f_{\mathrm{a}}} n} e^{-\mathrm{j}\pi \frac{B}{f_{\mathrm{a}}K} n^2} \right) e^{\mathrm{j}\pi \frac{B}{f_{\mathrm{a}}K}(k-n)^2} \tag{2.19}$$

Dieser Ausdruck kann aus den Parametern

$$a_{\mathrm{n}} = s_{\mathrm{n}} e^{-\mathrm{j}2\pi \frac{f_{\mathrm{off}}}{f_{\mathrm{a}}} n} e^{-\mathrm{j}\pi \frac{B}{f_{\mathrm{a}}K} n^2} \tag{2.20}$$

$$b_{\mathrm{n}} = e^{\mathrm{j}\pi \frac{B}{f_{\mathrm{a}}K} n^2} \quad , \tag{2.21}$$

zusammengesetzt werden, die einem linearen Chirp entsprechen. Damit ist (2.19) als Faltung von a_{n} mit b_{n} beschreibbar.

$$S_{\mathrm{k,CZT}} = b_{\mathrm{k}}^{*} \cdot (a_{\mathrm{n}} * b_{\mathrm{n}}) \tag{2.22}$$

Die Faltung, die einer diskreten und linearen Filterung entspricht, wird Bluestein-FFT [Blu70] genannt, der die Berechnung der DFT mittels linearer Filterung beschreibt. Die Faltung aus (2.22) kann ebenfalls als schnelle Faltung realisiert werden, die für eine Echtzeitumsetzung relevant ist [Sto66].

In [6] wird dieser Ansatz zur Steigerung der Frequenzauflösung weiter optimiert, indem die CZT iterativ aufgerufen wird. Als Basis dient in diesem Fall ebenfalls die grobe Schätzung der Frequenz mit einer fundamentalen FFT. Der maximal resultierende Fehler der Frequenzschätzung beträgt somit $\pm\Delta f_{\mathrm{DFT}}$, also der Frequenzauflösung der FFT. Die Berechnung der CZT erfolgt um das ermittelte Maximum im Spektrum innerhalb der Frequenzauflösung der FFT. Nach Ermittlung des CZT-Spektrums und erneuter Bestimmung des Maximums werden die Schritte wiederholt, wobei die Grenzen für die CZT nicht mehr aus dem FFT-Spektrum resultieren, sondern von der vorherigen CZT festgelegt werden. Mit diesem Ansatz ist theoretisch eine unendlich hohe Frequenzauflösung möglich und somit die Anforderung nach (2.14) eingehalten. Jedoch unterliegt die

CZT den gleichen Einschränkungen wie die FFT, so dass auch in diesem Fall eine hohe Auflösung nicht automatisch zu einer höheren Genauigkeit in der Abstandsbestimmung führt, wenn das Maximum im Spektrum gestört ist [Kay13]. In diesem Fall kann die Genauigkeit nicht verbessert werden, so dass sich ein vergleichbares Ergebnis zur FFT mit dem ZP-Verfahren ergibt. Die CZT bietet jedoch im Gegensatz zur FFT mit dem ZP-Verfahren einen enormen Vorteil in Bezug auf die Prozessierungsdauer.

2.2.2 Phasenauswertung zur Abstandsmessung

Zusätzlich zur Frequenz befindet sich die Abstandsinformation in der Anfangsphase des ZF-Signals. Nach (2.3) ist die Anfangsphase von der Zeitverzögerung und damit direkt vom Abstand sowie von der Zwischenfrequenz abhängig, die nur mit einer gewissen Unsicherheit bestimmt werden kann. Die benötigte Genauigkeit für die Phasenmessung ergibt sich mit (2.6) für die geforderte Genauigkeit ΔR_{erf} zu

$$\Delta\phi_{\mathrm{erf}} = 4\pi \frac{f_{\mathrm{min}}}{v_{\mathrm{gr}}} \Delta R_{\mathrm{erf}} \quad . \tag{2.23}$$

Für eine Abstandsgenauigkeit von bspw. $R_{\mathrm{erf}} = 50\ \mu\mathrm{m}$ ist eine Phasengenauigkeit von 3,5° notwendig. Dieser Wert ist als Näherung zu betrachten, da aufgrund des dispersiven Verhaltens des Hohlleiters keine einheitliche Ausbreitungsgeschwindigkeit existiert, sondern diese von der Frequenz und damit von der Zeit abhängig ist. Da die Zwischenfrequenz nur mit einer Genauigkeit von $f_{\mathrm{ZF,erf}}$ gemäß (2.14) bestimmt werden kann, ergibt sich nach (2.3) eine Phasenungenauigkeit von

$$|\Delta\phi_{\mathrm{ZF}}| = \pi \Delta f_{\mathrm{erf}} \tau_{\mathrm{max}} = \pi \frac{f_{\mathrm{ZF,max}}}{f_{\mathrm{min}}} \approx 0{,}2 \cdot 10^{-3\circ} \quad , \tag{2.24}$$

wobei zur Abschätzung die maximale Laufzeit τ_{max} aus der maximalen Entfernung R_{max} bzw. maximalen Zwischenfrequenz $f_{\mathrm{ZF,max}}$ herangezogen wird. Folglich ist der Einfluss der frequenzabhängigen Phasenauswertung zu vernachlässigen, wenn die Frequenz mit der geforderten Genauigkeit nach (2.14) bestimmt werden kann.

Auswertung der Phase mit der Korrelations- und der CZT-Methode

Für die Auswertung der Phase mit der Korrelationsmethode wird die ermittelte Frequenz aus der Frequenzschätzung eingesetzt [JMW02]. Über den Verschiebungssatz im Frequenzbereich der Fourieridentität [LKJ10] wird anschließend das auszuwertende Signal in den Ursprung verschoben und somit die Phase aus dem Gleichanteil im Signal extrahiert.
Das identische Ergebnis für die Phase liefert die Auswertung des komplexen Frequenzspektrums mittels der CZT [6]. Dazu wird der Index des Maximums *kmax* von (2.19) verwendet, der wie auch in der Korrelationsmethode der ermittelten Frequenz aus der Frequenzschätzung und im Idealfall der exakten Frequenz des ZF-Signals entspricht. Die Phase ϕ_{ZF} ergibt sich zu:

$$\phi_{\mathrm{ZF}} = \arg\left\{S_{\mathrm{kmax,CZT}}\right\} \tag{2.25}$$

Bei der CZT-Methode besteht der Vorteil, dass das berechnete Spektrum der CZT von der Frequenzauswertung direkt für die Phasenauswertung genutzt werden kann und somit der Prozessierungsaufwand reduziert wird.

2.3 Entfernungsauflösung und -genauigkeit

Die wesentlichen Kriterien für die radarbasierte Abstandsmessung sind die Auflösung und die Genauigkeit mit der die Messung durchgeführt werden kann. Die Entfernungsauflösung wird durch den Ansatz eines Mehrzielszenarios beschrieben und ist definiert als die minimal mögliche Distanz zwischen zwei Zielen mit gleichem Reflexionsfaktor, die spezifisch als Ziel vom Radar erkannt werden. Dagegen wird für die Genauigkeit jedes Radarziel einzeln betrachtet und die Differenz zwischen tatsächlicher Messposition und der ermittelten Messposition bewertet. Im Allgemeinen verbessert eine hohe Auflösung die Genauigkeit, eine hohe Genauigkeit führt jedoch nicht zwangsläufig zu einer hohen Auflösung. Der Einfluss der nicht idealen Eigenschaften des Systems auf die Entfernungsauflösung und die Entfernungsgenauigkeit wird im Folgenden analysiert.

Spektraler Leckeffekt und Fensterfunktionen

Der Abstand bei einem FMCW-Radar ist direkt proportional zur Frequenz des gemessenen ZF-Signals. Zur Ermittlung der Frequenz wird das Zeitsignal in den Frequenzbereich transformiert. Bei der Schätzung der Zwischenfrequenz können aufgrund der endlichen Abtastung im Zeitbereich spektrale Streueffekte (Leckeffekt) auftreten, wenn die Frequenz des Signals nicht innerhalb des zugrundeliegenden Frequenzrasters liegt. In diesem Fall wird die Leistung der dominanten Frequenzkomponente im Signal in zusätzliche Frequenzen gestreut [SM97].
Durch die endliche Abtastung erfolgt automatisch eine Fensterung des kontinuierlichen Signals. Im Zeitbereich entspricht dieser Vorgang einer Multiplikation der Fensterfunktion mit der Signalfunktion, die im Frequenzbereich als Faltung der beiden FT (Fouriertransformierten) beschrieben ist. Das vorgegebene Frequenzraster wird durch die Abtastung bestimmt, während die FT der Fensterfunktion die Einhüllende darstellt. In [Har78] werden die konventionellen Fensterfunktionen für die DFT im Detail vorgestellt, die durch eine endlich breite Hauptkeule und viele Nebenkeulen charakterisiert werden. Die Hauptkeule ist durch die Halbwertsbreite (3dB-Bandbreite) mit $\frac{1}{N}$ Hz charakterisiert, wobei N die Anzahl der Abtastwerte wiedergibt. Bei zwei Maxima im Spektrum mit einem Frequenzabstand kleiner als die Halbwertsbreite ist keine Trennung mehr zwischen den Maxima möglich. Das geschätzte Spektrum verschmiert zu einem einzelnen Maximum. Die endliche Breite der Hauptkeule beschränkt somit die spektrale Auflösung des geschätzten Spektrums. Die theoretische Frequenzauflösung ist auf die 3dB-Breite der Hauptkeule beschränkt. Ein praktischer Wert für die Auflösungsgrenze ist nach [LC08] mit der 6dB-Breite der Hauptkeule gegeben. Die Nebenkeulen der Fensterfunktion bewirken die beschriebene Streuung in zusätzliche Frequenzen. In Abhängigkeit der Nebenkeulendämpfung können sich die Nebenkeulen, im Gegensatz zur Problematik beim Verschmieren der Hauptkeulen, in einem weit größeren Frequenzbereich ausbreiten.
Für eine hohe spektrale Auflösung ist eine schmale Hauptkeule und für eine geringe Streuung durch den Leckeffekt von anderen Maxima im Spektrum ein kleines Nebenkeulenniveau erforderlich. Bei vorgegebener Fensterlänge können jedoch die Breite der Hauptkeule und die Nebenkeulendämpfung nicht gleichzeitig verringert werden. Für das Schätzproblem beim FMCW-Radar muss ein Kompro-

miss gefunden werden. In der hohlleiterbasierten Messumgebung befinden sich die Hauptreflexionsstellen und entsprechend die Maxima im Spektrum weit entfernt voneinander, so dass der Einfluss der Nebenkeulen dominiert. Daher ist eine Fensterfunktion mit einer hohen Dämpfung der Nebenkeulen von Vorteil. Von den in Betracht gezogenen Fensterfunktionen aus [Har78] wird das Blackman-Fenster eingesetzt. Die zusätzlichen Einflüsse im System aufgrund von Mehrfachreflexionen werden in Abschnitt 4.2 detailliert untersucht und die gewählte Fensterfunktion anhand von Simulations- und Messergebnissen verifiziert.

Spiegelfrequenz

Der spektrale Leckeffekt führt zur gegenseitigen Beeinflussung von unterschiedlichen Frequenzanteilen im Spektrum. Bei dem reellen harmonischen ZF-Signal ist zusätzlich ein Einfluss des Spiegelfrequenzterms mit einem Maximum bei $-f_{ZF}$ gegeben. Als Spiegelfrequenzen werden die gespiegelten negativen Frequenzen mit identischem Betragsspektrum, aber negativem Imaginärteil bezeichnet, die aufgrund der Achsensymmetrie des Betragsspektrums des ZF-Signals zur Achse $f = 0$ Hz entstehen. Aus diesem Grund beeinflusst der Spiegelfrequenzterm mit einem Maximum bei $-f_{ZF}$ die zu schätzende Zwischenfrequenz bei f_{ZF}. Dieser Einfluss bei der Frequenzschätzung ist ausführlich in [SM97] beschrieben und hängt vom Verhältnis von f_{ZF} zur Abtastrate f_a ab. Für Werte $\frac{f_{ZF}}{f_a} \approx 0$ beeinflussen sich positive und negative Frequenzanteile signifikant und verfälschen die Frequenzschätzung. Für den umgekehrten Extremfall $\frac{f_{ZF}}{f_a} \approx 0{,}5$ wird die Grenze des Abtasttheorems nach Shanon erreicht, die zur spektralen Überlagerung mit der periodischen Fortsetzung im Frequenzbereich führt. Das optimale Verhältnis liegt entsprechend bei $\frac{f_{ZF}}{f_a} = 0{,}25$ mit vierfacher Überabtastung. In der Realität kann das Optimum nicht eingestellt werden, da die ZF-Signale nicht im Voraus bekannt sind und keine nichtganzzahlige Abtastung realisiert werden kann. Aus diesem Grund ist der Einfluss der Spiegelfrequenz durch eine Annäherung der Frequenz an die beschriebenen Grenzen systematisch gegeben. Bei der Hohlleiteranwendung liegen die zusätzlichen Reflexionen und somit Störfrequenzen näher als die Spiegelfrequenz, haben in der Regel jedoch kleinere Amplituden.

Zusammenhänge zwischen Entfernungsauflösung und -genauigkeit

Die Frequenzauflösung ist ein wesentlicher Aspekt für die erreichbare Genauigkeit. Zusätzlich zur begrenzten Frequenzauflösung und den systematischen Fehlern der Spektralschätzung können zahlreiche hardwarespezifische Einflüsse dazu führen, dass die Zwischenfrequenz ebenfalls nicht genau bestimmt werden kann (siehe Kapitel 3). Die Zwischenfrequenz ist mit der Position des Radarziels verknüpft und kann in eine Entfernung R_{radar} umgerechnet werden. Die Differenz zur tatsächlichen Entfernung R_{ref} unter Berücksichtigung aller Einflüsse ist als Entfernungsgenauigkeit ΔR_{abs} definiert:

$$\Delta R_{\text{abs}} = |R_{\text{ref}} - R_{\text{radar}}| \tag{2.26}$$

Die tatsächliche Entfernung R_{ref} ist mit einem konventionellen Referenzsensor zu ermitteln, der über eine Genauigkeit verfügt, die mindestens um den Faktor 10 höher ist. Die Entfernungsgenauigkeit hängt somit von der Frequenzauflösung und von Störungen ab, die bei einem FMCW-Radar durch die Signalverarbeitung und hardwarebedingt gegeben sind.

Der minimale Frequenzabstand bzw. der minimale Abstand zwischen zwei Zielen bei dem beide Ziele noch getrennt werden können, wird als Entfernungsauflösung bezeichnet. Allerdings hängt die Entfernungsauflösung ΔR nicht nur von der Frequenzauflösung und der Halbwertsbreite der Fensterfunktion ab. Im Ausdruck für die Zwischenfrequenz ist die Abhängigkeit von der Bandbreite B und der Rampendauer T zu sehen. Die Erhöhung der Bandbreite bei gleichbleibender Zielentfernung führt zur Verschiebung der Zwischenfrequenzen jedes einzelnen Radarziels zu höheren Frequenzen. Zusätzlich erhöht sich der Frequenzabstand im Spektrum. Dadurch können mehrere Zwischenfrequenzen innerhalb des neuen Abstandes aufgelöst werden, wenn die Bandbreite ausreichend erhöht wird. Bei zusätzlicher Erhöhung der Rampendauer im gleichen Verhältnis wie zuvor der Bandbreite ist jedoch keine Erhöhung der Auflösung möglich. Die 3dB-Bandbreite der Fensterfunktion verringert sich zwar dadurch, jedoch sinken auch gleichzeitig deren Zwischenfrequenz und somit auch der Frequenzabstand. Somit lassen sich keine weiteren Radarziele auflösen. Wird bei einer fest vorgegebenen Bandbreite die Rampendauer erhöht, so ergeben sich zwei wesentliche Vorteile:

Die Abtastfrequenz des Basisbandsignals kann reduziert und das Signal-Rausch-Verhältnis SNR (engl. *Signal-to-Noise-Ratio*) erhöht werden. Die Entfernungsauflösung ΔR lautet

$$\Delta R = \frac{v_{\text{gr}}}{2 \cdot B} \quad . \tag{2.27}$$

Aus (2.27) wird deutlich, dass die Rampendauer nicht in die Entfernungsauflösung eingeht und eine Verbesserung der Entfernungsauflösung ausschließlich durch eine Erhöhung der Bandbreite B möglich ist.

2.4 Abstandsmessungen in Echtzeit

Für den Einsatz der Sensoren ist die Integration der Signalverarbeitung in ein echtzeitfähiges System erforderlich, die in Abhängigkeit der Anwendung, der übergeordneten Steuerung bzw. Regelung die Abstandsinformation über eine definierte Schnittstelle übergibt. Im Rahmen der Einwicklungsphase ist durch die Modifikationsmöglichkeit und durch die parallele Verarbeitung die Umsetzung in einem FPGA zweckmäßig, um hohe Aktualisierungsraten zu gewährleisten. Die Faktoren Rechenzeit und Speicherbedarf spielen eine entscheidende Rolle. Ebenfalls ist der Einfluss einer Festkommaarithmetik im Vergleich zur Gleitkommaberechnung auf die Genauigkeit wichtig. Diese Aspekte werden für die vorgestellten Algorithmen im Detail im Anhang A analysiert, da die Echtzeitimplementierung nicht im Fokus der vorliegenden Arbeit liegt. An dieser Stelle wird das Konzept für eine mögliche FPGA-Umsetzung vorgestellt, um die Echtzeitfähigkeit der Algorithmen aufzuzeigen.

Der zentrale Bestandteil des Systems ist die Basisbandsignalverarbeitung, die im FPGA zu einem einzigen Modul zusammengefasst ist, um IP-Cores (engl. *Intellectual Property*) für bspw. die FFT-Berechnung mehrfach zu benutzen. Die Erzeugung der FMCW-Rampe erfolgt auch über das FPGA, welches digital über einen separaten DDS-Baustein (engl. *Direct Digital Synthesis*) das K-Band Radar ansteuert (siehe Abschnitt 3.2). Es wird eine Dreiecks-Modulation eingesetzt und zwischen der steigenden und fallenden Rampe eine „Ruhezeit“ von 100 µs eingebaut, um die Prozessierung nach jeder Rampe durchzuführen und Einschwingvorgänge vom PLL-basierten (engl. *Phase-Locked Loop*) Radar abzufangen.

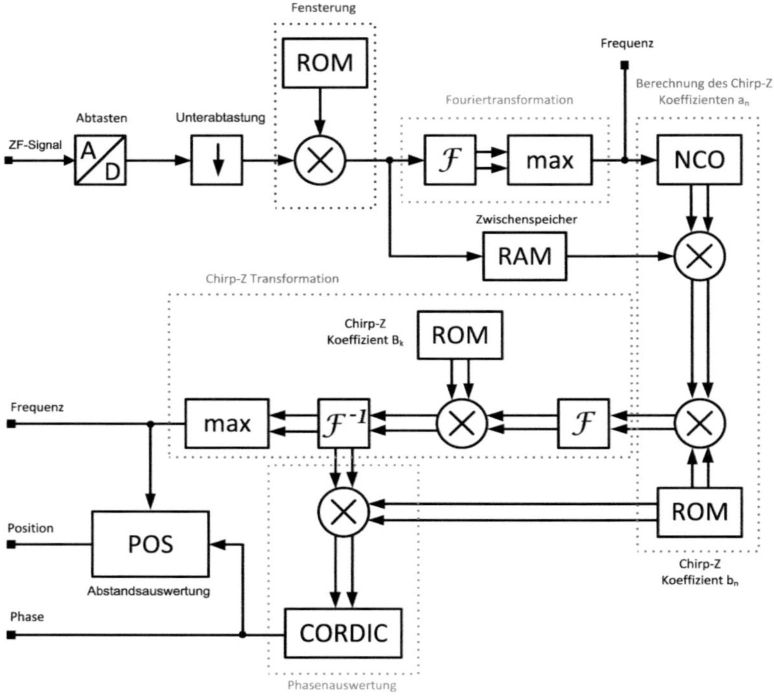

Abbildung 2.2: Blockschaltbild der Basisbandsignalverarbeitung

Damit ergibt sich mit der Rampenzeit von $T = 500$ µs insgesamt eine Messwiederholrate von etwa 800 Hz, die zur Untersuchung der Echtzeitfähigkeit ausreichend ist. Diese Zeit bestimmt die Prozessierungsdauer für die komplette Abstandsauswertung. Unter Berücksichtigung dieser Anforderung ist die Variante mit der CZT für die Auswertung von Frequenz und Phase optimal. Das Blockschaltbild der Signalverarbeitung mit Fensterung, CZT-Auswertung, Phasenauswertung und Abstandsbestimmung ist in Abbildung 2.2 dargestellt.

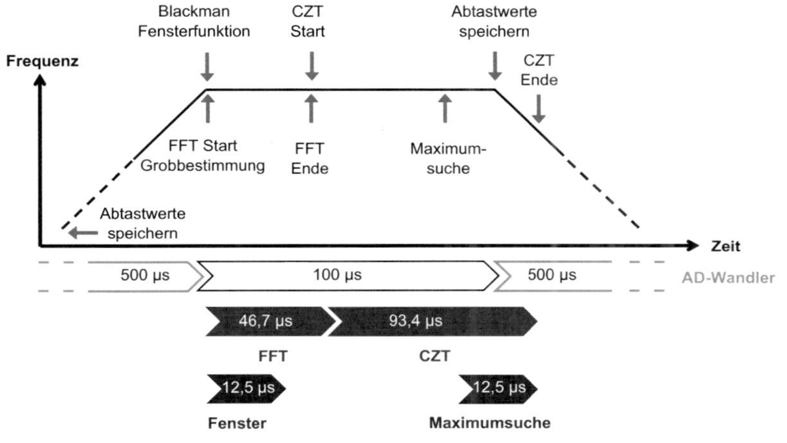

Abbildung 2.3: Zeitliches Ablaufdiagramm der Basisbandsignalverarbeitung

Die Abtastwerte werden je nach Bedarf unterabgetastet und anschließend gefenstert. Die Koeffizienten der Fensterfunktion sind in einem Festwertspeicher hinterlegt. Über eine FFT des ZF-Signals erfolgt die grobe Abstandsbestimmung über die Frequenz. Das komplexe Ergebnis der FFT wird über zwei parallele Pfade zum nächsten Block geführt. Nach der Maximumsuche wird daraus der Parameter a_n für die CZT bestimmt. Die Berechnung des CZT-Koeffizienten B_k im Frequenzbereich erfolgt im Voraus. Auf diese Weise kann Rechenzeit eingespart werden, da das Ergebnis in einem Festwertspeicher abgelegt wird. Dies ist bei einem konstanten Koeffizienten b_n möglich. Im Anschluss an die Maximumsuche wird die Phase aus dem gefundenen Maximum über den CORDIC-Algorithmus (engl. *Coordinate Rotation Digital Computer*) berechnet, der den Arkustangens beinhaltet [Vol59]. Der NCO (engl. *Numerically Controlled Oscillator*) liefert hierfür die Sinus- und Kosinusschwingung mit der zuvor über die Frequenzauswertung bestimmten Frequenz. Die Frequenz und die Phase werden abschließend an die Abstandsauswertung weitergegeben, die daraus den Abstand bestimmt.

Der zeitliche Ablauf der einzelnen Prozessierungsschritte ist in Abbildung 2.3 dargestellt. Die Ruhezeit am Ende der Rampensegmente beträgt 100 μs und ist frei konfigurierbar. Mit Beginn dieser Ruhezeit ist die Abtastung abgeschlossen und der Start der FFT zur Grobbestimmung der Zwischenfrequenz für die CZT sowie die Fensterung initiiert. Die CZT beginnt nach der FFT, wobei während der Berechnung parallel die Maximumsuche durchgeführt wird, so dass innerhalb der angegebenen Zeit die Berechnung des Abstandes fertiggestellt ist. Die Berechnung der fallenden Rampe verläuft simultan. Aus dem Zeitablauf ist zu entnehmen, dass die Berechnung innerhalb der Aktualisierungsrate abgeschlossen ist und durch die Dreiecks-Modulation dynamische Messungen möglich sind.

3 Hardwarespezifische Einflüsse auf die Genauigkeit

Bei einem FMCW-Radar sind neben Einflüssen aus der Messumgebung vor allem die Eigenschaften der eingesetzten Hardware für die Abstandsmessung von Bedeutung. Nachfolgend werden der eingesetzte Radarsensor und das FPGA-kontrollierte DDS-basierte Ansteuerkonzept für die Generierung der Frequenzrampen durch das PLL-geregelte Radar vorgestellt. In diesem Zusammenhang werden die spezifischen Einflüsse des realisierten Ansteuerkonzepts beschrieben und analysiert. Des Weiteren werden die Rauscheigenschaften des Systems ermittelt, um den Einfluss auf die Auswertung des ZF-Signals zu bewerten. Dies beinhaltet zum Einen die SNR-Abschätzung und zum Anderen das Phasenrauschen des monostatischen Radars. Eine hohe Linearität der Frequenzrampe ist substanziell für das FMCW-Konzept. In diesem Kontext werden die Frequenzrampen untersucht und zusätzlich Störmodelle für Nichtlinearitäten auf der Frequenzrampe eingesetzt, um deren Wirkung auf das ZF-Signal zu charakterisieren.

3.1 Systemdemonstrator

Die hochgenaue Abstandsmessung für industrielle Anwendungen wird mit einem PLL-geregelten K-Band FMCW-Radar der Firma InnoSenT durchgeführt [Inn14], welches im Rahmen eines Projektes zur Abstandsbestimmung in Hohlleitern optimiert wurde. Das Radar kann über eine Bandbreite von 1 GHz betrieben werden und in Abhängigkeit vom PLL-Entwurf hochdynamische Rampenzeiten von bis zu 50 μs gewährleisten. Die Eigenschaften des Radarsensors stellen Randbedingungen für die Messungen dar, die für die Ansteuerung benötigt und bei der Analyse der Messergebnisse genutzt werden.

Abbildung 3.1: Foto des PLL-basierten Radarsensors

K-Band FMCW-Radar

Das Radar ist in einem runden Aluminiumgehäuse integriert und kann in folgende Bereiche aufgeteilt werden: das HF-Frontend, die PLL und das NF-Frontend (Niederfrequenz) (siehe Foto des Radarsensors in Abbildung 3.1 und die schematische, vereinfachte Zeichnung des Aufbaus in Abbildung 3.2).

HF-Frontend und PLL

Das HF-Frontend besteht aus einem Sende- und Empfangsteil. Das frequenzmodulierte Sendesignal wird über einen VCO (engl. *Voltage Controlled Oscillator*) generiert. Der VCO ist ein weit abstimmbarer Baustein in SiGe-Technologie (Siliziumgermanium) mit einer Abstimmbandbreite von 2 GHz bei etwa 6 dBm Ausgangsleistung und einer Empfindlichkeit von etwa 600 $\frac{\text{MHz}}{\text{V}}$. In einem Temperaturbereich von -40°C bis +105°C, was für die meisten industriellen Anwendungen ausreichend ist, ist eine Bandbreite von 1 GHz gewährleistet. Der VCO verfügt über einen festen Teilerausgang von 16, der direkt an eine PLL angeschlossen werden kann. Das Frontend hat einen SMA-Stecker (engl. *Sub-Miniature-A*) am HF-Ausgang, um die Ein- bzw. Auskopplung des Radarsignals in den Hohlleiter zu ermöglichen. In Senderichtung ist zudem eine Verstärkung von 14 dB realisiert. Die Auftrennung zwischen Sende- und Empfangssignal erfolgt mit einem Wilkinson-Teiler. Die resultierende Anpassung am Ausgang des Radars beträgt etwa 10 dB. Der Empfangspfad ist mit zwei Si-Mischerdioden (Silizium) als Gegentaktmischer mit Ringkoppler entsprechend [Poz12] aufgebaut.

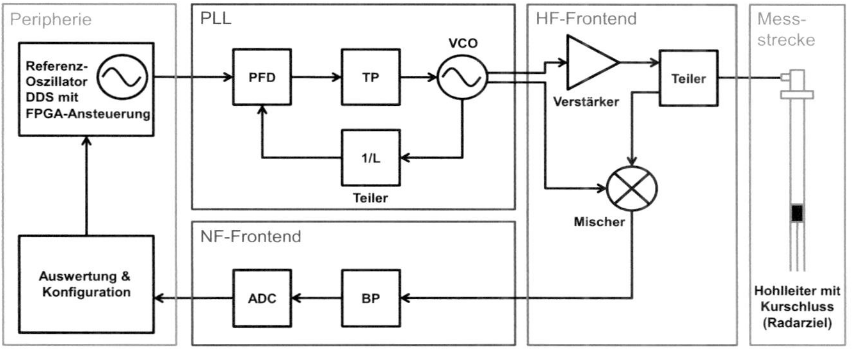

Abbildung 3.2: Schematische Darstellung der Systemkomponenten

Die nichtlineare Kennlinie des VCOs wird über die integrierte PLL geregelt. Die PLL (Abbildung 3.2) umfasst folgende Komponenten:

- PFD (Phasen-Frequenz-Detektor): Der PFD bildet die Phasendifferenz aus dem Referenzsignal und dem rückgekoppelten Radarsignal. Die Ausgansgröße des PFDs ist ein zum Phasenfehler proportionaler Strom, der mit einem Proportionalitätsfaktor charakterisiert ist. Dieser Faktor ist vom eingesetzten PFD abhängig und im Allgemeinen einstellbar [Ban06]. In diesem Fall beträgt der Wert 1 mA.
- Schleifenfilter: Das Schleifenfilter ist ein passives TP-Filter dritter Ordnung, das die resultierende Phasendifferenz am Ausgang des PFDs durch Impedanzwandlung in die Steuerspannung für den VCO umwandelt.
- VCO: Über die Steuerspannung wird die Ausgangsfrequenz des VCOs eingestellt. Der Zusammenhang zwischen der Steuerspannung und der Ausgangsfrequenz entspricht bei einer linearisierten VCO-Kennlinie der Empfindlichkeit.
- Frequenzteiler: Das durch 16 geteilte, rückgekoppelte Radarsignal wird mit einem ganzzahligen Faktor auf die eingestellte PFD-Frequenz herunter geteilt.

Im eingesetzten PLL-Chip AD4118 [Ana11a] sind der PFD sowie der Frequenzteiler integriert. Der PLL-Chip bildet somit das Bindeglied zum HF-Frontend. Die wichtigsten Kenndaten der PLL im Radar sind nachfolgend aufgeführt:

- Integer-PLL: Hierfür wird ein Frequenzgenerator benötigt, der die geforderte Rampenform des FMCW-Radars über die Referenzfrequenz vorgibt.
- HF-Eingang bis max. 3 GHz: Der Teiler-Ausgang des VCOs beträgt bei der Mittenfrequenz der Frequenzrampe 1,5 GHz und kann daher direkt an die PLL ohne zusätzliche Teilung angeschlossen werden.
- Referenzeingang 5 MHz bis 100 MHz: Die Frequenz des Referenzsignals ist auf maximal 100 MHz begrenzt. Zusätzlich muss die maximal mögliche PFD-Frequenz von 55 MHz beachtet werden, die letztendlich die Frequenz der Referenz und folglich den erforderlichen Teilerfaktor festlegt. Der eingesetzte PLL-Chip verfügt über ein Dual-Modulo Teiler mit zwei Zählwerken [Ban06]. Um zusätzliche Störungen durch digitale Schaltvorgänge zu vermeiden, wird der Teilerfaktor L ausschließlich mit einem Zählwerk verwendet und $L = 96 \cdot 16$ eingestellt, den 16-Teiler am VCO mitberücksichtigt. Für das Radar wird somit eine Referenzfrequenz von etwa 15,6 MHz für die Mittenfrequenz des Radars benötigt.
- Grenzfrequenz 450 kHz und Phasenreserve 20°: Bei der Dimensionierung des Schleifenfilters dritter Ordnung wird laut Hersteller hauptsächlich die Dynamik berücksichtigt, um die Linearität nicht zu beeinträchtigen. Die geringe Phasenreserve ist bei den Übergängen der einzelnen Rampensegmente kritisch, jedoch nicht zu vermeiden. Die ermittelten Eigenschaften sind mit dem Simulations-Werkzeug ADIsimPLL von Analog Devices [Ana11b] ermittelt.

Bei geeigneter Dimensionierung der PLL durch das Schleifenfilter werden die negativen Eigenschaften des VCOs, wie Nichtlinearität der Kennlinie, Abhängigkeit von der Temperatur oder Alterungseffekte kompensiert. Zu den kritischsten Einflüssen gehört das Ausgleichen der nichtlinearen Kennlinie. Besonders bei kurzen Rampenzeiten kann die PLL an ihre Grenzen kommen. Ebenfalls wird durch die zeitdiskrete Arbeitsweise des PFDs ein frequenzdiskretes Spektrum am PFD-Ausgang erzeugt, welches zusätzliche Maxima im Spektrum bei ganzzahligen Vielfachen von der Referenzfrequenz enthält. Diese Maxima treten auch im Spektrum des Ausgangssignals der PLL auf und sind ein unerwünschter Nebeneffekt der Linearisierung. Wenn die Maxima außerhalb der PLL Bandbreite liegen, werden sie von der PLL bzw. dem Schleifenfilter unterdrückt oder zumindest gedämpft. Ebenfalls wird das Phasenrauschen am Referenzeingang durch den Teilerfaktor um $20\log(L)$ erhöht, das auf die Frequenzvervielfachung zurückzuführen ist [Ban06].

NF-Frontend

Das NF-Frontend besteht aus dem Filter am Mischerausgang und dem AD-Wandler (Analog/Digital). Das Filter am Mischerausgang verhindert, dass höhere Harmonische an den Eingang des AD-Wandlers gelangen. Der Frequenzgang des Filters ist in Abbildung 3.3 dargestellt. Im Radar ist ein aktiver, zweistufiger Bandpassfilter vierter Ordnung mit einer Bandbreite von 8 kHz bis 100 kHz und 20 dB Verstärkung integriert. Für die Abstandsmessungen im Hohlleiter werden Zwischenfrequenzen im Bereich von 16 kHz bis 32 kHz erwartet, so dass der Abstand zu der unteren und oberen Grenzfrequenz ausreichend ist. Für die Abstandsmessungen wird der AD-Wandler NI6361 [Nat13] verwendet. Die Abtastrate beträgt 2 MHz bei 16 Bit Datenbreite.

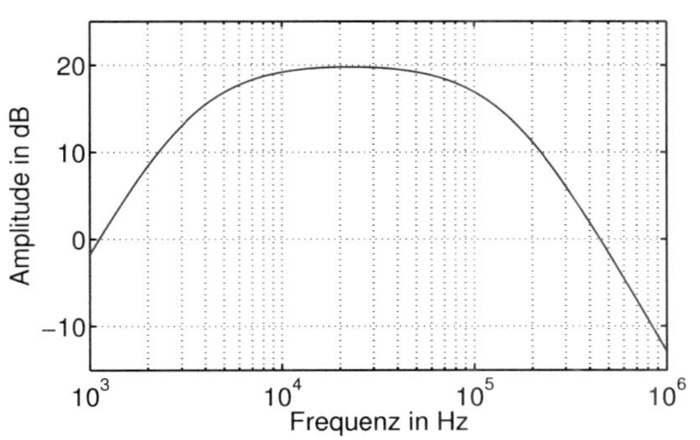

Abbildung 3.3: Frequenzgang des ZF-Filters im Radar

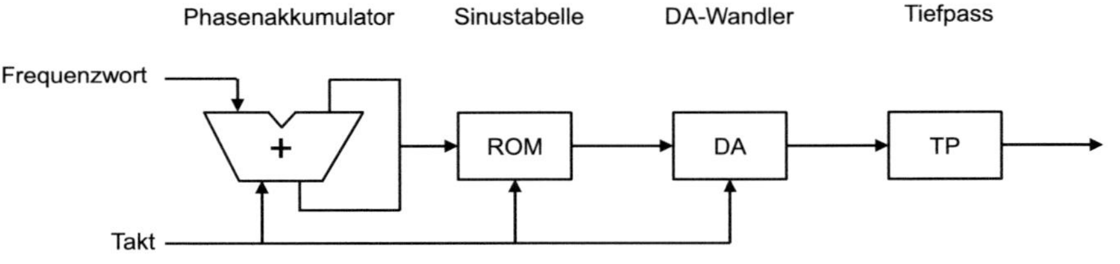

Abbildung 3.4: Schematische Darstellung der DDS-Funktionsweise

3.2 DDS-basierte Referenzquelle für FMCW-Radarsensoren

Für das eingesetzte K-Band Radar mit Integer-PLL wird eine Referenzquelle benötigt, um die nichtlineare Kennlinie des VCOs durch eine angepasste Steuerspannung auszugleichen und dadurch eine lineare FMCW-Rampe im K-Band zu erzeugen. Aufgrund der flexiblen Konfigurationsmöglichkeiten wird ein DDS eingesetzt. Dabei wird der kommerziell verfügbare DDS-Chip DS872 der Firma Euvis [Euv10] verwendet, der über das FPGA gesteuert wird. Die Eckdaten des DDS-Chips sind

- 32-Bit Frequenzwort FTW (engl. *Frequency Tuning Word*)
- 13-Bit Phasenauflösung $\Delta\phi_{\text{PA}}$ (Phasenakkumulator)
- 11-Bit integrierter DA-Wandler (Digital-Analog)

Mit diesem Chip ist es möglich, ein phasenkontinuierliches, sinusförmiges Signal mit nahezu frei wählbarer Ausgangsfrequenz zu erzeugen, das aufgrund der hohen Taktfrequenz weniger von den Einflüssen der DDS beeinflusst wird [Ana08, Ana99]. Das schematische Blockschaltbild des DDS-Prinzips ist in Abbildung 3.4 gezeigt [Ana08]. Der DDS-Baustein kann beliebige Signalformen durch entsprechende Ansteuerung des integrierten DA-Wandlers generieren. Bei periodischen Signalen wird der DA-Wandler über einen Phasenakkumulator und eine Sinustabelle gesteuert. Der Phasenakkumulator fungiert als Adresszähler, mit dem aus der Sinustabelle die Amplitude des Signals ausgewählt und an den

DA-Wandler weitergegeben wird. Die Schrittweite, mit der die Adresse bzw. Phase erhöht wird, bestimmt die Frequenz des Ausgangssignals. Eine abschließende TP-Filterung glättet das Signal.
Die bekannten Quantisierungseffekte bei digitalen Systemen zur Signalverarbeitung und -erzeugung treten auch bei der DDS auf. Daher können Frequenzen aufgrund der endlichen Bitbreite und Auflösung der einzelnen Komponenten nicht mit beliebiger Genauigkeit erzeugt werden. Die Schrittweite, die eine DDS mit der Taktfrequenz f_{clk} generieren kann, ergibt sich bei einem N_{DDS} Bit breiten Festwertspeicher zu

$$\Delta f_{\mathrm{DDS,step}} = \frac{1}{2^{N_{\mathrm{DDS}}}} f_{\mathrm{clk}} \quad . \tag{3.1}$$

Die Änderung um M Werte gibt die Ausgangsfrequenz als entsprechendes Vielfaches an:

$$f_{\mathrm{DDS,M}} = M \cdot \Delta f_{\mathrm{DDS,step}} \quad . \tag{3.2}$$

Für den Euvis-DDS Baustein mit einer Taktfrequenz von 1,6 GHz und 32-Bit Speicherbreite ergibt sich somit eine Schrittweite von $\Delta f_{\mathrm{DDS,step}} = 0{,}37$ Hz. Die maximale Ausgangsfrequenz der DDS ist durch das Nyquist-Shannon-Abtasttheorem auf 800 MHz begrenzt.

3.2.1 Ansteuerung der DDS-Referenzquelle

Die eingesetzte DDS ist analog zu Abbildung 3.4 aufgebaut und erzeugt aus einem 32-Bit FTW eine Sinusschwingung. Das schematische Blockschaltbild des DDS-Moduls im FPGA ist in Abbildung 3.5 dargestellt. Der DDS-Takt wird aufbaubedingt über einen internen Frequenzteiler um den Faktor acht geteilt [Euv10] und an den FPGA weitergegeben. Im FPGA wird der 200 MHz Takt über eine FPGA-interne PLL stabilisiert und daraus die beiden Systemtakte von 100 MHz und 200 MHz abgeleitet. Damit sind die beiden Systeme optimal synchronisiert. Zur Erzeugung einer bestimmten Signalform ist eine Ansteuerung über den FPGA notwendig, da die DDS reine Sinusschwingungen ausgibt. Dazu wird die momentane Frequenz als M-Wert an der externen DDS angelegt und diese über eine Statusleitung aktualisiert. Die Form der Rampe wird im FPGA über einen Zustandsautomaten gesteuert. Zusätzlich ist ein Festwertspeicher im

FPGA angelegt, aus dem die Referenzfrequenz für das Radar in beliebiger Form eingestellt werden kann. Damit kann die lineare Rampe gezielt mit beliebigen Frequenzabweichungen erzeugt werden, um deren Einfluss auf die Frequenzrampe und folglich auf das ZF-Signal im Detail zu untersuchen (siehe Abschnitt 3.4). Die Synchronisation mit dem AD-Wandler erfolgt zu Beginn der steigenden Frequenzrampe über die Trigger-Leitung. Die Konfiguration der DDS und des RAM-Speichers (engl. *Random Access Memory*) zur Erzeugung von beliebigen Rampenformen wird über die Ethernet-Schnittstelle im FPGA vorgenommen.

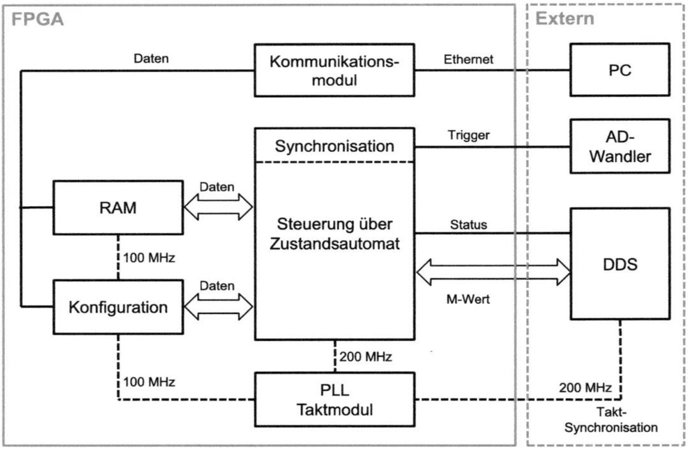

Abbildung 3.5: FPGA-Ansteuerungskonzept für die DDS

Rundungsfehler durch Ansteuerung

Die Quantisierungseffekte in der DDS führen zu Rundungsfehlern bei der Einstellung der FMCW-Parameter und folglich zu einer Abweichung von der gewählten Start- und Endfrequenz der Frequenzrampe.

Durch die begrenzte Genauigkeit des DDS-Moduls können die Frequenzen nach Umsetzung in die HF in der Schrittweite $\Delta f_{\mathrm{DDS,HF}}$ von

$$\Delta f_{\mathrm{DDS,HF}} = \Delta f_{\mathrm{DDS,step}} \cdot L = 572,2\ \mathrm{Hz} \tag{3.3}$$

gewählt werden, wobei $L = 1536$ den PLL-Teilerfaktor angibt. Die Aktualisierungsrate T_a des DDS-Moduls beträgt 10 ns. Damit können nur bestimmte Verhältnisse von Bandbreite B zu Rampendauer T gewählt werden. Der Radarsensor kann laut Hersteller zwischen 23,0 GHz und 25,0 GHz über eine Bandbreite von 1 GHz im geforderten Temperaturbereich von -40°C bis +105°C betrieben werden. Ein Teil der verfügbaren Steuerspannung wird zur Temperaturkompensation benötigt. Ebenfalls wird vom Hersteller eine Startfrequenz im Bereich von 23,5 GHz vorgeschlagen. Für eine Frequenzrampe mit $B = 800$ MHz, $T = 500$ µs und $f_\mathrm{min} = 23{,}5$ GHz ergibt sich für f_min das FTW M_min und aufgrund von Rundungen das reale FTW M'_min sowie die reale Startfrequenz f'_min zu

$$M_\mathrm{min} = \left\lfloor \frac{f_\mathrm{min} \cdot 2^{N_\mathrm{DDS}}}{f_\mathrm{clk} \cdot L} \right\rfloor \approx 41\,069\,226,67 \quad , \tag{3.4}$$

$$M'_\mathrm{min} = \left\lfloor \frac{f_\mathrm{min} \cdot 2^{N_\mathrm{DDS}}}{f_\mathrm{clk} \cdot L} \right\rceil = 41\,069\,227 \quad , \tag{3.5}$$

$$f'_\mathrm{min} = \frac{M'_\mathrm{min} \cdot f_\mathrm{clk} \cdot L}{2^{N_\mathrm{DDS}}} = 23,5\ \mathrm{GHz} + 190,7\ \mathrm{Hz} \quad . \tag{3.6}$$

Die reale Startfrequenz ist um 190,7 Hz höher als erwartet, wodurch die Phasenauswertung beeinflusst wird. Die Differenz der FTWs über die Bandbreite entspricht analog dazu $M_\mathrm{B} = 1\,398\,101$. Die Anzahl an FTWs m_inc berechnet sich aus T und T_a über

$$m_\mathrm{inc} = \frac{T}{T_\mathrm{a}} = 50\,000 \quad . \tag{3.7}$$

Die Schrittweite m_step, um die nach der Zeit T_a erhöht wird, ist dementsprechend

$$m_\mathrm{step} = \left\lfloor \frac{M_\mathrm{B}}{m_\mathrm{inc}} \right\rfloor = 28 \quad . \tag{3.8}$$

Zurückgerechnet auf die Differenz der FTWs folgt daraus

$$M'_B = m_{step} \cdot m_{inc} = 1\,400\,000 \quad , \tag{3.9}$$

$$B' = 800 \text{ MHz} + 1,086 \text{ MHz} \quad . \tag{3.10}$$

Damit weicht die Bandbreite um 1,086 MHz ab. Die Fehler durch die DDS-Umrechnung lassen sich vermeiden, wenn gezielt Frequenzen gewählt werden, bei denen kein Rundungsfehler auftritt. Dies ist bspw. bei einer Startfrequenz von 23,7 GHz und einer Bandbreite von 801,086 MHz der Fall. Die Rampendauer wird immer exakt eingehalten, wenn sie ein ganzzahliges Vielfaches der Aktualisierungsrate T_a beträgt.

3.2.2 DDS-spezifische Störungen

Der DDS-basierte Ansatz für die Referenz der PLL ermöglicht eine sehr genaue Ansteuerung des Radar-VCOs mit beliebigen Rampenverläufen. Allerdings werden bei einer DDS Störimpulse erzeugt, die sich im Ausgangssignal zeigen. Die Hauptquellen der Störimpulse sind zum Einen das Abschneiden der Phase im Phasenakkumulator und zum Anderen die digitale Umsetzung von Phase zu Amplitude im Festwertspeicher mit finiter Auflösung. Darüber hinaus können Störungen durch den integrierten DA-Wandler entstehen, die bspw. durch Nichtlinearitäten oder Quantisierung auftreten. Das abgetastete Ausgangssignal des DACs verursacht Spiegelfrequenzen der eingestellten Frequenz und der entsprechenden Harmonischen [Buc12]. Die besondere Eigenschaft dieser Störungen ist die Abhängigkeit von der eingestellten Frequenz des Ausgangssignals. Damit kann die Lage der DDS-Störungen im Frequenzbereich relativ zur eingestellten Frequenz ermittelt werden. Wenn sich die Lage der Störung im Frequenzbereich relativ zur eingestellten Frequenz nicht ändert, handelt es sich entweder um Störimpulse, die sich über die Versorgungsspannung oder über das Taktsignal in die DDS einkoppeln. Beide Störungen haben einen identischen Einfluss auf den DDS-Ausgang und somit auf das Referenzsignals des Radars [Ana07]. Bei der vorliegenden Anwendung wird die DDS für das Radar in einem Frequenzbereich um 15,6 MHz betrieben. Der Takt bei 1,6 GHz liegt um zwei Größenordnungen höher. Die Störungen durch finite Auflösung und Abschneiden der Phase weisen eine maximale

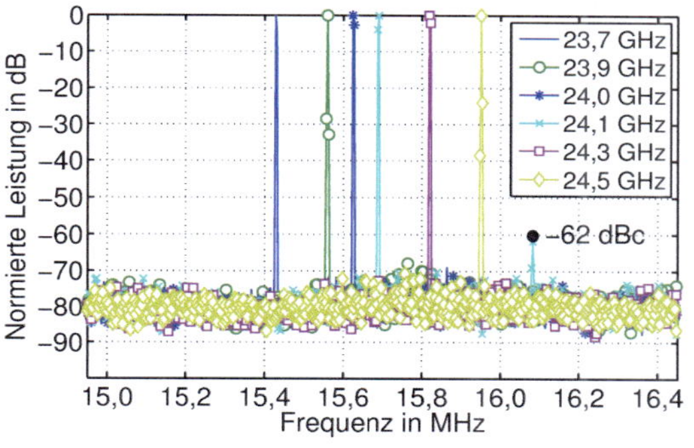

Abbildung 3.6: Monofrequentes DDS-Ausgangssignal zur Ansteuerung des Radars in Abhängigkeit der FMCW-Bandbreite

Amplitude von etwa -6 dBc$\cdot\Delta\phi_{PA}$ = -78 dBc relativ zur eingestellten Frequenz auf und können somit durch die zusätzliche Randbedingung der hohen Taktfrequenz vernachlässigt werden. Die beschriebenen Störimpulse bedingt durch den DA-Wandler sind ebenfalls sehr weit von der eingestellten Frequenz entfernt. Allerdings können durch die Spiegelung der Harmonischen, Störimpulse im relevanten Frequenzbereich auftauchen [Ana99]. Die exakte Berechnung der Lage und der Amplitude dieser Störungen ist für die FMCW-Anwendung mit sehr feinen Schrittweiten von etwa 572 Hz über eine Bandbreite von 800 MHz nur bedingt möglich. Das Ausgangssignal der DDS über den Frequenzbereich des Radarsignals zwischen 23,7 GHz und 24,5 GHz ist in Abbildung 3.6 abgebildet. Lediglich bei der Mittenfrequenz um 24,1 GHz können Störimpulse mit etwa -62 dBc und 400 kHz Frequenzoffset zum Träger gemessen werden, die um $\pm$50 kHz variieren. In Abschnitt 3.4 wird gezeigt, dass Störimpulse oberhalb von 100 kHz keinen gravierenden Einfluss ausüben, jedoch sich in der Frequenzrampe und im ZF-Signal zeigen.

Das Phasenrauschen des DDS beträgt bei einem Trägerabstand von nur 1 kHz -145 dBc/Hz [Euv10]. Aufgrund des hohen Wertes ist das Phasenrauschen des DDS-Taktes wichtig, da das Phasenrauschen der DDS direkt vom Phasenrauschen der Taktquelle abhängt. Daher wird der DDS-Takt extern über einen Rhode & Schwarz Synthesizer zur Verfügung gestellt [Rho06]. Dessen ungeachtet muss die Frequenzvervielfachung mit einem Faktor von 1536 berücksichtigt werden, wodurch eine Verschlechterung des Phasenrauschens um etwa 64 dB auf -81 dBc/Hz resultiert. Dieser Wert liegt weit unter dem gemessenen Phasenrauschen des Radarsignals (Abschnitt 3.3) und stellt somit keine Einschränkung dar.

3.3 Rauschbetrachtungen im System

Die wesentlichen Rauscheinflüsse im System umfassen zum Einen das Empfängerrauschen und zum Anderen das Phasenrauschen des Senders. Beide Rauschgrößen werden hinsichtlich des Einflusses auf das ZF-Signal analysiert.

3.3.1 Signal-Rausch-Verhältnis im ZF-Signal

Bedingt durch Rauschen in den HF-Komponenten im Signalweg liegt am Ausgang des Mischers ein Nutzsignal an, das mit Rauschen überlagert ist. Das zusätzliche Rauschen wird im Allgemeinen als additives, weißes Rauschen mit gaußverteilter Amplitude angenommen [SM97]. Dieses weiße Rauschen besitzt im kompletten betrachteten Frequenzbereich eine konstante Leistungsdichte und begrenzt die Genauigkeit mit der eine Abstandsbestimmung durchgeführt werden kann. Das SNR setzt die Signalleistung ins Verhältnis zur Rauschleistung und stellt somit ein Maß für die Qualität eines Signals dar.

SNR-Abschätzung über das Spektrum des ZF-Signals

Die Messung des SNRs η_{ZF} ist für das monostatische Radar nicht ohne weiteres möglich, da der Sendepfad nicht kurzgeschlossen werden kann, um eine autarke Messung des Rauschens durchzuführen. Eine Rauschmessung mit idealem Abschluss am Hohlleiter zur Eliminierung des Sendesignals kann ebenfalls ausgeschlossen werden. In diesem Fall fehlt die vom Radar selbst verursachte und wieder empfangene, reflektierte Rauschleistung. Aus diesem Grund kann η_{ZF} nur abgeschätzt werden. Hierfür wird das Spektrum des ZF-Signals für einen beliebigen Abstand mit geringem Einfluss von Mehrfachreflexionen im Hohlleiter gebildet und die Varianz des Rauschens P_R im Spektrum in Bezug auf die maximale Amplitude P_S über die gegebene ZF-Filterbandbreite B_{ZF} von 8 kHz bis 100 kHz berechnet. In diesem Bereich dominieren jedoch die Reflexionen und Mehrfachreflexionen am Radarziel und an Störstellen im System. Um ausschließlich das Rauschen mit zufälligem Leistungsdichtespektrum zu erhalten, wird das Rauschen P_R außerhalb der ZF-Filterbandbreite mit identischer Bandbreite gewählt und anhand der bekannten Filtercharakteristik des ZF-Filters die Amplitudenunterschiede $P_{Filter}(B_{noise})$ über die gewählte Rauschbandbreite B_{noise} kompensiert. Allerdings wird nachfolgend bei der Analyse des Phasenrauschens gezeigt, dass durch die Berechnung des SNRs außerhalb der ZF-Filterbandbreite der Rauschanteil $P_{SSB}(B_{noise}, R)$ bedingt durch das SSB-Phasenrauschen (engl. *Single-Side-Band*) zu beachten ist.

Das Spektrum des ZF-Signals wird mit der FFT und einem Blackman-Fenster berechnet. Daher ist für die SNR-Berechnung des Radars im Zeitbereich der Prozessierungsgewinn der FFT $F_{gain} = 10\log\left(\frac{N}{2}\right)$ mit N Abtastpunkten [Stu14] und die Dämpfung durch die Fensterfunktion W_{loss} zu berücksichtigen [Har78]. Die Abschätzung des SNRs η_{ZF} in dB kann somit wie folgt angegeben werden:

$$\eta_{ZF} = P_S - P_R(B_{noise}) - F_{gain} + W_{loss} + P_{Filter}(B_{noise}) - P_{SSB}(B_{noise}, R) \quad (3.11)$$

Das Spektrum des ZF-Signals ist für die Messposition $p_{HL} = 0{,}45$ m im Hohlleiter in Abbildung 3.7 für M_n mit $n = [1, 100, 1000]$ Messwiederholungen mit Mittelung im Zeitbereich aufgetragen. Die Mittelung im Zeitbereich ist mit der Mittelung im Frequenzbereich identisch, wenn die komplexen FFT-Ergebnisse verwendet werden. Im Spektrum ist deutlich zu erkennen, dass ab einer Frequenz von 200 kHz das Rauschen durch die Mittelung reduziert wird. Bei etwa 400 kHz ist der Einfluss der Störimpulse der DDS zu sehen. Die Rauschbandbreite wird aus diesem Grund zwischen 208 kHz und 300 kHz gesetzt. Für M_1 ergibt sich bei dem beschriebenen Ansatz ein η_{ZF} von etwa 30,5 dB mit den Parametern aus Tabelle 3.1. Dabei wird das gemittelte η_{ZF} über 1000 Messungen verwendet, um den Einfluss von Ausreißern bei einer Messwiederholung zu reduzieren. Für die Mittelung im Zeitbereich resultieren für M_{100} ein η_{ZF} von 49,5 dB und für M_{1000} ein η_{ZF} von 54,6 dB. Die erwartete Verbesserung des SNRs in Abhängigkeit von der Anzahl der Messwiederholungen ist mit $10\log(M_n)$ verknüpft. Mit M_{100} beträgt die Abweichung vom theoretischen Wert 1 dB. Die Mittelung zeigt auf, dass sich innerhalb der gewählten Rauschbandbreite keine festen Störfrequenzen befinden. Bei M_{1000} verbessert sich das η_{ZF} nur um 24 dB, so dass der theoretische Wert von 30 dB nicht erreicht wird. Für eine Verbesserung um 24 dB wären etwa 250 Messwiederholungen erforderlich, die sich auch in den Messungen einstellt (siehe Tabelle 3.2). Damit ist das maximale SNR des Radars bestimmt, bei der eine weitere Mittelung zu keiner Verbesserung führt, wenn nicht zusätzliche Maßnahmen zur Rauschreduzierung durchgeführt werden.

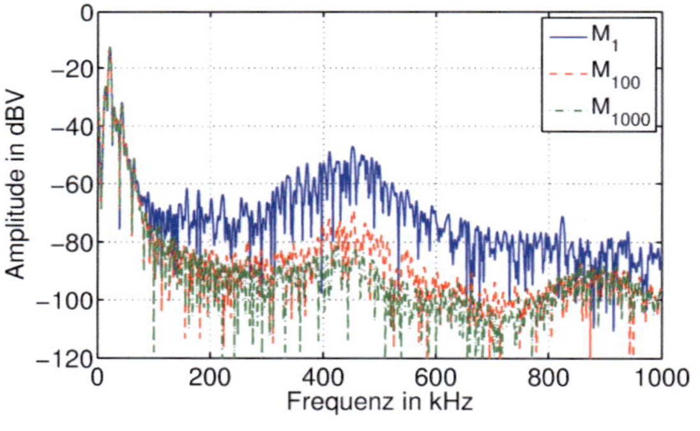

Abbildung 3.7: Messergebnis des ZF-Signals im Frequenzbereich mit und ohne Mittelung für die Messposition $p_{HL} = 0{,}45$ m im HL

F_{gain}	W_{loss}	$P_{Filter}(B_{noise})$	$P_{SSB}(B_{noise}, R)$
27 dB	8,5 dB	12,6 dB	5 dB

Tabelle 3.1: Parameter für die SNR-Abschätzung im Spektrum des ZF-Signals

M_n	1	100	1000	250
η_{ZF}	30,5 dB	49,5 dB	54,6 dB	53,1 dB

Tabelle 3.2: SNR η_{ZF} mit einer unterschiedlichen Anzahl an Mittelungen

Quantisierungsrauschen

Das Quantisierungsrauschen des AD-Wandlers kann das maximal erreichbare SNR begrenzen. Bei voller Aussteuerung des AD-Wandlers können alle 16 Bits zur Quantisierung benutzt werden. Der Spannungshub des AD-Wandlers beträgt ± 1 V. Das ZF-Signal erreicht Maximalwerte von etwa ± 250 mV. Damit wird der AD-Wandler nicht voll ausgesteuert. Die effektive Genauigkeit reduziert sich somit um

$$\left\lceil \log_2 \left(\frac{1\,\mathrm{V}}{250\,\mathrm{mV}} \right) \right\rceil = 2\,\mathrm{bit} \quad . \tag{3.12}$$

Das maximal erreichbare SNR des AD-Wandlers η_{AD} mit effektiver Bitbreite von 14 berechnet sich nach [Ana05] zu

$$\eta_{AD} = 14 \cdot 6{,}02\ \mathrm{dB} + 1{,}76\ \mathrm{dB} = 86\ \mathrm{dB} \quad . \tag{3.13}$$

Das durch den AD-Wandler limitierte SNR von 86 dB liegt weit über dem ermittelten SNR-Wert η_{ZF}, so dass keine Einschränkung durch den AD-Wandler auf die Abstandsmessung entsteht.

3.3.2 Phasenrauschen des Radarsensors

Bei Verwendung eines FMCW-Radars zur Abstandsmessung von kurzen Abständen wird das Phasenrauschen aufgrund der Kohärenz zwischen Sende- und Empfangssignal und folglich korrelierten Rauschquellen am Ausgang des Mischers teilweise kompensiert [BB93]. Der Einfluss des Phasenrauschens auf das ZF-Signal wird somit minimiert. Der verbleibende Anteil führt zu einer Verschlechterung des SNRs.

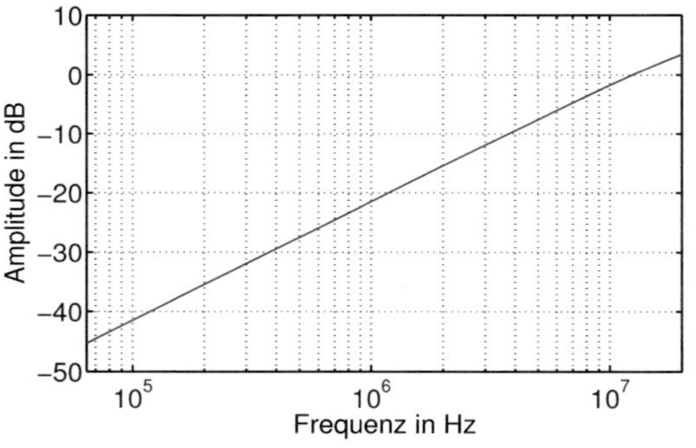

Abbildung 3.8: Frequenzgang des zusätzlichen Filtereffekts für das Phasenrauschen aufgrund des Mischprozesses

Dieser Effekt kann analytisch wie folgt angegeben werden [TEV13]:

$$P_{\Delta\Phi\mathrm{ZF}}(f_\mathrm{m}, R) = P_{\Delta\Phi\mathrm{HF}}(f_\mathrm{m}) + 20\log\left(2 \cdot \sin\left(\frac{2\pi R f_\mathrm{m}}{v_\mathrm{gr}}\right)\right) \tag{3.14}$$

Das SSB-Phasenrauschspektrum $P_{\Delta\Phi\mathrm{ZF}}(f_\mathrm{m}, R)$ im ZF-Signal setzt sich aus dem SSB-Phasenrauschspektrum $P_{\Delta\Phi\mathrm{HF}}(f_\mathrm{m})$ des HF-Signals im Frequenzabstand f_m und einem zusätzlichen Sinusterm zusammen, der wie ein periodischer Filter im Frequenzbereich wirkt und von der Entfernung R abhängt. Abbildung 3.8 zeigt den Frequenzgang des zusätzlichen Sinusterms für die Position $p_\mathrm{HL} = 0{,}45$ m, der ein HP-Verhalten aufweist. Aus dem Kurvenverlauf ist zu erkennen, dass niedrige Frequenzen stark gedämpft werden.

Beschreibung des Phasenrauschens als Rauschleistung

Die grundlegende Beschreibungsgröße des Phasenrauschens ist die spektrale Leistungsdichte der Phasenschwankungen, die durch die quadrierte, effektive Phasenschwankung in Bezug auf die Messbandbreite angegeben wird [TWK98]. Die Integration über die spektrale Leistungsdichte des Phasenrauschens kann auch als

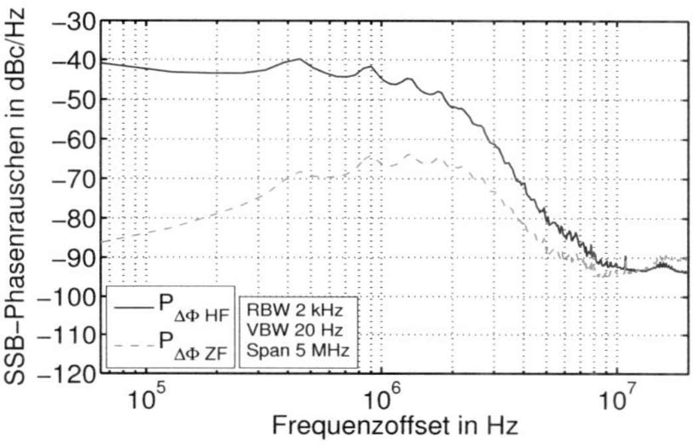

Abbildung 3.9: Messergebnis für das SSB-Phasenrauschen des Radars bei der Frequenz 24 GHz im HF-Ausgangssignal ($P_{\Delta\Phi\mathrm{HF}}$) und im ZF-Signal nach dem Mischprozess ($P_{\Delta\Phi\mathrm{ZF}}$)

Rauschleistung in Bezug auf das Trägersignal interpretiert werden [Ban06]. Damit ist eine Möglichkeit gegeben, das Phasenrauschen am Ausgang des Mischers unter Berücksichtigung des Mischvorgangs über die SNR-Definition zu beschreiben. Diese Zusammenhänge sind für das FMCW-Radar in [TEV13] abgeleitet und können wie folgt angegeben werden:

$$\eta_{\Delta\Phi} = \frac{1}{2 \cdot \int\limits_{0}^{B_{\mathrm{ZF}}} 10^{\frac{P_{\Delta\Phi\mathrm{ZF}}(f_\mathrm{m},R)}{10}} \, df_\mathrm{m}} \tag{3.15}$$

Mit diesem Ansatz kann das SNR $\eta_{\Delta\Phi}$ bedingt durch das Phasenrauschen mit der Schätzung des SNRs η_{ZF} im Spektrum des ZF-Signals verglichen werden.

Messung des Phasenrauschens

In Abbildung 3.9 ist das SSB-Phasenrauschen des Radarmoduls bei der Frequenz 24,0 GHz dargestellt. Im Abstand von etwa 15 MHz ist die Frequenz des Referenzsignals zu erkennen. Die Grenzfrequenz der PLL liegt bei etwa 450 kHz.

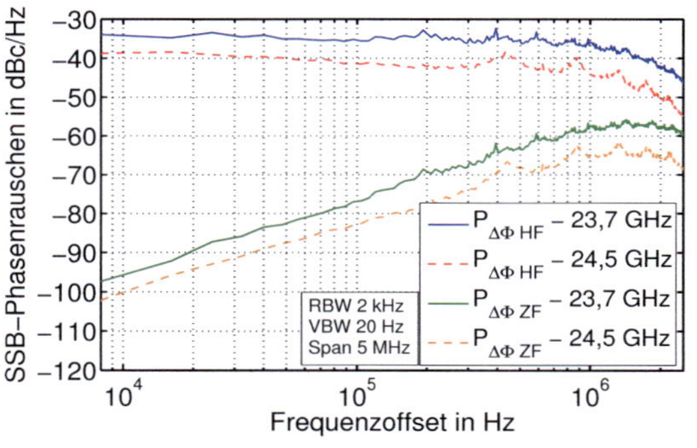

Abbildung 3.10: Messergebnis für das SSB-Phasenrauschen des Radars bei der Start- und Endfrequenz im HF-Ausgangssignal ($P_{\Delta\Phi\mathrm{HF}}$) und im ZF-Signal nach dem Mischprozess ($P_{\Delta\Phi\mathrm{ZF}}$)

Bandbreite	100 kHz	200 kHz	300 kHz
$\eta_{\Delta\Phi}$	32 dB	23,1 dB	18,2 dB

Tabelle 3.3: SNR $\eta_{\Delta\Phi}$ bedingt durch das Phasenrauschen in Abhängigkeit der Integrationsbandbreite

Im Frequenzabstand von 1 MHz und 10 MHz beträgt das SSB-Phasenrauschen $P_{\Delta\Phi\mathrm{HF}}$ -45 dBc/Hz bzw. -92 dBc/Hz. Das SSB-Phasenrauschen $P_{\Delta\Phi\mathrm{ZF}}$ hat bei einem Frequenzabstand von 1 MHz etwa einen Wert von -67 dBc/Hz und bei 10 MHz einen Wert von ca. -94 dBc/Hz. Bei der Analyse des Phasenrauschens an einem Frequenzpunkt ist zu beachten, dass die PLL im Radar nicht für ein optimales Phasenrauschen für eine einzelne Frequenz ausgelegt ist. Folglich können sich innerhalb der FMCW-Bandbreite unterschiedliche Phasenrauschwerte ergeben. Um diese Unterschiede bei der SNR-Berechnung zu berücksichtigen, wird das Phasenrauschen an unterschiedlichen Frequenzen mit hoher Frequenzauflösung sowie kleiner Messbandbreite gemessen und gemittelt. In Abbildung 3.10

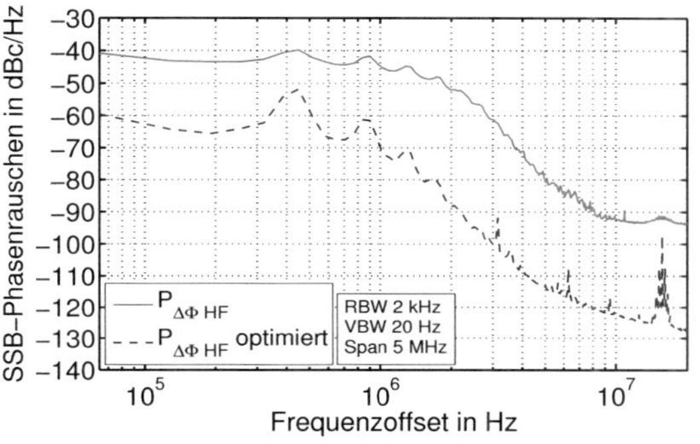

Abbildung 3.11: Messergebnis für das optimierte SSB-Phasenrauschen des Radars bei der Frequenz 24 GHz im HF-Ausgangssignal ($P_{\Delta\Phi\mathrm{HF}}$)

ist das SSB-Phasenrauschen $P_{\Delta\Phi\mathrm{HF}}$ zusätzlich für die Start- und die Endfrequenz des FMCW-Radars dargestellt, die sich bei einem Frequenzabstand von 1 MHz etwa um 5 dB unterscheiden. Das resultierende SNR $\eta_{\Delta\Phi}$ innerhalb der ZF-Filterbandbreite B_{ZF} nach (3.15) ergibt sich zu 32 dB. Im Vergleich zum geschätzten SNR η_{ZF} von 30,5 dB im Spektrum des ZF-Signals ist eine geringe Abweichung gegeben. Aus diesem Grund kann eine Begrenzung des SNRs durch das Phasenrauschen nicht ausgeschlossen werden. Der zusätzliche Rauschanteil $P_{\mathrm{SSB}}(B_{\mathrm{noise}}, R)$, der ebenfalls für die Schätzung η_{ZF} verwendet wird, kann auf etwa 5 dB geschätzt werden. Die resultierenden SNR-Werte in Abhängigkeit der integrierten Bandbreite im Phasenrauschen sind in Tabelle 3.3 zusammengefasst.

3.3.3 Erhöhtes SNR durch reduziertes Phasenrauschen

Zur Verifikation der SNR-Abschätzung im ZF-Signal und über das Phasenrauschen werden Möglichkeiten zur Reduzierung des Phasenrauschens untersucht. Änderungen an der PLL sind für das vorgegebene Radar nicht ausführbar. Die einzige Möglichkeit stellt die Verbesserung des Referenzsignals dar. In [Tal12] wird die Abhängigkeit des PLL-Phasenrauschens von der Ausgangsleistung des

Bandbreite	100 kHz	200 kHz	300 kHz
$\eta_{\Delta\Phi}$	54,8 dB	46,9 dB	42 dB

Tabelle 3.4: SNR $\eta_{\Delta\Phi}$ in Abhängigkeit der Integrationsbandbreite mit optimiertem Phasenrauschen

Referenzsignals beschrieben. Das durch Leistungssteigerung reduzierte Phasenrauschen des Radars ist im Vergleich zum ursprünglichen Phasenrauschen in Abbildung 3.11 für die Frequenz bei 24,0 GHz abgebildet. Im Frequenzabstand von 1 MHz und 10 MHz liegt ein SSB-Phasenrauschen $P_{\Delta\Phi\mathrm{HF}}$ von -72,1 dBc/Hz bzw. -122,8 dBc/Hz vor. Durch das reduzierte Phasenrauschen wird ein $\eta_{\Delta\Phi}$ von 54,8 dB innerhalb der ZF-Filterbandbreite erreicht (siehe Tabelle 3.4). Nachfolgend wird einheitlich für alle Messungen mit dem reduzierten Phasenrauschen die Bezeichnung optimiert verwendet.

SNR-Abschätzung im ZF-Signal mit optimiertem Phasenrauschen

Zur Bewertung der ermittelten SNR-Werte über das Phasenrauschen für den optimierten Fall wird ebenfalls die Abschätzung des SNRs im Spektrum des ZF-Signals durchgeführt. Das resultierende η_{ZF} beträgt etwa 36,3 dB. Auch in diesem Fall bewirkt die Mittelung über unterschiedliche Messwiederholungen die erwartete SNR-Erhöhung (Tabelle 3.5). Im Unterschied zum ursprünglichen Phasenrauschen ist die Kompensation des zusätzlichen Rauschanteils $P_{\mathrm{SSB}}\left(B_{\mathrm{noise}}, R\right)$ nicht notwendig, da das $\eta_{\Delta\Phi}$ innerhalb der Bandbreite bis 300 kHz bei etwa 42 dB liegt und somit zu keinem zusätzlichen Rauschbeitrag führt. Damit kann festgehalten werden, dass das SNR innerhalb der ZF-Filterbandbreite nicht vom Phasenrauschen begrenzt ist. Folglich spiegelt nicht $\eta_{\Delta\Phi}$ sondern das ermittelte η_{ZF} das reale SNR des Radars wieder.

M_n	1	100	1000
η_{ZF}	36,3 dB	55,4 dB	60,7 dB

Tabelle 3.5: SNR η_{ZF} mit optimiertem Phasenrauschen und einer unterschiedlichen Anzahl an Mittelungen

3.3.4 Bewertung der Rauscheinflüsse über die CRLB

Durch das ermittelte SNR ist mit der sogenannten Cramér-Rao Grenze die Möglichkeit gegeben, den Einfluss des SNRs auf die Abstandsauswertung über die Frequenz und die Phase des ZF-Signals zu beschreiben. Die Cramér-Rao Grenze (engl. *Cramér–Rao Lower Bound, CRLB*) ist eine untere Schranke für die Effizienz eines Schätzers. Für ein endliches, rauschbehaftetes Signal ist die Auswertung der Frequenz und Phase damit ein Schätzproblem, das nach unten durch die Cramér-Rao Grenze begrenzt ist. Diese Grenze wird generell bei der Grenzanalyse von Signalen genutzt und kann zur Fehlerabschätzung bei FMCW-Radarsystemen verwendet werden, wenn es sich bei dem auszuwertenden Signal um eine einzelne Sinusschwingung mit weißem, gaußschem Rauschen handelt [Kay13]. Unter realen Bedingungen treten weitere Einschränkungen, wie Mehrfachreflexionen, Nichtlinearitäten und nicht-weißes Rauschen auf. Daher ist die Cramér-Rao Grenze lediglich als Richtlinie für die erreichbare Genauigkeit für ein bestimmtes SNR η zu verstehen. Für das vorliegende Radar ist diese Grenze als Standardabweichung $\sigma_{\mathrm{CRLB(freq)}}$ der Abstandsauswertung für die Frequenz [16] und für die Kombination von Frequenz und Phase als $\sigma_{\mathrm{CRLB(komb)}}$ [6] abgeleitet.

$$\sigma_{\mathrm{CRLB(freq)}} = \sqrt{\frac{3{v_{\mathrm{gr}}}^2}{(2\pi)^2 \cdot \eta \cdot N \cdot B^2}} \tag{3.16}$$

$$\sigma_{\mathrm{CRLB(komb)}} = \sqrt{\frac{{v_{\mathrm{gr}}}^2}{(2\pi)^2 \cdot \eta \cdot N \cdot {f_{\mathrm{min}}}^2}} \tag{3.17}$$

Die entsprechenden CRLB-Werte in Abhängigkeit des SNRs und der Anzahl an Abtastwerten N sind in Abbildung 3.12 dargestellt. Für das ursprüngliche

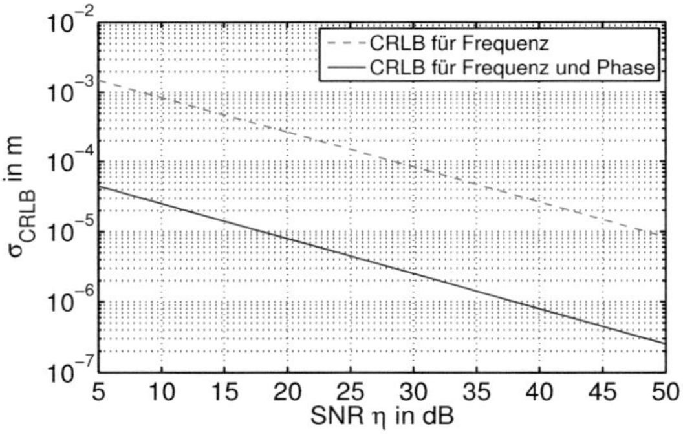

Abbildung 3.12: CRLB für die Abstandsauswertung bei Frequenzauswertung und bei erweiterter Phasenauswertung für das FMCW-Radar

Phasenrauschen im Radar ist ein η_{ZF} von 30,5 dB geschätzt. Nach (3.16) kann mit diesem SNR-Wert ein $\sigma_{\mathrm{CRLB(freq)}}$ von 78,9 µm erreicht werden. Die ermittelte Standardabweichung der Frequenz über 1000 Messwerte beläuft sich auf etwa 1,5 Hz. Mit (2.7) kann daraus die Standardabweichung des Abstandes zu $\sigma_{\mathrm{R}} = 112{,}1$ µm berechnet werden. Abbildung 3.13(a) zeigt das Histogramm für die Abstandsauswertung mit der Frequenz. Zusätzlich ist die N-Verteilung (Normalverteilung) dargestellt. Die Schwankungen des Abstandes entsprechen direkt dem Rauscheinfluss. Die gemessene Standardabweichung σ_{R} weicht um den Faktor $\frac{\sigma_{\mathrm{R}}}{\sigma_{\mathrm{CRLB(freq)}}} \approx 1{,}42$ vom idealen CRLB-Wert ab. Folglich wird die Grenze für die Frequenzauswertung nicht erreicht. Damit kann ausgeschlossen werden, dass das SNR die Frequenzschätzung begrenzt. Die Anforderung zur erweiterten Phasenauswertung wird ebenfalls erfüllt. In diesem Fall ist theoretisch über die CRLB eine Standardabweichung der Abstandsmessung von $\sigma_{\mathrm{CRLB(komb)}} = 2{,}4$ µm möglich, wenn die Begrenzung durch weißes Rauschen gegeben ist.

Mit optimiertem Phasenrauschen kann die Standardabweichung der Frequenz und der Abstandsauswertung auf etwa 0,8 Hz bzw. $\sigma_{\mathrm{R}} = 59{,}2$ µm verbessert werden (Abbildung 3.13(b)). Die Standardabweichung $\sigma_{\mathrm{CRLB(freq)}}$ beträgt für das ermittelte η_{ZF} von 36,3 dB ungefähr 40,5 µm. Damit ist eine Abweichung zwischen

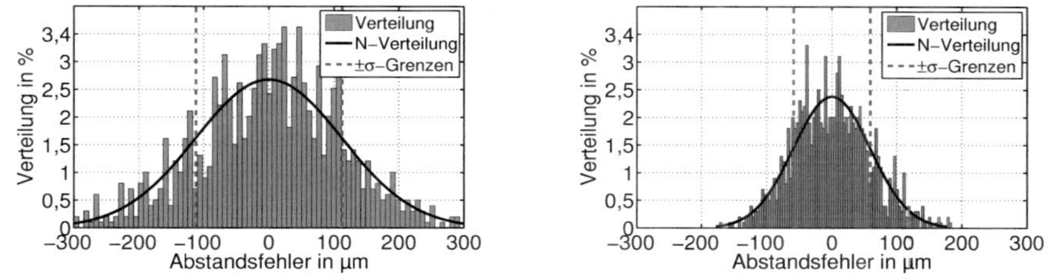

(a) Historgramm der Abstandsauswertung für das ursprüngliche SSB-Phasenrauschen

(b) Historgramm der Abstandsauswertung für das optimierte SSB-Phasenrauschen

Abbildung 3.13: Histogramm der Abstandsauswertung für die Messposition $p_{\mathrm{HL}} = 0{,}45$ m im HL

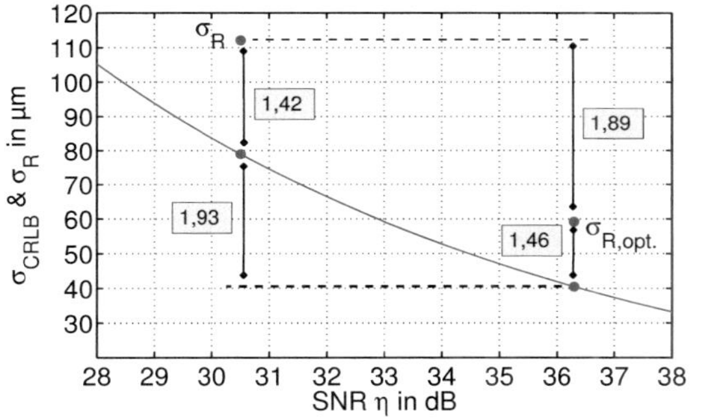

Abbildung 3.14: Vergleich der gemessenen Standardabweichung σ_{R} und der CRLB-Standardabweichung $\sigma_{\mathrm{CRLB(freq)}}$ der Abstandsauswertung mit der Frequenz

σ_{R} und $\sigma_{\mathrm{CRLB(freq)}}$ um den Faktor von $\frac{\sigma_{\mathrm{R}}}{\sigma_{\mathrm{CRLB(freq)}}} \approx 1{,}46$ gegeben. Der Abstand zur CRLB ist im Vergleich zum ursprünglichen Phasenrauschen näherungsweise gleich. Für die zusätzliche Phasenauswertung wird eine $\sigma_{\mathrm{CRLB(komb)}}$ von 1,2 μm erreicht. Beim Vergleich von optimiertem und ursprünglichem Phasenrauschen im Radar ist über die CRLB eine Verbesserung um den Faktor von etwa 1,93 zu erwarten. Der gemessene Unterschied der Standardabweichung aufgrund des verschlechterten SNRs beträgt 1,89 und passt sehr gut zu der CRLB-Schätzung. In Abbildung 3.14 sind diese Zusammenhänge in einem Diagramm aufgetragen. Damit stimmen für beide Rauschbedingungen sowohl die absolute Abweichung des Abstandsfehlers zur CRLB als auch die relative Abweichung der Abstandsfehler zueinander überein.

3.3.5 Fazit

Das Phasenrauschen stellt bei dem eingesetzten Radar in der ursprünglichen Version die begrenzende Größe im SNR dar. Bei dem ermittelten Wert ist gemäß der CRLB noch keine Einschränkung für die Frequenzauswertung gegeben und eine hohe Genauigkeit im einstelligen µm-Bereich erreichbar. Dennoch wird eine Möglichkeit zur Reduzierung des Phasenrauschens gezeigt, die es ermöglicht, das SNR zu verbessern und somit den SNR-Einfluss auf die Abstandsbestimmung genauer zu analysieren. Bei den ermittelten Werten handelt es sich um Schätzungen, die im Vergleich zur CRLB im absoluten und relativen Abstand zueinander sehr gut passen. Die Schätzung des SNRs erfolgt über zwei Ansätze. Zum Einen wird das SNR im Spektrum des ZF-Signals und zum Anderen über das Phasenrauschen bestimmt. Beide Schätzergebnisse passen gut zusammen, so dass sie sich gegenseitig bestätigen. Beim optimierten Phasenrauschen werden ebenfalls stimmige SNR-Werte für beide Schätzvarianten erzielt.

3.4 Linearitätsanalyse im FMCW Radar

Bei einem FMCW-Radar ist die Auswertung der Zwischenfrequenz sehr stark von der Linearität der erzeugten Frequenzrampe abhängig. Für hochgenaue Abstandsmessungen ist über die gesamte Messzeit diese Anforderung zu erfüllen. Im Allgemeinen ist ein Signal im Zeit- oder im Frequenzbereich definiert. In beiden Dimensionen ist eine direkte Zuordnung zwischen der Frequenz und der Zeit nicht möglich. Zur Analyse der Rampenlinearität ist diese Zeit-Frequenz-

Darstellung TFR (engl. *Time Frequency Representation*) notwendig, um Abweichungen gegenüber dem erwarteten Verlauf darzustellen. In [HBB92, Coh95, CL01] werden unterschiedliche TFR-Methoden beschrieben. Die konventionelle STFT (engl. *Short-Time Fourier Transform*) ist eine effiziente TFR-Methode [LZ09], die auch zur Linearitätsanalyse für die vorliegende FMCW-Radaranwendung modifiziert eingesetzt wird.

3.4.1 Analysemethodik und Messung der Linearität

Bei der STFT-Methode wird das zu untersuchende Signal im Zeitbereich in kurze Zeitsegmente aufgeteilt und über jedes einzelne Zeitsegment eine Fensterung mit anschließender Transformation in den Frequenzbereich durchgeführt. Über eine Maximumsuche kann die zu jedem Zeitabschnitt anliegende Frequenz ermittelt werden. Die Fensterung des Signals führt indirekt dazu, dass entweder eine hohe Zeitauflösung oder eine hohe Frequenzauflösung vorliegt.
Die Referenz für das FMCW-Radar wird digital über eine DDS erzeugt, die mit einem bestimmten Takt für die Frequenzmodulation ein Phaseninkrement ausgibt. Daher ist die Änderungsrate bekannt und die Wahl einer passenden Fensterlänge möglich [11]. Aufgrund der limitierten Auflösung der reinen FFT wird analog zur STFT die SCZT-Methode (engl. *Short-Time Chirp-Z Transform*) eingesetzt, um eine höhere Frequenzgenauigkeit zu erreichen. Als Fenster wird das Blackman-Fenster verwendet, das eine hohe Dämpfung der Nebenkeulen bewirkt. Damit können sowohl periodische als auch zeitlich deterministische Störungen auf der Frequenzrampe ermittelt werden.

Linearitätsmessungen des Radarmoduls

Zur Linearitätsanalyse der Frequenzrampe wird das Ausgangssignal des Radars mit einem Oszilloskop mit 80 GSa/s Abtastrate abgetastet [Key14]. Die Bandbreite des Oszilloskops beträgt 33 GHz und ist ausreichend für das Radarsignal, das maximal Frequenzen um 25 GHz aufweist. Anschließend erfolgt die Analyse des abgetasteten Signals über die STCZT. Aufgrund der bekannten FMCW-Parameter können auf diese Weise die Frequenzabweichungen auf der Frequenzrampe durch Bildung der Differenz zur idealen Rampe bestimmt werden. Die

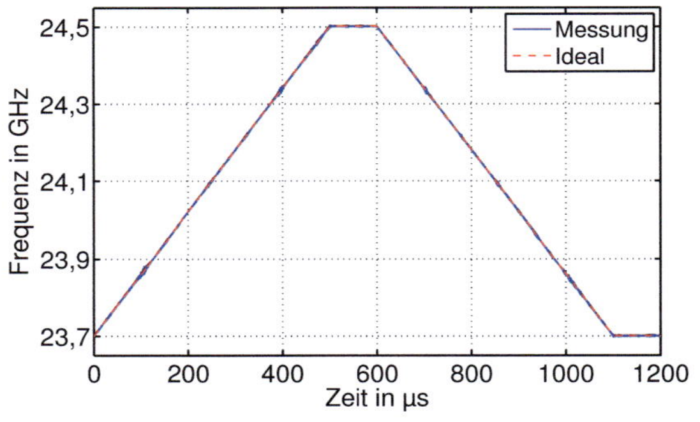

Abbildung 3.15: Zeit-Frequenz-Darstellung der gemessenen Frequenzrampe des FMCW-Radars über die SCZT-Auswertung

Zeit-Frequenz-Darstellung des Radarausgangssignals ist vollständig mit den entgegengesetzten Rampen über 500 µs sowie Zeitabschnitten konstanter Frequenz zur PLL-Stabilisierung über 100 µs in Abbildung 3.15 abgebildet. Die Frequenzabweichungen Δf_{FMCW} der steigenden Rampe, die zur Auswertung des Abstandes verwendet wird, sind mit unterschiedlichen Zeitfenstern für die SCZT abschnittsweise über 10 µs in Abbildung 3.16 gezeigt. Bei einem Zeitfenster von 1 µs sind feine Frequenzsprünge nicht mehr enthalten, da die Abweichungen geglättet werden. Die Fensterung mit 20 ns, die der doppelten Aktualisierungsrate des DDS-Phaseninkrements entspricht, gewährleistet im Gegensatz dazu die genaue Bestimmung der Abweichungen.
In Abbildung 3.17(a) sind die Frequenzabweichungen für das ursprüngliche und das optimierte Phasenrauschen abgebildet. Für beide Rauschbedingungen resultieren periodische und zufällige Störungen. Die detaillierte Verteilung ist über eine FFT bestimmbar (siehe Abbildung 3.17(b)). Die periodische Störung bewirkt diskrete Maxima im Fehlerspektrum und kann daher als sinusförmig mit einer Störfrequenz im Bereich von 350 kHz bis 450 kHz interpretiert werden. Diese Störung hat sich bereits im Spektrum des ZF-Signals gezeigt (siehe Abbildung 3.7). Die zufällig verteilten Frequenzabweichungen sind auf das Phasen-

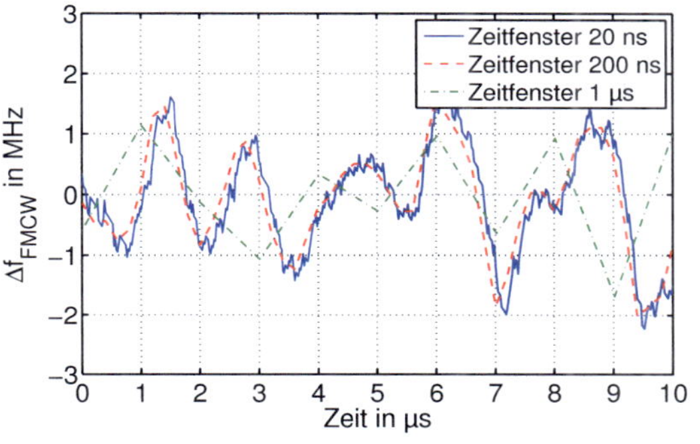

Abbildung 3.16: Messergebnis für die Frequenzabweichungen in Abhängigkeit des Zeitfensters für die SCZT-Auswertung

rauschen des Radarmoduls zurückzuführen. Es ist deutlich zu sehen, dass die Abweichungen sich über einen großen Frequenzbereich verteilen und daher als Rauschgröße beschrieben werden können. Zudem ist die Verringerung der Abweichungen durch das optimierte Phasenrauschen zu erkennen. Zur Bewertung der Frequenzabweichungen wird nachfolgend immer der Effektivwert angegeben, da die sinusförmige Störung dominiert. Für das ursprüngliche Phasenrauschen ergibt sich ein Effektivwert der Frequenzabweichungen von etwa 1,3 MHz, der mit dem optimierten Phasenrauschen auf bis zu 800 kHz verringert wird.

3.4.2 Modellierung von Frequenzabweichungen

Aus der Linearitätsuntersuchung geht hervor, dass die Frequenzabweichungen auf der Frequenzrampe wie folgt charakterisiert werden können:

- Zufällige Abweichungen auf der Frequenzrampe, die auf Rauscheffekte (Phasenrauschen, Rauschen) zurückzuführen sind. Diese Art von Störungen sind nicht direkt als Nichtlinearität einzuordnen, sondern als erhöhtes Phasenrauschen zu interpretieren, die zu zufälligen Frequenzschwankungen A_n in [Hz] auf der Frequenzrampe führen.

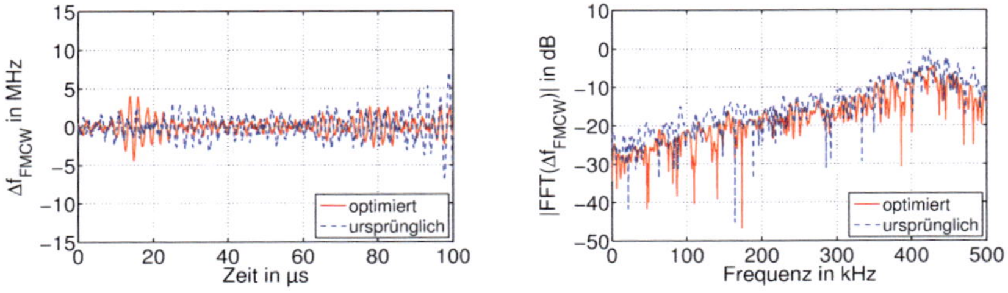

(a) Frequenzabweichungen

(b) Spektrum der Frequenzabweichungen

Abbildung 3.17: Vergleich der gemessenen Frequenzabweichungen mit und ohne optimiertem Phasenrauschen über 100 µs

- Periodische Abweichungen der Frequenzrampe, die bspw. durch Schaltvorgänge in digitalen Schaltkreisen oder vom Einschwingverhalten der PLL resultieren. Da es sich um Störungen bestimmter Frequenz handelt, bewirken sie eine sinusförmige Nichtlinearität auf der Frequenzrampe mit bestimmter Störfrequenz f_e in [Hz] und Störamplitude A_e in [Hz].

Mit den ermittelten Frequenzabweichungen kann die reale Frequenzrampe mit der Momentanfrequenz $f_{real}(t)$ und der Störung $e(t)$ angegeben werden:

$$f_{real}(t) = \underbrace{\frac{B}{T}t + f_{min}}_{\text{Ideale Rampe}} + e(t) \tag{3.18}$$

$$\text{mit} \quad e(t) = \underbrace{2\pi A_e \sin(2\pi f_e t)}_{\text{Sinusstörung}} + \underbrace{A_n(t)}_{\text{Rauschen}} \tag{3.19}$$

Zur näheren Analyse werden diese Art von Störungen nachgebildet, um die Auswirkung der Frequenzabweichungen auf das Spektrum des ZF-Signals aufzuzeigen. Dafür werden die Störmodelle mathematisch beschrieben, um einen analytischen Ausdruck des Frequenzfehlers zu erhalten. Anschließend wird über die DDS-Steuerung bei der Rampengenerierung die entsprechende Störung vorgege-

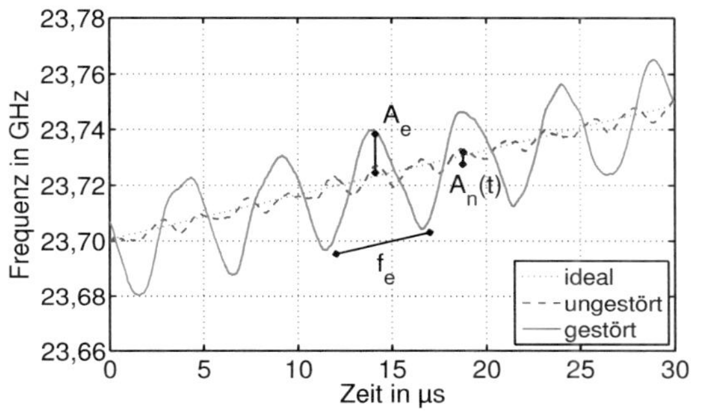

Abbildung 3.18: Zeit-Frequenz-Darstellung der gemessenen Frequenzrampe des FMCW-Radars mit und ohne Störung

ben und reale Messungen durchgeführt. Dabei ist zu beachten, dass die künstlich erzeugten Störungen unvermeidlich sich mit den vorhandenen Störungen im Radar überlagern. Daher werden die Störarten einzeln untersucht, um den Einfluss gesondert zu analysieren. Einerseits wird durch Erhöhung von A_e erreicht, dass die Sinusstörung dominiert. Andererseits können durch ein erhöhtes A_n die zufälligen Frequenzabweichungen verstärkt werden. In Abbildung 3.18 sind diese Parameter an der Frequenzrampe zur Veranschaulichung eingezeichnet.

3.4.3 Zufällige Frequenzabweichungen auf der Frequenzrampe

Zufällige Frequenzabweichungen auf der Frequenzrampe können als Beeinflussung der Phase des Radarsignals interpretiert werden. Damit ist ein direkter Zusammenhang zum Phasenrauschen und gleichzeitig zum SNR im ZF-Signal gegeben. Diese Abhängigkeiten können durch gezielte Störung der Frequenzrampe gezeigt werden. Hierfür werden die zufälligen Frequenzabweichungen $A_\mathrm{n}(t)$ auf der idealen Frequenzrampe als normalverteilte Störung mit einem Erwartungswert von Null und einer 3σ-Standardabweichung von $A_{3\sigma}$ modelliert. Die Ab-

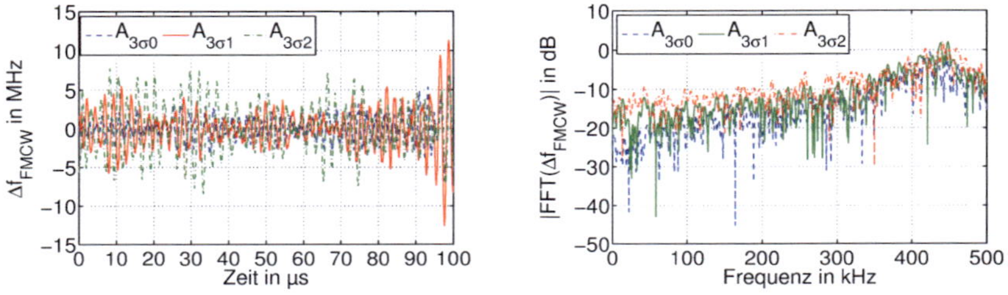

(a) Frequenzabweichungen

(b) Spektrum der Frequenzabweichungen

Abbildung 3.19: Vergleich der gemessenen Frequenzabweichungen mit erhöhtem Rauschanteil $A_{3\sigma}$ über einen Zeitabschnitt von 100 µs

weichungen werden über das Referenzsignal der DDS für das PLL-basierte Radar vorgegeben. Dabei ist zu beachten, dass die generierte, gestörte Rampe im FPGA im Festwertspeicher abgelegt wird. Bei wiederholten Messungen an einer Position ist die gestörte Steuerkennlinie bei jeder Messwiederholung in den Festwertspeicher zu laden, um eine zufällige Verteilung zu erzeugen. Die Frequenzabweichungen der gestörten Frequenzrampe mit $A_{3\sigma 1} = 5$ MHz und $A_{3\sigma 2} = 10$ MHz sind in Abbildung 3.19(a) über die ersten 100 µs der Frequenzrampe aufgetragen. Die ursprüngliche, ungestörte Frequenzrampe ist zum Vergleich mit der Bezeichnung $A_{3\sigma 0} = 0$ MHz aufgeführt. Die gewählte 3σ-Standardabweichung mit 5 MHz führt im Vergleich zur ursprünglichen Frequenzrampe zu einer doppelten effektiven Frequenzabweichung. Die FFT über die Frequenzabweichungen zeigt den resultierenden Anstieg der Abweichungen in Abhängigkeit von $A_{3\sigma}$ über die gesamte Bandbreite (siehe Abbildung 3.19(b)). Die festen Störungen um 400 kHz werden ebenfalls beeinflusst, da deren Amplitude sich mit der normalverteilten Störung $A_{3\sigma}$ überlagern.

Durch die Verknüpfung der rauschbehafteten Rampe mit dem Phasenrauschen und folglich dem SNR ist für die Untersuchung des Einflusses auf das ZF-Signal der Bereich innerhalb der ZF-Filterbandbreite von Interesse. In Abschnitt 3.3 wurden zwei Ansätze zur Abschätzung des SNRs vorgestellt. Zum Einen wird

SNR η_{ZFx}	$A_{3\sigma x}$	M_1	M_{100}	M_{1000}
η_{ZF}	$A_{3\sigma 0} = 0$ MHz	30,5 dB	49,5 dB	54,6 dB
η_{ZF1}	$A_{3\sigma 1} = 5$ MHz	27,9 dB	47,4 dB	53,1 dB
η_{ZF2}	$A_{3\sigma 2} = 10$ MHz	23,6 dB	43,3 dB	50,7 dB

Tabelle 3.6: SNR η_{ZF} für das ZF-Signal in Abhängigkeit von $A_{3\sigma}$ und M_n

die SNR-Abschätzung im ZF-Signal durchgeführt und zum Anderen das SNR über das Phasenrauschen ermittelt. Im Folgenden werden diese Methoden zur Abschätzung des SNRs im ZF-Signal mit gestörter Frequenzrampe eingesetzt.

Abschätzung des SNRs η_{ZF} im ZF-Signal

Der Einfluss auf das ZF-Signal wird analog zur Betrachtung in Abschnitt 3.3 für die identische Position $p_{HL} = 0{,}45$ m gezeigt. Die Messergebnisse sind in Tabelle 3.6 zusammengefasst. Für eine Messwiederholung resultiert für $A_{3\sigma 1}$ ein η_{ZF1} von etwa 27,9 dB. Bei 100 gemittelten Messwiederholungen verbessert sich das SNR um etwa 20 dB, so dass der Einfluss als Rauschen festgelegt werden kann. Mit größerer Störung $A_{3\sigma 2}$ reduziert sich das SNR auf $\eta_{ZF2} = 23{,}6$ dB. Im Vergleich zur ungestörten Frequenzrampe mit $A_{3\sigma 0}$ wird das SNR für $A_{3\sigma 1}$ um 2,6 dB und für $A_{3\sigma 2}$ um 6,9 dB gesenkt. Damit resultiert gemäß der CRLB eine größere Varianz für die Abstandsauswertung und eine geringere Genauigkeit.

Bewertung des SNRs η_{ZF} über die CRLB

Zur Bewertung der ermittelten SNR-Werte wird erneut die CRLB eingesetzt. Hierfür sind die Standardabweichungen der Frequenz σ_f und der korrespondierenden Abstandsauswertung σ_R zu ermitteln. Die entsprechenden Standardabweichungen für 1000 Messwerte sind in Tabelle 3.7 aufgeführt. Die Histogramme sind in Abbildung 3.20 abgebildet. Die Standardabweichung der Frequenz- bzw. Abstandsauswertung steigt aufgrund des reduzierten SNRs durch die gestörte Frequenzrampe. Die CRLB für die ermittelten SNR-Werte sind für die beiden Störungen $A_{3\sigma 1}$ und $A_{3\sigma 2}$ in Abbildung 3.21 zu sehen. Die Messwerte sind

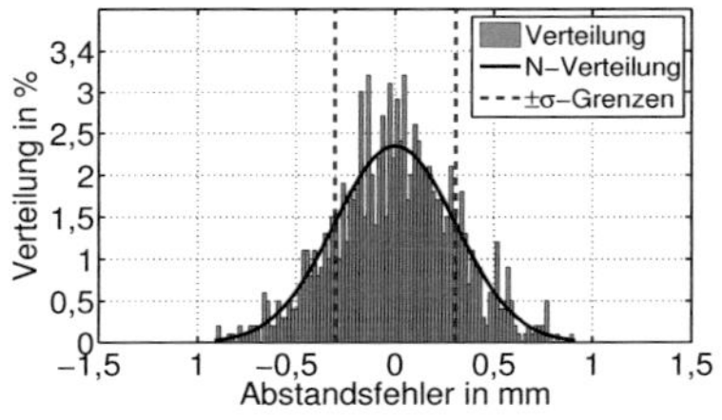

(a) Histogramm der Abstandsauswertung für die Störung $A_{3\sigma 1} = 5$MHz

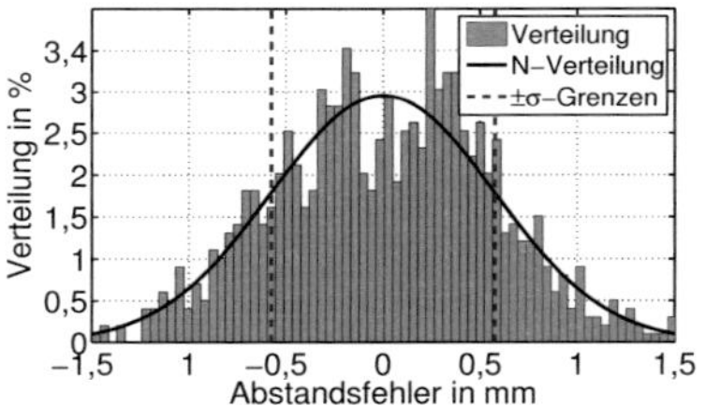

(b) Histogramm der Abstandsauswertung für die Störung $A_{3\sigma 2} = 10$MHz

Abbildung 3.20: Histogramm der Abstandsauswertung für die Messposition $p_{\mathrm{HL}} = 0{,}45$ m im HL in Abhängigkeit von $A_{3\sigma}$

$A_{3\sigma x}$	σ_{f}	σ_{R}
$A_{3\sigma 0} = 0$ MHz	1,5 Hz	112 µm
$A_{3\sigma 1} = 5$ MHz	4,0 Hz	305 µm
$A_{3\sigma 2} = 10$ MHz	7,6 Hz	575 µm

Tabelle 3.7: Standardabweichung der Frequenz- und der Abstandsauswertung für die Position $p_{\mathrm{HL}} = 0{,}45$ m im HL in Abhängigkeit von A_{σ}

ebenfalls dargestellt. Die erwarteten Unterschiede zwischen ermittelter Standardabweichung σ_{R} und der idealen Standardabweichung σ_{CRLB} der Abstandsauswertung werden als Faktor angegeben. Damit können anhand der SNR-Verschlechterung die resultierenden Abstandsfehler bewertet werden. Die SNR-Abnahme zeigt, dass die gemessenen Werte gut zur CRLB-Schätzung passen. Die CRLB gibt zwischen den beiden Störgrößen eine SNR-bedingte Verschlechterung um den Faktor $\frac{\sigma_{\mathrm{CRLB}}(A_{3\sigma 1})}{\sigma_{\mathrm{CRLB}}(A_{3\sigma 2})} \approx 1{,}64$ an. Dieser Faktor $\frac{\sigma_{\mathrm{R}}(A_{3\sigma 1})}{\sigma_{\mathrm{R}}(A_{3\sigma 2})}$ liegt für die Messungen bei etwa 1,89. Im Vergleich zur CRLB weichen die gemessenen σ_{R}-Werte ungefähr um den Faktor $\frac{\sigma_{\mathrm{R}}}{\sigma_{\mathrm{CRLB}}} \approx 3$ ab. Bei der ungestörten Rampe und der Messung mit optimiertem Phasenrauschen beträgt dieser Faktor im Mittel 1,44 (siehe

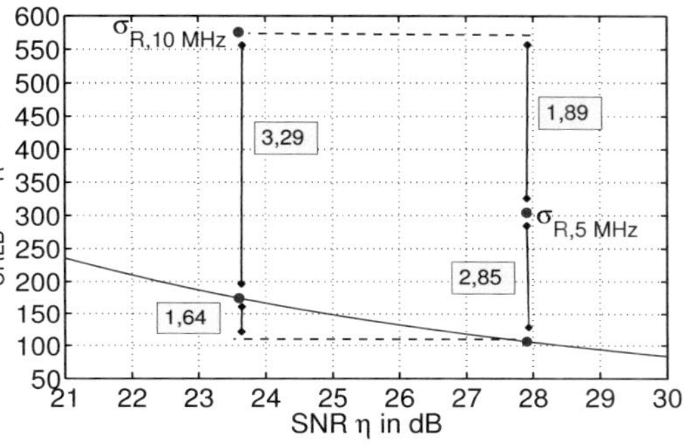

Abbildung 3.21: Vergleich der gemessenen Standardabweichung σ_R und der CRLB-Standardabweichung σ_{CRLB} der Abstandsauswertung aus der SNR-Abschätzung im Spektrum des ZF-Signals

Abschnitt 3.3). In diesem Zusammenhang wird ebenfalls gezeigt, dass bei der ungestörten Messung das Phasenrauschen die limitierende Größe darstellt. Die Abschätzung des SNRs über die Rauschleistung außerhalb der ZF-Filterbandbreite und die Abschätzung über das Phasenrauschen zeigen annähernd identische Ergebnisse auf. Durch gezielte Verschlechterung des Phasenrauschens mit erhöhten Frequenzabweichungen auf der Frequenzrampe ist zu erwarten, dass die Abschätzung im ZF-Signal ungenau wird, da das Rauschen bedingt durch das Phasenrauschen innerhalb der ZF-Filterbandbreite unberücksichtigt bleibt. Aus diesem Grund wird nachfolgend zum Vergleich und zur Verifikation das SNR über die Abschätzung des Phasenrauschens durchgeführt.

Abschätzung des SNRs $\eta_{\Delta\Phi}$ über das Phasenrauschen

Zur Analyse des Phasenrauschens mit erhöhten, zufälligen Frequenzschwankungen auf der Frequenzrampe wird die identische Störung auf ein monofrequentes Ausgangssignal des Radars bei 24 GHz gegeben. In Abbildung 3.22(a) ist das mit einer Messbandbreite von 40 MHz gemessene SSB-Phasenrauschen für das unge-

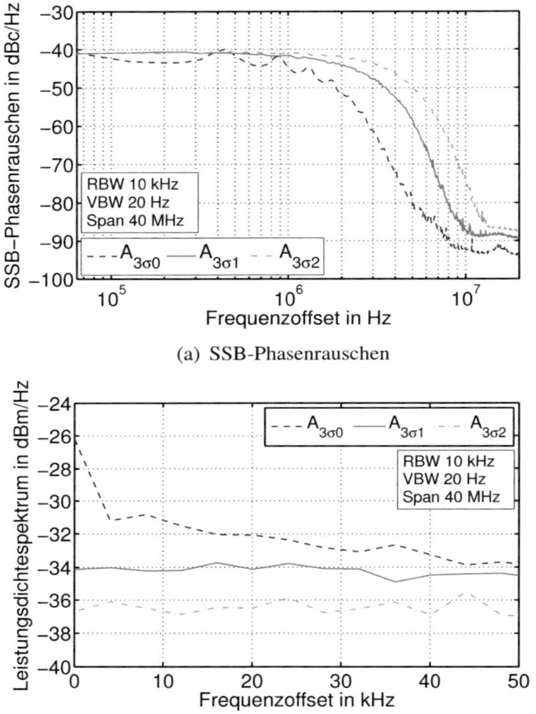

(a) SSB-Phasenrauschen

(b) Leistungsdichtespektrum

Abbildung 3.22: Messergebnis für das SSB-Phasenrauschen und das Leistungdsichtespektrum des FMCW-Radars bei der Frequenz 24 GHz in Abhängigkeit von $A_{3\sigma}$

störte und die gestörten Ausgangssignale des Radars aufgetragen. Die Störungen bewirken die erwartete Verschlechterung des SSB-Phasenrauschens. Allerdings kann aufgrund der begrenzten Auflösung in Kombination mit den starken Stö-

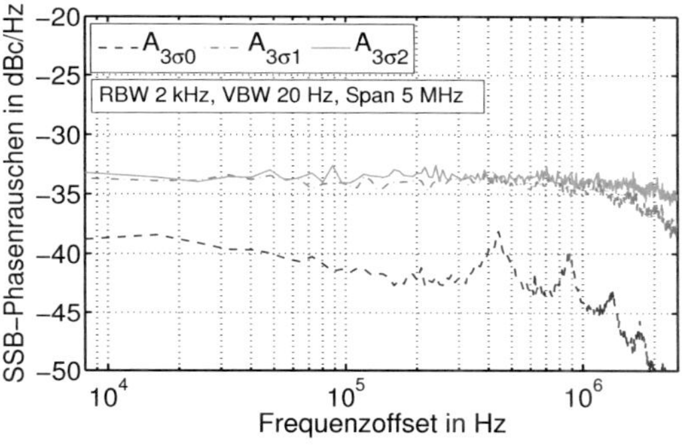

(a) SSB-Phasenrauschen ohne Leistungsbezug

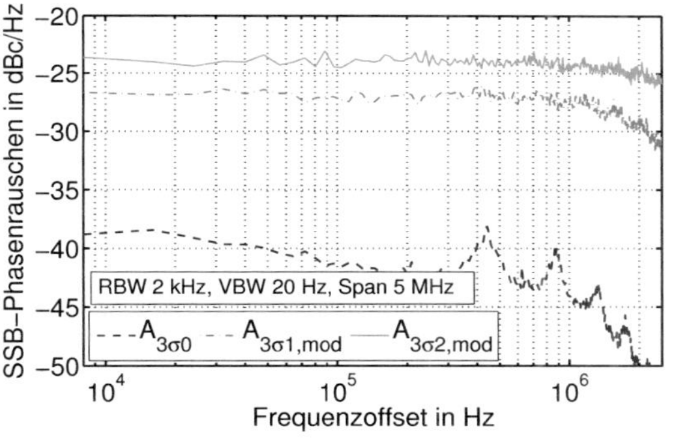

(b) SSB-Phasenrauschen mit Leistungsbezug

Abbildung 3.23: Messergebnis für das SSB-Phasenrauschen bei 24 GHz in Abhängigkeit von $A_{3\sigma}$ sowie mit und ohne Leistungsbezug

rungen der Träger nicht mehr eindeutig bestimmt werden. Bei der Berechnung des Phasenrauschens führt dies dazu, dass innerhalb der ZF-Filterbandbreite unabhängig von der absoluten Leistung das gleiche Phasenrauschen, bezogen auf kleine Frequenzabstände, resultiert. Dies ist auf die Normierung auf die Träger-

	$A_{3\sigma 0} = 0$ MHz	$A_{3\sigma 1} = 5$ MHz	$A_{3\sigma 2} = 10$ MHz
$P_{\Delta\Phi\mathrm{HF}}$	-41,6 dBc/Hz	-34,1 dBc/Hz	-34,3 dBc/Hz
$P_{\Delta\Phi\mathrm{HF,mod}}$	-41,6 dBc/Hz	-27,3 dBc/Hz	-24,5 dBc/Hz
SNR $\eta_{\Delta\Phi}$	32 dB	27,7 dB	27,2 dB
SNR $\eta_{\Delta\Phi,\mathrm{mod}}$	32 dB	20,8 dB	17,6 dB
SNR η_{ZF}	30,5 dB	27,9 dB	23,6 dB

Tabelle 3.8: SSB-Phasenrauschwerte und SNR-Abschätzungen im Spektrum des ZF-Signals und über das Phasenrauschen

leistung zurückzuführen, wenn die Träger- und Rauschleistung sich auf dem gleichen Pegel befinden. Für kleine Frequenzabstände trifft das bei den vorliegenden Messbedingungen zu. Dieser Effekt ist bis zu einem Frequenzabstand von 1 MHz gegeben. Erst bei einem Frequenzabstand von 10 MHz werden die Unterschiede für die Störung $A_{3\sigma 1}$ mit etwa $-87\,\mathrm{dBc/Hz}$ und $A_{3\sigma 2}$ mit $-75\,\mathrm{dBc/Hz}$ erkennbar. Aus diesem Grund muss das Phasenrauschen auf das ursprüngliche Ausgangssignal bezogen werden. Dies ist möglich, da im Radar, die erhöhte Rauschleistung ausgenommen, nichts verändert wird. Dabei ist neben dem Verhältnis von Träger- zur Rauschleistung ebenfalls die Abnahme der Rauschleistung zu berücksichtigen. In Abbildung 3.22(b) ist für die vorgegebenen Störungen das gemessene Leistungsdichtespektrum aufgetragen. Der Leistungsunterschied aufgrund der verteilten Leistung auf eine größere Bandbreite ist deutlich zu sehen. Abbildung 3.23 stellt das ursprüngliche SSB-Phasenrauschen $P_{\Delta\Phi\mathrm{HF}}$ und das SSB-Phasenrauschen $P_{\Delta\Phi\mathrm{HF,mod}}$ mit Bezug auf die ursprüngliche Ausgangsleistung des Radar dar. Die ermittelten Phasenrauschwerte im Abstand von 100 kHz sind mit und ohne Leistungsbezug in Tabelle 3.8 zusammengefasst. Die Tabelle beinhaltet zusätzlich die ermittelten η_{ZF}-Werte sowie zum Vergleich die $\eta_{\Delta\Phi}$-Werte, die sich mit und ohne Leistungsbezug ergeben. Die Messergebnisse zeigen, dass das SSB-Phasenrauschen $P_{\Delta\Phi\mathrm{HF}}$ und damit das SNR $\eta_{\Delta\Phi}$ ohne Leistungsbezug für beide Störgrößen $A_{3\sigma 1}$ und $A_{3\sigma 2}$ identisch ist. Des Weiteren zeigt sich, dass die relativen SNR-Unterschiede für η_{ZF} und $\eta_{\Delta\Phi,\mathrm{mod}}$ mit Leistungsbezug bei den Messungen mit Störungen gering ausfallen, da aufgrund des schlech-

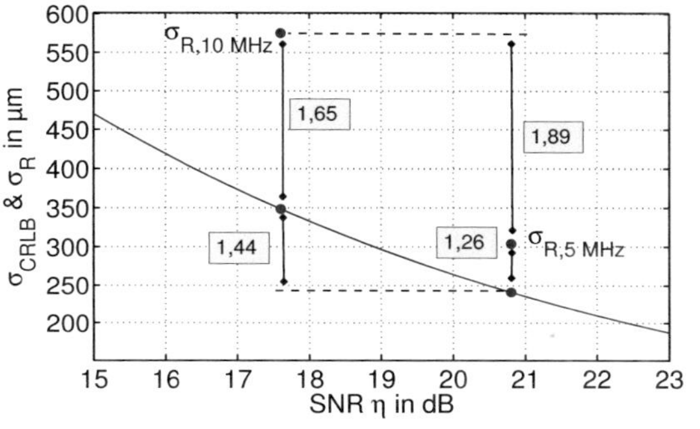

Abbildung 3.24: Vergleich der gemessenen Standardabweichung und der CRLB-Standardabweichung der Abstandsauswertung aus der Abschätzung im Phasenrauschen

teren Phasenrauschens der Bereich außerhalb der ZF-Filterbandbreite ebenfalls beeinflusst wird. Allerdings unterscheiden sich die absoluten Werte, da bei der SNR-Abschätzung im Spektrum des ZF-Signals der erhöhte Rauschanteil durch das Phasenrauschen innerhalb der ZF-Filterbandbreite nicht berücksichtigt wird. Folglich ist das SNR des Radars direkt über das ermittelte SNR $\eta_{\Delta\Phi,\mathrm{mod}}$ mit Leistungsbezug im Phasenrauschen gegeben, das im Vergleich zu η_{ZF} in Abhängigkeit der Störung um etwa 7 dB bzw. 6 dB geringer ist.

Bewertung des SNRs $\eta_{\Delta\Phi}$ über die CRLB

Zur Bewertung der ermittelten SNR-Werte über das Phasenrauschen mit gestörter Frequenzrampe wird nochmals die CRLB eingesetzt. Nachfolgend werden zusätzlich für alle SNR-Bedingungen des Radars mit optimiertem und ursprünglichem Phasenrauschen, bis hin zu den Störungen mit $A_{3\sigma}$ die Unterschiede in Tabelle 3.9 zusammengefasst und in Abbildung 3.24 schematisch gezeigt, die zum Einen über die CRLB berechnet und zum Anderen mit Messungen ermittelt werden. Das Verhältnis $\frac{\sigma_\mathrm{R}}{\sigma_\mathrm{CRLB}}$ beträgt im Idealfall 1. Für die unterschiedlichen SNR-Werte liegt dieser Faktor zwischen 1,27 und 1,65. Damit weichen die ermittelten σ_R-Werte in Bezug auf die CRLB nur gering voneinander ab. Neben diesem absoluten Bezug zur CRLB werden zusätzlich zur Verifikation die relativen Unterschiede zwischen den SNR-Werten verglichen. Hierfür werden die gemessenen Standardabweichungen und die theoretischen CRLB-Standardabweichungen auf die Standardabweichung mit dem niedrigsten SNR-Wert bei der größten Störung $A_{3\sigma 2} = 10$ MHz bezogen. In Abhängigkeit vom SNR resultiert für die CRLB mit der kleineren Störung $A_{3\sigma 1} = 5$ MHz eine Verbesserung um $\frac{\sigma_{\mathrm{CRLB,10MHz}}}{\sigma_{\mathrm{CRLB,5MHz}}} = 1{,}89$. Für die ungestörte Frequenzrampe steigt dieser Faktor auf 5,13 und mit optimiertem Phasenrauschen auf 9,75 an. Der aus den Messungen berechnete Faktor $\frac{\sigma_{\mathrm{R,10MHz}}}{\sigma_R}$ steigt aufgrund der SNR-Erhöhung von 1,45 auf 4,42 und anschließend auf 8,51 an. Die minimalen Unterschiede zur CRLB bestätigen die ermittelten SNR-Werte. Zudem zeigt sich, dass in allen Fällen die Genauigkeitsanforderung der Frequenzauswertung für die erweiterte Phasenauswertung erfüllt wird. Die Einflüsse über eine definierte Messstrecke werden im Rahmen der Abstandsmessungen in Kapitel 5 beschrieben.

	$A_{3\sigma 2} = 10$ MHz	$A_{3\sigma 1} = 5$ MHz	$A_{3\sigma 0} = 0$ MHz	optimiert
SNR η	17,6 dB	20,8 dB	30,5 dB	36,3 dB
σ_R	575 µm	305 µm	112 µm	59 µm
σ_{CRLB}	349 µm	241 µm	79 µm	41 µm
$\frac{\sigma_R}{\sigma_{\mathrm{CRLB}}}$	1,65	1,27	1,42	1,44
$\frac{\sigma_{\mathrm{CRLB,10MHz}}}{\sigma_{\mathrm{CRLB}}}$	1,00	1,45	4,42	8,51
$\frac{\sigma_{\mathrm{R,10MHz}}}{\sigma_R}$	1,00	1,89	5,13	9,75

Tabelle 3.9: Vergleich der gemessenen Standardabweichung σ_R und der CRLB-Standardabweichung σ_{CRLB} der Abstandsauswertung in Abhängigkeit vom SNR

3.4.4 Nichtlinearitäten auf der Frequenzrampe

Mit Hilfe der ermittelten Frequenzabweichungen auf der Frequenzrampe ist nach (3.18) die reale Frequenzrampe mit der Momentanfrequenz $f_{\mathrm{real}}(t)$ gegeben. Um den Einfluss der nichtlinearen Frequenzrampe auf das ZF-Signal zu beschreiben, wird zur Vereinfachung das folgende Signalmodell aufgestellt. Die Amplituden und die zufälligen Frequenzabweichungen werden zur Vereinfachung vernachlässigt. Die gesendete Frequenzrampe $s_{\mathrm{Tx}}(t)$ wird als

$$s_{\mathrm{Tx}}(t) = \cos(\psi(t)) \tag{3.20}$$

vorgegeben. Die Phase $\psi(t)$ beinhaltet die Frequenzrampe und ist durch die Momentanfrequenz $f_{\mathrm{Tx}}(t)$ vorgegeben:

$$\psi(t) = 2\pi \int f_{\mathrm{Tx}}(t)\,\mathrm{d}t \tag{3.21}$$

$$\text{mit} \quad f_{\mathrm{Tx}}(t) = \frac{B}{T}t + f_{\min} \quad . \tag{3.22}$$

Nach der idealen Mischung mit dem zeitverzögerten Signal $s_{\mathrm{Tx}}(\mathrm{t}-\tau)$ und idealer TP-Filterung folgt das ZF-Signal $s_{\mathrm{ZF}}(t)$

$$s_{\mathrm{ZF}}(t) = \cos(\psi(t) - \psi(t-\tau)) \quad . \tag{3.23}$$

Dieser Term kann vereinfacht als Differentialquotient angegeben werden:

$$s_{\mathrm{ZF}}(t) = \cos\left(\frac{\mathrm{d}\psi(t)}{\mathrm{d}t}\tau\right) \quad . \tag{3.24}$$

Die Gleichung (3.24) stellt einen Ausdruck für die Frequenz und die Phase des ZF-Signals dar. Mit (3.21) in (3.24) folgt

$$s_{\mathrm{ZF}}(t) = \cos(2\pi f_{\mathrm{Tx}}(t)\tau) \quad . \tag{3.25}$$

Das aufgestellte Signalmodell für die Beschreibung des ZF-Signals zeigt, dass die Momentanphase des ZF-Signals sich aus der Momentanfrequenz $f_{\mathrm{Tx}}(t)$ der

Rampe und der Multiplikation mit τ zusammensetzt. Für die Untersuchung des Einflusses der Nichtlinearität auf das ZF-Signal kann dieser Zusammenhang verwendet werden, da beliebige Störungen $e(t)$ auf der Frequenzrampe nun auch im ZF-Signal definiert sind. Neben der sinusförmigen Störung, die im folgenden Abschnitt im Detail beschrieben wird, sind quadratische Störungen möglich, die bspw. aus der VCO-Ansteuerung resultieren können. Für die PLL-basierte Regelung der Frequenzrampe treten diese Art von Nichtlinearitäten nicht auf. Die entsprechende Herleitung und die Messergebnisse sind aus diesem Grund im Anhang B aufgeführt.

Sinusförmige Nichtlinearität

Zur Beschreibung der periodischen Nichtlinearität auf der Frequenzrampe wird $e(t)$ als sinusförmig mit der effektiven Störamplitude A_e und der Störfrequenz f_e angenommen:

$$e(t) = A_\mathrm{e} \sin(2\pi f_\mathrm{e} t) \quad . \tag{3.26}$$

Mit (3.26), (3.18) und (3.25) ergibt sich das gestörte ZF-Signal $s_\mathrm{ZF}(t)$ zu

$$s_\mathrm{ZF}(t) = \cos\left(\underbrace{2\pi \frac{B}{T} t\tau + 2\pi f_\mathrm{min}\tau}_{\phi_\mathrm{ZF}(t)} + \underbrace{2\pi A_\mathrm{e} \sin(2\pi f_\mathrm{e} t)\,\tau}_{\text{Störung } 2\pi e(t)\tau} \right) \quad . \tag{3.27}$$

Das Signal enthält die ideale Momentanphase $\phi_\mathrm{ZF}(t)$ sowie die zusätzliche Störung $e(t)$, die sich durch die Nichtlinearität ergibt. Zur Einschätzung des Einflusses auf das ZF-Signal ist eine analytische Betrachtung des Spektrums des ZF-Signals notwendig. Hierfür wird zur Vereinfachung das ZF-Signal in komplexer Schreibweise beschrieben:

$$s_\mathrm{ZF}(t) = e^{j\phi_\mathrm{ZF}(t,\tau)} \cdot e^{j2\pi A_\mathrm{e}\tau \sin(2\pi f_\mathrm{e} t)} \quad . \tag{3.28}$$

Das ungestörte ZF-Signal wird mit dem Störterm $e^{j2\pi A_\mathrm{e}\tau \sin(2\pi f_\mathrm{e} t)}$ multipliziert. Dieser Störterm besitzt einen nichtlinearen Ausdruck der Form $e^{jz\sin\theta}$, so dass eine Berechnung des Spektrums nicht direkt möglich ist. Allerdings ist dieser

Term vergleichbar zur FM-Modulation [Ban06]. Daher kann dieser Ausdruck mit Hilfe der Besselfunktion erster Art $J_{\mathrm{n}}(z)$ beschrieben werden. Zunächst wird der nichtlineare Ausdruck über die Besselfunktion und einer Reihenentwicklung ausgedrückt:

$$e^{jz\sin\theta} = \sum_{n=-\infty}^{\infty} J_{\mathrm{n}}(z)e^{jn\theta} \quad . \tag{3.29}$$

Das ZF-Signal kann durch Substitution von $\theta = \omega_{\mathrm{e}}t = 2\pi f_{\mathrm{e}}t$ und $z = 2\pi A_{\mathrm{e}}\tau$ mit

$$s_{\mathrm{ZF}}(t) = e^{j\phi_{\mathrm{ZF}}(t)} \cdot \sum_{n=-\infty}^{\infty} J_{\mathrm{n}}\left(2\pi A_{\mathrm{e}}\tau\right) e^{jn\omega_{\mathrm{e}}t} \tag{3.30}$$

angegeben werden. Die FFT des Ausdrucks wird über den Verschiebungssatz im Frequenzbereich und dem Spektrum des ZF-Signals berechnet:

$$FFT\left\{s_{\mathrm{ZF}}(t,\tau)\right\} = \sum_{n=-\infty}^{\infty} J_{\mathrm{n}}(2\pi A_{\mathrm{e}}\tau)S_{\mathrm{k}}(\omega - n\omega_{\mathrm{e}}) \quad . \tag{3.31}$$

$S_{\mathrm{k}}(\omega)$ ist das Spektrum des ungestörten ZF-Signals $s_{\mathrm{ZF}}(t)$, das im Idealfall ein Maximum bei der Zwischenfrequenz $(\pm\frac{B}{T}\tau)$ aufweist. Das Spektrum $S_{\mathrm{k}}(\omega)$ wird zusätzlich durch die sinusförmige Nichtlinearität auf der Frequenzrampe an den Frequenzen $\pm n\omega_{\mathrm{e}}$ über die Besselfunktion abgebildet, deren Amplituden dem jeweiligen Wert der Besselfunktion $J_{\mathrm{n}}(2\pi A_{\mathrm{e}}\tau)$ entsprechen. Für die vorliegende Analyse ist vor allem das Maximum im Spektrum bzw. die Zwischenfrequenz relevant. Aus diesem Grund werden zur Veranschaulichung die Zwischenfrequenz als Träger und die Replikate der Zwischenfrequenz um die Frequenzen $\pm n\omega_{\mathrm{e}}$ als Seitenbänder bezeichnet. Ebenfalls werden nachfolgend nur die oberen Seitenbänder berücksichtigt, da die negativen Frequenzen im Spektrum vernachlässigt werden. In Abbildung 3.25 ist die Amplitude J_0 des Trägers und die Amplituden J_1 bzw. J_2 der ersten zwei oberen Seitenbänder dargestellt, die sich in Abhängigkeit der sinusförmigen Frequenzabweichung auf der Frequenzrampe mit einer Störamplitude A_{e} bei einer Verzögerungszeit $\tau = 13{,}45$ ns ergeben. Die gewählte Verzögerungszeit entspricht der Position $p_{\mathrm{HL}} = 0{,}45$ m im HL mit minimalem Einfluss von Mehrfachreflexionen, die auch für die Untersuchungen in Abschnitt 3.3 gewählt wurde. Ab einer Störamplitude A_{e} von 17,9 MHz ist die

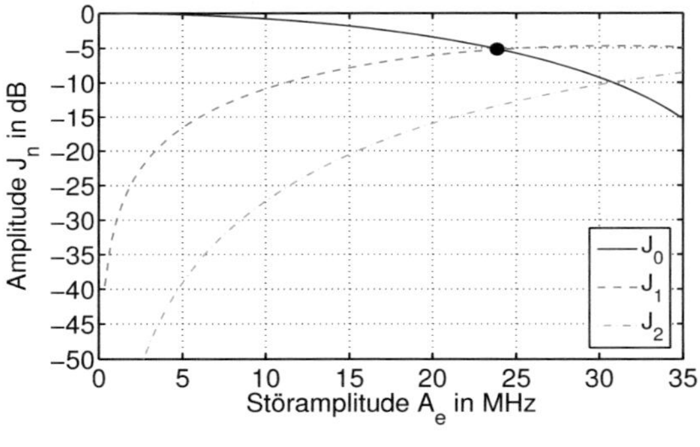

Abbildung 3.25: Amplitudenverlauf des Trägers J_0 und der oberen Seitenbänder J_1 und J_2 in Abhängigkeit der sinusförmigen Störamplitude A_e auf der Frequenzrampe

Amplitude des Trägers J_0 um etwa 3 dB gedämpft. Nach der Cramér-Rao Grenze wird damit die Varianz vergrößert und die Genauigkeit der Abstandsmessung reduziert. Ab einer Störamplitude von 22,8 MHz ist der Träger J_0 stärker als das erste Seitenband J_1 gedämpft. Ab dieser Frequenz ist keine Abstandsauswertung mehr möglich. Die Seitenbänder mit Indizes größer als $n = 2$ können aufgrund des großen Frequenzabstandes vernachlässigt werden. Die Frequenzabweichungen auf der Frequenzrampe mit einer Störfrequenz von $f_e = 200$ kHz und einer Störamplitude $A_e = 2{,}3$ MHz sind in Abbildung 3.26(a) dargestellt. Die Störfrequenz befindet sich in einem Frequenzbereich des ZF-Signals, der vom Rauschen dominiert wird. Damit kann ausschließlich der Einfluss der Nichtlinearität gezeigt werden. Die gemessene, effektive Frequenzabweichung auf der Frequenzrampe beträgt $A_{e,mess} = 2{,}8$ MHz. Der Unterschied zum eingestellten Wert ist auf die bereits nicht ideale Frequenzrampe ohne zusätzliche Störung zurückzuführen. Für die ermittelte Störamplitude $A_{e,mess}$ liegt die erwartete Amplitude des Trägers im ZF-Signal bei -0,1 dB und des ersten Seitenbandes bei -19,1 dB (siehe Tabelle 3.10). Abbildung 3.28 zeigt das gestörte und das ungestörte ZF-Signal im Frequenzbereich. Ebenfalls ist das gestörte Signal mit Mittelung (M_{1000}) abgebildet,

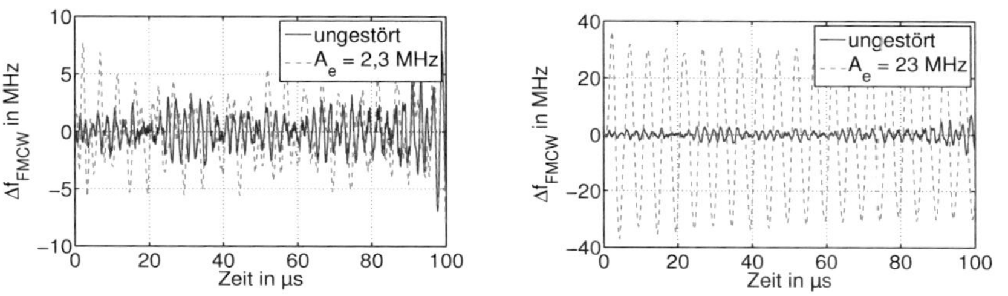

(a) Störamplitude $A_e = 2{,}3$ MHz (b) Störamplitude $A_e = 23$ MHz

Abbildung 3.26: Messergebnisse für die sinusförmigen Frequenzabweichungen auf der Frequenzrampe mit Störfrequenz $f_e = 200$ kHz und Störamplituden $A_e = 2{,}3$ MHz sowie $A_e = 23$ MHz

um zu zeigen, dass im Gegensatz zum Rauschen der Einfluss der Nichtlinearität nicht durch Mittelung entfernt werden kann. Das Maximum bei ca. 22 kHz ist die zum Abstand passende Zwischenfrequenz f_{ZF}. Das erste obere Seitenband um $f_e = 200$ kHz ist deutlich zu sehen. Der relative Leistungsabstand von f_{ZF} zu $f_e + f_{ZF}$ beträgt 22,4 dB und weicht nur um etwa 3 dB vom erwarteten Wert von 19 dB ab. Mit einer Störamplitude von $A_e = 23$ MHz, die nach Abbildung 3.25 die Grenze für die Abstandsmessung mit sinusförmiger Nichtlinearität auf der Frequenzrampe darstellt, beträgt die gemessene Frequenzabweichung

Amplitude \ Stelle n	0	1	2	3
$J_n(2\pi A_e \tau)$, $A_e = 2{,}3$ MHz	-0,1 dB	-19,1 dB	-44,1 dB	-72,7 dB
$J_n(2\pi A_e \tau)$, $A_e = 23{,}0$ MHz	-9,9 dB	-4,7 dB	-10,0 dB	-19,7 dB

Tabelle 3.10: Amplitude des Trägers und der Seitenbänder für eine sinusförmige Störung in Abhängigkeit der Störamplitude an der Messposition $p_{HL} = 0{,}45$ m im HL

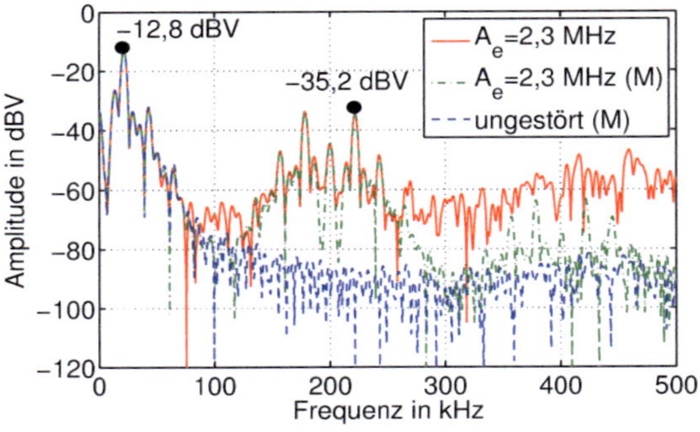

Abbildung 3.27: Messergebnis des ZF-Signals im Frequenzbereich mit einer sinusförmigen Störamplitude von $A_e = 23$ MHz

$A_{e,mess} = 21{,}6$ MHz (siehe Abbildung 3.26(b)). In Abbildung 3.27 ist das entsprechende Spektrum des ZF-Signals abgebildet. Aufgrund der starken Dämpfung des Trägers ist f_{ZF} nicht mehr detektierbar. Bei dieser Störung zeigt sich ebenfalls das zweite obere Seitenband bei $2f_e + f_{ZF}$. Der relative Leistungsunterschied vom ersten Seitenband $f_e + f_{ZF}$ zum zweiten Seitenband $2f_e + f_{ZF}$ liegt bei etwa 5 dB, der sehr gut zum erwarteten Wert passt (siehe Tabelle 3.10). Auch in diesem Fall können durch die analytische Beschreibung der sinusförmigen Störung auf der FMCW-Frequenzrampe sowohl die Lage als auch die Amplitude der Störungen im ZF-Signal im Voraus bestimmt werden.
Aus den Untersuchungen geht deutlich hervor, dass neben der Störamplitude A_e die Lage der Störfrequenz f_e eine entscheidende Rolle für die Auswertung spielt. Die Störung mit $f_e = 200$ kHz und $A_e = 2{,}3$ MHz führt zu zusätzlichen Maxima im Spektrum mit großer Amplitude, die entsprechend der FM die Seitenbänder darstellen. Die Abstandsmessungen in Kapitel 5 zeigen jedoch, dass deren Einfluss aufgrund des großen Frequenzabstandes zur Zwischenfrequenz gering ausfällt. In diesem Zusammenhang werden die Abhängigkeiten A_e und f_e vom Abstand im Detail erläutert.

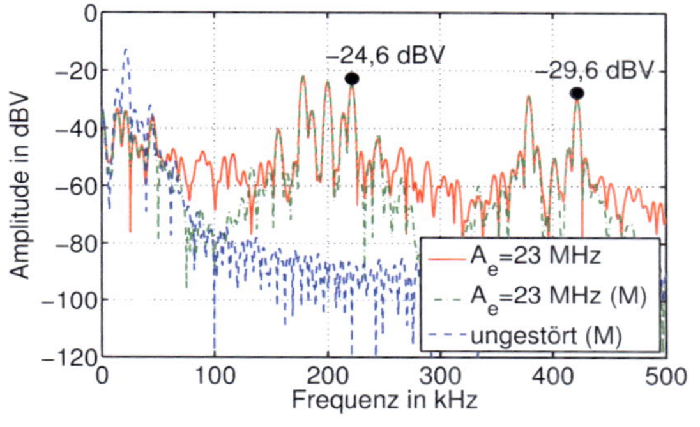

Abbildung 3.28: Messergebnis des ZF-Signals im Frequenzbereich mit einer sinusförmigen Störamplitude von $A_e = 2{,}3$ MHz

Ursachen für die sinusförmige Nichtlinearität

Die Modellierung der sinusförmigen Nichtlinearität kann auf ein reales Störszenario bei der DDS-basierten Signalgenerierung zurückgeführt werden (siehe Abschnitt 3.2). Neben den typischen DDS-Fehlerquellen in Form von Störimpulsen in Abhängigkeit der generierten Frequenz, die auf die DDS-Funktionsweise zurückzuführen sind, führen Störungen der Versorgungsspannung oder auch des Taktes ebenfalls zu Störimpulsen am Ausgangssignal der DDS. Diese Störungen weisen in der Regel eine feste Störfrequenz mit bestimmter Amplitude auf, die die Frequenz des DDS-Ausgangssignals modulieren. Um den Einfluss von derartigen Störimpulsen zu untersuchen, werden gezielt FM-Störungen auf den DDS-Takt (1,6 GHz) gegeben, die bspw. über die Spannungsversorgung in das System einkoppeln können, wenn geschaltete Netzteile verwendet werden. Die FM-Störung am Takt führt am Ausgangssignal der DDS zu einer FM, die vergleichbar zu (3.31) zu einer Verteilung der DDS-Ausgangsleistung auf zusätzliche Seitenbänder führt. Analog zur sinusförmigen Nichtlinearität auf der Frequenzrampe kann dieser Zusammenhang für das DDS-Ausgangssignal $s_{\mathrm{DDS}}(t)$ über die Besselfunktionen in komplexer Schreibweise, wie folgt beschrieben werden:

$$s_{\mathrm{DDS}}(t) = e^{j2\pi f_{\mathrm{DDS,M}}t} \cdot \sum_{n=-\infty}^{\infty} J_{\mathrm{n}}\left(\frac{A_{\mathrm{e,DDS}}}{f_{\mathrm{e,DDS}}}\right) e^{jn2\pi f_{\mathrm{e,DDS}}t} \quad . \tag{3.32}$$

Der erste Term gibt das DDS-Ausgangssignal mit eingestellter Frequenz $f_{\mathrm{DDS,M}}$ wieder. Der zweite Term beschreibt die FM am DDS-Ausgang über die Besselfunktion mit Störfrequenz $f_{\mathrm{e,DDS}}$ und Störamplitude $A_{\mathrm{e,DDS}}$. Das Spektrum von $s_{\mathrm{DDS}}(t)$ ergibt sich zu:

$$FFT\left\{s_{\mathrm{DDS}}(t)\right\} = \sum_{n=-\infty}^{\infty} J_{\mathrm{n}}\left(\frac{A_{\mathrm{e,DDS}}}{f_{\mathrm{e,DDS}}}\right) S_{\mathrm{k}}(\omega - n\omega_{\mathrm{e,DDS}}) \quad . \tag{3.33}$$

Das Spektrum setzt sich aus dem Träger und den Seitenbändern zusammen, die im Raster von der Störfrequenz $\pm n\omega_{\mathrm{e,DDS}}$ angeordnet sind und jeweils die Amplitude $J_{\mathrm{n}}\left(\frac{A_{\mathrm{e,DDS}}}{f_{\mathrm{e,DDS}}}\right)$ aufweisen. Mit Hilfe der Spektralanalyse können die Störfrequenz $f_{\mathrm{e,DDS}}$ und die Amplitude $J_1\left(\frac{A_{\mathrm{e,DDS}}}{f_{\mathrm{e,DDS}}}\right)$ des ersten Seitenbandes direkt abgelesen werden. Über die Leistungsamplitude ist anschließend die Störamplitude $A_{\mathrm{e,DDS}}$ bestimmbar. Die Störfrequenz $f_{\mathrm{e,DDS}}$ und die Störamplitude $A_{\mathrm{e,DDS}}$ am DDS-Ausgangssignal führen letztendlich zur sinusförmigen Störung auf der Frequenzrampe mit A_{e} und f_{e}. Allerdings ist die Frequenzumsetzung über die PLL mit dem Faktor $L = 1536$ zu berücksichtigen:

$$A_{\mathrm{e}} = A_{\mathrm{e,DDS}} \cdot L \quad . \tag{3.34}$$

Die Störfrequenz $f_{\mathrm{e,DDS}}$ bleibt bei der Frequenzumsetzung erhalten und kann mit der Störfrequenz f_{e} auf der Frequenzrampe gleichgesetzt werden:

$$f_{\mathrm{e}} = f_{\mathrm{e,DDS}} \quad . \tag{3.35}$$

Für die Analyse wird exemplarisch eine FM-Störung auf dem DDS-Takt mit $f_{\mathrm{e}} = 200$ kHz gewählt und zwei unterschiedliche Modulationsgrade $M_{\mathrm{FM,1}}$ und $M_{\mathrm{FM,2}}$ eingestellt. In Abbildung 3.29(a) ist das Spektrum des DDS-Ausgangssignals für die beiden Modulationsgrade abgebildet. Die Amplitude $J_1\left(\frac{A_{\mathrm{e,DDS}}}{f_{\mathrm{e,DDS}}}\right)$

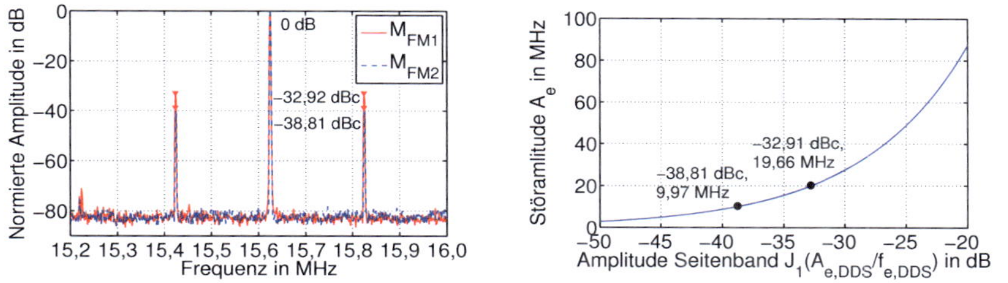

(a) Ausgangssignal der DDS für die Modulation mit $M_{\mathrm{FM},1}$ und $M_{\mathrm{FM},2}$

(b) Theoretische Frequenzabweichung A_e mit gestörtem DDS-Takt

Abbildung 3.29: Messergebnis für das gestörte DDS-Ausgangssignal und die theoretische Frequenzabweichung auf der Frequenzrampe

des ersten Seitenbandes bezogen auf die Trägeramplitude $J_0\left(\frac{A_{\mathrm{e,DDS}}}{f_{\mathrm{e,DDS}}}\right)$ im Abstand von $f_\mathrm{FM} = f_\mathrm{e,DDS} = f_\mathrm{e}$ beträgt für $M_{\mathrm{FM},1}$ ungefähr -32,9 dBc und für $M_{\mathrm{FM},2}$ ca. -38,8 dBc. Die Abbildung 3.29(b) stellt die resultierende, effektive Frequenzabweichung A_e auf der Frequenzrampe in Abhängigkeit des ersten Seitenbandes dar. Für die ermittelten relativen Amplitudenunterschiede ergeben sich effektive Frequenzabweichungen von $A_{\mathrm{e},1} = 9{,}97$ MHz und $A_{\mathrm{e},2} = 19{,}66$ MHz. Die Frequenzabweichungen für die Störung des DDS-Taktes mit $M_{\mathrm{FM},1}$ ist exemplarisch in Abbildung 3.30(a) gezeigt. Die FFT über die Frequenzabweichungen zeigt erneut erhöhte Frequenzabweichungen um 400 kHz und ein zusätzliches Maximum bei $f_\mathrm{e} = 200$ kHz. Die gemessene, effektive Frequenzabweichung beträgt für $A_\mathrm{e,mess1}$ ca. 9,73 MHz. Für $A_\mathrm{e,mess2}$ resultiert ein Wert von 19,97 MHz. Die erwartete und gemessene effektive Frequenzabweichung stimmen überein. Der Einfluss auf das ZF-Signal wird aufgrund der identischen Vorgehensweise nach Abschnitt 3.4.4 nicht aufgeführt.

Mit diesem Ansatz zur Analyse der Wirkung von Störimpulsen im DDS-Ausgangssignal ist es möglich, die vorhandenen Störungen durch die DDS-Funktionsweise in Hinblick auf die Auswirkung auf das Radarsignal zu bewerten. In Abschnitt 3.2 wird gezeigt, dass die DDS funktionsbedingt im Frequenzabstand

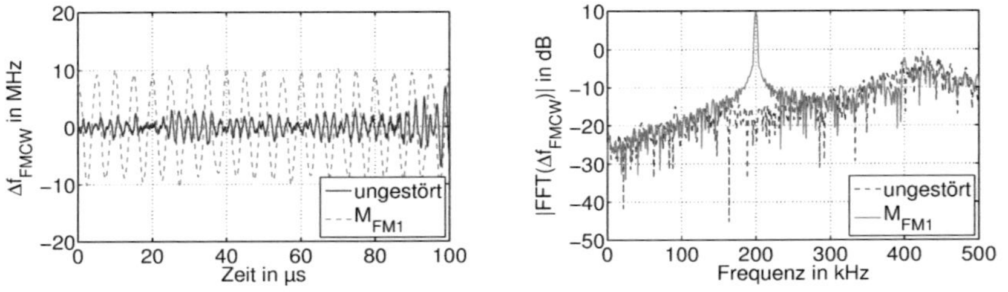

(a) Frequenzabweichungen für M_{FM1}

(b) Spektrum der Frequenzabweichungen

Abbildung 3.30: Vergleich der gemessenen Frequenzabweichungen mit und ohne Störung des DDS-Taktes

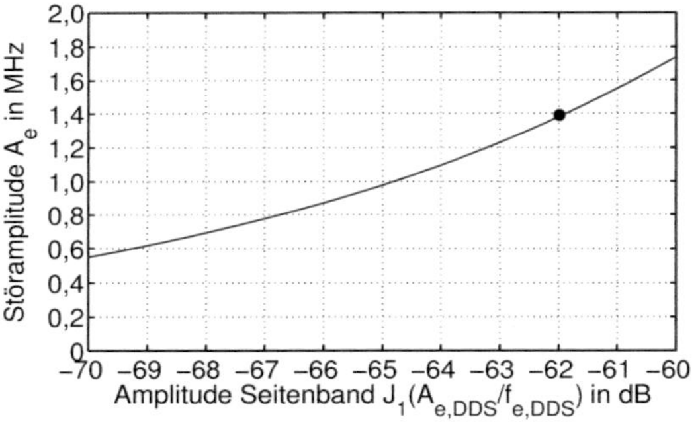

Abbildung 3.31: Effektive Frequenzabweichung für DDS-Störimpulse im Frequenzabstand von $f_e = 400$ kHz in Abhängigkeit von der Amplitude des ersten Seitenbandes

von 400 kHz $\pm$ 50 kHz Störimpulse mit -62 dBc Leistungsunterschied zum Träger erzeugt. Die Linearitätsuntersuchungen zeigen, dass diese Störungen zu einer effektiven Frequenzabweichung von etwa 1,3 MHz auf der Frequenzrampe führt (siehe Unterabschnitt 3.4.1). Die effektive Frequenzabweichung aufgrund dieser

Störung mit einer Störfrequenz von 400 kHz nach (3.32) ist in Abbildung 3.31 dargestellt. Aus dem Kurvenverlauf kann abgelesen werden, dass die erwartete Abweichung A_e mit 1,4 MHz sehr nah an der gemessenen Abweichung von 1,3 MHz liegt. Der geringe Unterschied ist auf die gewählte Störfrequenz bei 400 kHz zurückzuführen, da im realen Ausgangssignal der DDS die Störimpulse in einem Bereich von ± 50 kHz verteilt sind.

3.4.5 Fazit

Die Analyse der Frequenzabweichungen von der idealen Frequenzrampe zeigt, dass die DDS-Steuerung des Radars eine sehr lineare Frequenzrampe gewährleistet. Die geringen Frequenzabweichungen resultieren zum Einen durch das Phasenrauschen und zum Anderen durch Störimpulse auf dem Referenzsignal. Durch die analytische Beschreibung kann der Einfluss dieser Frequenzabweichungen auf das ZF-Signal und somit auf die Abstandsmessung bestimmt werden. In Abhängigkeit des Phasenrauschens werden zufällige Frequenzabweichungen auf der Frequenzrampe erzeugt. Zufällige Frequenzabweichungen großer Amplitude, d.h. ein hohes Phasenrauschen reduzieren das SNR, was gemäß der CRLB zu einer größeren Varianz der Abstandsauswertung und damit zu einer geringeren Genauigkeit führt. Im Gegensatz dazu führen Störimpulse auf dem Referenzsignal des PLL-basierten Radars zu sinusförmigen Frequenzabweichungen auf der Frequenzrampe mit bestimmter Störfrequenz und Störamplitude. Dabei wird gezeigt, dass durch Bestimmung der Störimpulsleistung am Referenzsignal der Einfluss auf die Frequenzrampe und folglich auf das ZF-Signal charakterisiert werden kann. Diese Art von Frequenzabweichungen führen zu Replikaten des ZF-Signals im Frequenzbereich. Bei zu hoher Störamplitude ist eine Abstandsbestimmung nicht mehr möglich. Die Lage der Störfrequenz ist ebenfalls entscheidend, da bei geringem Frequenzabstand zum ZF-Signal ein erheblicher Einfluss auch bei kleiner Störamplitude zu erwarten ist. Diese Zusammenhänge werden im Detail in Kapitel 5 beschrieben.

Die Analyse der Frequenzabweichungen wird durch gezielte Störung der Frequenzrampe mit definierten Störmodellen durchgeführt. Dieser Ansatz kann durch beliebige Störungen auf der Frequenzrampe eines FMCW-Radars erweitert werden, wie es bspw. für die quadratische Störung im Anhang B aufgeführt ist. Durch die Linearitätsmessungen des Radars und die genaue Charakterisierung der Störquellen kann das sinusförmige Störmodell zur Beschreibung der Nichtlinearität auf der Frequenzrampe bestätigt werden. Darüber hinaus wird durch die zusätzliche Erweiterung des Störmodells mit zufälligen Frequenzabweichungen der Einfluss des Phasenrauschens auf die Frequenzrampe geklärt.

4 FMCW-Radar mit geführter Wellenausbreitung

Das Messsystem für Abstandmessungen basiert auf einem Rechteckhohlleiter mit integriertem, verschiebbarem Kurzschluss als Reflexionsstelle für das FMCW-Radar. Das Messprinzip ist schematisch in Abbildung 4.1 dargestellt.

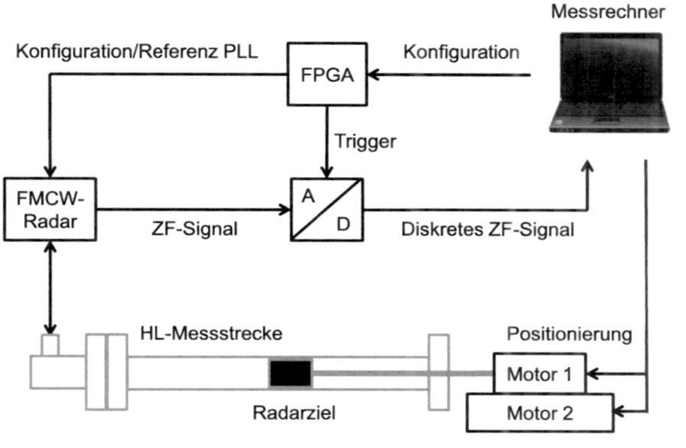

Abbildung 4.1: Schematischer Messaufbau der Abstandsmessung

Im Folgenden werden Aspekte beleuchtet, die beim Einsatz des Hohlleiters als Messstrecke für das Radar zu beachten sind. Diese umfassen die Ausbreitungseigenschaften im HL und die Einschränkungen für Messungen mit einem FMCW-Radar, wie das verstärkte Auftreten von Mehrfachreflexionen. Die im Rahmen dieser Arbeit entwickelte Systemsimulation ermöglicht bereits im Vorfeld eine Analyse der Messstrecke und die Charakterisierung nicht idealer Effekte.

4.1 Hohlleiterbasierte Einflüsse auf das FMCW-Radar

Im Gegensatz zur Freiraumausbreitung können sich im Hohlleiter in Abhängigkeit der Geometrie sowohl TE-Wellen (Transversal elektrisch) als auch TM-Wellen (Transversal magnetisch) in Ausbreitungsrichtung ausbreiten. Zusätzlich ergeben sich durch die metallischen Randbedingungen beim Hohlleiter spezielle Feldkonfigurationen, sogenannte Moden, die von der Geometrie des Hohlleiters und der Frequenz abhängen [Bal12]. Der Rechteckhohlleiter ist durch die Seitenlängen a und b charakterisiert. Dabei bezeichnet a die Breite und b die Höhe des HLs. Die Mode, bei der eine Welle mit der kleinstmöglichen Frequenz (Cut-Off-Frequenz f_c) ausbreitungsfähig ist, wird als Grundmode bezeichnet. Bei Rechteckhohlleitern ist das die TE_{10}-Mode. Die Anregung höherer Moden wird vermieden, um Signalverzerrungen durch modenabhängige Ausbreitungsgeschwindigkeiten zu vermeiden. Die Bandbreite eines Hohlleiters gibt den technischen Arbeitsbereich an, der im Frequenzbereich von $1,25 \cdot f_c < f < 1,9 \cdot f_c$ liegt. Des Weiteren gelten bei luftgefüllten Hohlleitern folgende Gesetzmäßigkeiten [Poz12]:

$$\text{Cut-Off-Frequenz:} \quad f_c = \frac{c_0}{2}\sqrt{\left(\frac{m\pi}{a}\right)^2 + \left(\frac{n\pi}{b}\right)^2} \tag{4.1}$$

$$\text{Wellenlänge in Ausbreitungsrichtung:} \quad \lambda_z = \frac{\lambda_0}{\sqrt{1-\left(\frac{\lambda_0}{\lambda_c}\right)^2}} \tag{4.2}$$

$$\text{Phasengeschwindigkeit:} \quad v_{ph} = \frac{c_0}{\sqrt{1-\left(\frac{\lambda_0}{\lambda_c}\right)^2}} \tag{4.3}$$

$$\text{Gruppengeschwindigkeit:} \quad v_{gr} = c_0\sqrt{1-\left(\frac{\lambda_0}{\lambda_c}\right)^2} \tag{4.4}$$

Die Variablen m und n indizieren die jeweilige Mode und λ_0 gibt die Wellenlänge im Freiraum an. In den folgenden Messsystemen werden WR42-Rechteckhohlleiter mit monomodaler Ausbreitung der TE_{10}-Mode verwendet. In der Praxis wird dieser Hohlleiter von 18 bis 26,5 GHz betrieben. Dieses Hohlleiterband wird als K-Band bezeichnet. Die Abmessungen $a = 10{,}67\,\text{mm}$ und $b = 4{,}32\,\text{mm}$ des WR42-Rechteckhohlleiters ergeben eine Cut-Off-Frequenz von

$$f_\text{c} = 14,06\,\text{GHz} \quad . \tag{4.5}$$

Das verwendete FMCW-Radar arbeitet im Frequenzbereich zwischen 23,7 GHz und 24,5 GHz. Die Wellenlänge λ_z bei der Mittenfrequenz des Radars beträgt im Hohlleiter

$$\lambda_\text{z} \approx 15,751\,\text{mm} \quad . \tag{4.6}$$

Die Gruppengeschwindigkeit und die Phasengeschwindigkeit können analog dazu angegeben werden:

$$v_\text{gr} \approx 242,94 \cdot 10^6\,\frac{\text{m}}{\text{s}} \tag{4.7}$$

$$v_\text{ph} \approx 369,95 \cdot 10^6\,\frac{\text{m}}{\text{s}} \tag{4.8}$$

4.1.1 Phasenauswertung im Hohlleiter

Die Phase des ZF-Signals nach (2.3) ist abhängig von der Laufzeit τ des gesendeten und wieder empfangenen Radarsignals. Im Gegensatz zur Ausbreitung im Freiraum sind die Phasengeschwindigkeit und die Ausbreitungsgeschwindigkeit im HL nicht identisch. Daher ist der Phasenterm $\phi_{\text{ZF}_\text{HL}}$ für die Ausbreitung im HL anzupassen, um das ZF-Signal zu korrigieren.

$$\phi_{\text{ZF}_\text{HL}} = 2\pi f_\text{min} \cdot \tau_{v_\text{gr}} \cdot k_\text{ph} \tag{4.9}$$

$$\text{mit} \quad k_\text{ph} = \sqrt{1 - \left(\frac{\lambda_0}{\lambda_\text{c}}\right)^2} \cdot \sqrt{1 - \left(\frac{\lambda_\text{min}}{\lambda_\text{c}}\right)^2} \tag{4.10}$$

Die Laufzeit τ_{v_gr} wird mit (4.4) berechnet und für die Phase mit dem Korrekturterm k_ph modifiziert. Die Wellenlänge λ_0 ist die Wellenlänge der Mittenfrequenz des Radars. Die frequenzabhängige Phase im FMCW-Radar wird über die Startfrequenz bzw. die entsprechende Wellenlänge λ_min erfasst. Für die Auswertung der Phase nach (2.6) ist dieser Zusammenhang bereits über die Berechnung der

Wellenlänge im HL nach (4.2) berücksichtigt. Die Gleichungen (2.6) und (4.9) sind identisch und können mit (4.10) ineinander umgerechnet werden.

4.1.2 Dispersion im Hohlleiter

Bei Ausbreitung von Signalen unterschiedlicher Frequenz im Hohlleiter führt die Frequenzabhängigkeit nach (4.4) zur Dispersion des Signals. Das Radar im K-Band sendet über eine Bandbreite von 0,8 GHz ein frequenzmoduliertes Signal aus. Die Ausbreitungsgeschwindigkeit zur Berechnung des Abstandes und die Laufzeit des reflektierten, empfangenen Signals sind nicht mehr über die gesamte Rampendauer konstant. Daher wird nachfolgend die Dispersion analytisch beschrieben, um den Einfluss der Dispersion auf die Abstandsmessung zu bestimmen. Zur Vereinfachung wird hierbei mit normierten Signalen gerechnet, da die Amplituden nicht relevant sind.

Der Frequenzverlauf des Sendesignals $f_{\mathrm{Tx}}(t)$ im FMCW-Radar ist mit (3.22) gegeben. Für das zeitabhängige Sendesignal $s_{\mathrm{Tx}}(t)$ folgt

$$\begin{aligned} s_{\mathrm{Tx}}(t) &= \cos\left(\psi(t)\right) = \cos\left(2\pi \int_0^t f_{\mathrm{Tx}}(t')dt'\right) \\ &= \cos\left(\frac{\pi B}{T}t^2 + 2\pi f_{\min} t\right) \quad . \end{aligned} \tag{4.11}$$

Die empfangene Frequenz $f_{\mathrm{Rx}}(t)$ ist die um die Laufzeit τ verzögerte Sendefrequenz. Die Laufzeit τ ist nicht mehr konstant über der Frequenz und kann mit (4.12) über den Abstand R zum Radarziel und die Gruppengeschwindigkeit $v_{\mathrm{gr}}(t)$ berechnet werden.

$$\tau(t) = \frac{2R}{v_{\mathrm{gr}}(t)} = \frac{2R}{c_0\sqrt{1-\left(\frac{f_\mathrm{c}}{f_{\mathrm{Tx}}(t)}\right)^2}} = \frac{2R}{c_0} \cdot \sqrt{\frac{1}{1-\left(\frac{f_\mathrm{c}}{\frac{B}{T}t+f_{\min}}\right)^2}} \tag{4.12}$$

Für $f_{\text{Rx}}(t)$ folgt mit (4.12):

$$\begin{aligned} f_{\text{Rx}}(t) &= f_{\text{Tx}}\left(t-\tau(t)\right) = \frac{B}{T}\left(t-\tau(t)\right) + f_{\min} \\ &= \frac{B}{T}t + f_{\min} - \frac{2RB}{c_0 T} \cdot \sqrt{\frac{1}{1-\left(\frac{f_\text{c}}{\frac{B}{T}t+f_{\min}}\right)^2}} \\ &= \underbrace{f_{\text{Tx}}(t)}_{T_1} - \frac{2RB}{c_0 T} \cdot \underbrace{\sqrt{\frac{\left(\frac{B}{T}t+f_{\min}\right)^2}{\left(\frac{B}{T}t+f_{\min}\right)^2 - f_\text{c}^2}}}_{T_2} \quad . \end{aligned} \tag{4.13}$$

Analog zur Herleitung von $s_{\text{Tx}}(t)$ wird das empfangene Zeitsignal $s_{\text{Rx}}(t)$ anhand der Momentanphase $\psi_{\text{Rx}}(t)$ über die Integration der Frequenz $f_{\text{Rx}}(t)$ ermittelt:

$$s_{\text{Rx}}(t) = \cos\left(\psi_{\text{Rx}}(t)\right) = \cos\left(2\pi \int_{\tau_0}^{t} f_{\text{Rx}}(t^{'})dt^{'}\right) \quad . \tag{4.14}$$

Das Integral in (4.14) lässt sich in zwei Integrale für die Terme T_1 und T_2 in (4.13) aufteilen. Die Integration über T_1 ist die Integration über die Sendefrequenz (4.11), wobei die untere Integrationsgrenze beim Empfang durch die Laufzeit τ_0 gegeben ist. Die Integration über T_2 wird durch Substitution nach [BS91] zu

$$\begin{aligned} \int_{\tau_0}^{t} \sqrt{\frac{\left(\frac{B}{T}t'+f_{\min}\right)^2}{\left(\frac{B}{T}t'+f_{\min}\right)^2 - f_\text{c}^2}}dt^{'} &= \frac{T}{B}\sqrt{\left(\frac{B}{T}t+f_{\min}\right)^2 - f_c^2} \\ &\quad - \frac{T}{B}\sqrt{\left(\frac{B}{T}\tau_0+f_{min}\right)^2 - f_\text{c}^2} \quad . \end{aligned} \tag{4.15}$$

Mit (4.11), (4.14) und (4.15) folgt für das ZF-Zeitsignal $s_{\mathrm{ZF}}(t)$ nach idealer Mischung von Sende- und Empfangssignal unter Annahme idealer Filterung

$$\begin{aligned} s_{\mathrm{ZF}}(t) &= s_{\mathrm{Tx}}(t)\cdot s_{\mathrm{Rx}}(t)\\ &\approx \cos\left(\frac{4\pi R}{c_0}\underbrace{\sqrt{\left(\frac{B}{T}t+f_{\min}\right)^2-f_{\mathrm{c}}^2}}_{T_3}\right.\\ &\qquad \left.+\frac{\pi B}{T}\tau_0^2+2\pi f_{\min}\tau_0-\frac{4\pi R}{c_0}\sqrt{\left(\frac{B}{T}\tau_0+f_{\min}\right)^2-f_{\mathrm{c}}^2}\right) \quad (4.16)\\ &\stackrel{!}{=} \cos\left(f_{\mathrm{ZF}}(t)+\phi_{\mathrm{ZF}}(\tau)\right) \quad . \quad (4.17) \end{aligned}$$

Da $\tau \ll T$ ist, kann der τ_0^2-Term vernachlässigt und die Phase nach (4.10) korrigiert werden. Im Gegensatz zum dispersionsfreien Szenario ist der Phasenterm unter der ersten Wurzel T_3 nicht isolierbar. Daher wird dieser Wurzelterm, der einen Beitrag zur Phase liefert, durch eine Potenzreihe dargestellt [BS91, Map12] und nach dem dritten Term abgebrochen.

$$\begin{aligned} \sqrt{\left(\frac{B}{T}t+f_{\min}\right)^2-{f_{\mathrm{c}}}^2} = &\underbrace{\sqrt{{f_{\min}}^2-{f_{\mathrm{c}}}^2}}_{=\phi_{ZF^*}}\\ &+f_{\min}\frac{B}{T}\frac{1}{\sqrt{{f_{\min}}^2-{f_{\mathrm{c}}}^2}}\cdot t\\ &-\frac{1}{2}\left(\frac{B}{T}\right)^2{f_{\mathrm{c}}}^2\frac{1}{\left({f_{\min}}^2-{f_{\mathrm{c}}}^2\right)^{\frac{3}{2}}}\cdot t^2\\ &+\frac{1}{2}f_{\min}\left(\frac{B}{T}\right)^3{f_{\mathrm{c}}}^2\frac{1}{\left({f_{\min}}^2-{f_{\mathrm{c}}}^2\right)^{\frac{5}{2}}}\cdot t^3\cdots \quad (4.18)\\ \approx &\phi_{ZF^*}+f_{ZF^*}(t) \quad (4.19) \end{aligned}$$

Das Ergebnis für $s_{\mathrm{ZF}}(t)$ kann abschließend mit (4.21) beschrieben werden.

$$\begin{aligned} s_{\mathrm{ZF}}(t) &= \cos\Bigg[2\pi f_{\mathrm{ZF}^*}(t) + 2\pi f_{\min}\tau_0 \cdot k_{\mathrm{ph}} \\ &\quad + 2\pi\left(\sqrt{f_{\min}{}^2 - f_{\mathrm{c}}{}^2} - \sqrt{\Bigg(\underbrace{\frac{B}{T}\tau_0}_{f_{\mathrm{ZF}}} + f_{\min}\Bigg)^2 - f_{\mathrm{c}}{}^2}\right)\tau_0 \cdot k_{\mathrm{ph}}\Bigg] && (4.20) \\ &\approx \cos\left(2\pi f_{\mathrm{ZF}^*}(t) + 2\pi f_{\min}\tau_0 \cdot k_{\mathrm{ph}}\right) && (4.21) \end{aligned}$$

Die Näherung ist angesichts von $f_{\mathrm{ZF}} \ll f_{\min}$ zulässig. Aus der analytischen Ableitung geht hervor, dass die Dispersion keinen großen Einfluss auf die Phase hat. Die Phase wird ausschließlich über die gestörte Frequenz $f_{\mathrm{ZF}^*}(t)$ nach (4.21) beeinflusst. Die Einhüllende des Maximums im Frequenzbereich, die der Zwischenfrequenz entspricht, wird aufgrund der Dispersion verbreitert. Für Bandbreiten bis 1 GHz ist der Einfluss im Frequenzbereich nicht direkt gegeben. In Kapitel 5 wird das aufgestellte Modell über die Abstandmessungen verifiziert.

4.1.3 Toleranzen der Hohlleitergeometrie

Die Geometrieabhängigkeit der ausbreitungsfähigen Mode im HL führt dazu, dass die Hohlleiterbreite a einen erheblichen Einfluss auf die Berechnung des Abstandes im FMCW-Radar hat. Laut Herstellerangaben hat die Breite des Hohlleiters entsprechend der Spezifikation nach „Mil-DTL-85“ eine Toleranz von $\Delta a = \pm 51$ µm [FLA11]. Die Rauigkeit mit 0,8 µm spielt bei den eingesetzten Frequenzen eine untergeordnete Rolle. Aus Sicht der Wellenausbreitung im Hohlleiter sind diese Abweichungen als gleichverteilte Größe über dem Abstand zu interpretieren. Zur Vereinfachung kann jedoch der maximale Einfluss der Toleranzen mittels Taylorreihe abgeschätzt werden [BS91], indem für die Abstandsbestimmung über die Frequenzauswertung nach (2.7) die Zusammenhänge aus (4.1) und (4.4) eingesetzt werden.

Für die Abstandsbestimmung ergibt sich folgende Abhängigkeit von Δa

$$\Delta R_{\mathrm{f}}(\Delta f, \Delta a) = \Delta f \frac{T c_0}{4B} \frac{\lambda_0{}^2}{a^2} \frac{1}{\sqrt{4a^2 - \lambda_0{}^2}} \cdot \Delta a \quad . \tag{4.22}$$

Aufgrund der kleinen Abweichungen der Hohlleiterbreite a wird die Reihe nach dem linearen Glied abgebrochen und somit eine Näherung angegeben. Mit steigendem Abstand wächst der Fehler ΔR_{f} linear an, so dass ab einem bestimmten Abstand der Fehler zu einer falschen Zuordnung der Eindeutigkeitszelle m nach (2.9) bei der kombinierten Auswertung von Frequenz und Phase führen kann. Für die Frequenzauswertung führt der angegebene Toleranzwert bei maximalem Abstand von 1 m zu einem Fehler von 2,2 mm$< \frac{\lambda_{\mathrm{min}}}{2}$. Eine Fehlzuordnung in eine falsche Eindeutigkeitszelle allein aufgrund der Hohlleitertoleranzen ist damit ausgeschlossen.
Für die Phasenauswertung nach (2.8) ist die Näherungslösung auf die Wellenlänge im Hohlleiter entsprechend (4.2) bei der Startfrequenz f_{min} anzusetzen, um für die Eindeutigkeit $\frac{\lambda_{\mathrm{min}}}{2}$ der Phase die Abhängigkeit von Δa anzugeben:

$$\begin{aligned} \Delta R_{\phi}(\Delta\phi, \Delta a) &= -\frac{\Delta\phi}{2\pi} \left(\frac{\lambda_{\mathrm{min}}{}^3}{(4a^2 - \lambda_{\mathrm{min}}{}^2)^{\frac{3}{2}}} \right) \cdot \Delta a \\ &= \frac{\Delta\phi}{2\pi} \cdot k_{\Delta \mathrm{a}} \cdot \Delta a \end{aligned} \tag{4.23}$$

$$\text{mit} \quad k_{\Delta \mathrm{a}} = \left(\frac{-\lambda_{\mathrm{min}}{}^3}{(4a^2 - \lambda_{\mathrm{min}}{}^2)^{\frac{3}{2}}} \right) \tag{4.24}$$

Unter der Annahme, dass der korrespondierende Phasenwert maximal ist und die Eindeutigkeitszelle richtig getroffen wird, ergibt sich für die absolute Auswertung nach (2.11) mit

$$\Delta R_{\mathrm{abs}}(m, \Delta\phi, \Delta a) = \Delta R_{\phi}\left(\Delta\phi, \Delta a\right) + m \cdot k_{\Delta \mathrm{a}} \cdot \Delta a \tag{4.25}$$

ein Fehler von etwa 2,4 mm. Der Fehler aus (4.23) für die reine Phasenauswertung beträgt etwa 20 µm. Bei dieser Fehlerbetrachtung wird die Auswertung des

ZF-Signals bei der Berechnung des Abstandes nicht berücksichtigt. Insgesamt ist durch die Toleranzen in der Berechnung der Ausbreitungsgeschwindigkeit ein linear ansteigender Fehler in der Abstandsauswertung zu erwarten. Für die reale Anwendung können diese Art von linearen Fehlereinflüssen über eine Kalibration eliminiert werden.

4.2 Simulationsumgebung für Abstandsmessungen im Hohlleiter

Durch die Integration des FMCW-Prinzips in einen Hohlleiter wird im Gegensatz zu Messungen im Freiraum theoretisch ein ideales Szenario mit einer einzelnen Reflexionsstelle als Radarziel realisiert. Das entsprechende ZF-Signal weist im Frequenzbereich ein Maximum in Abhängigkeit des Abstandes auf. Unter Berücksichtigung der HF-Komponenten im System sind weitere Reflexionsstellen vorhanden, die im Spektrum weitere Maxima bilden. Die Reflexionen können entweder lokal oder relativ zum Radarziel mitlaufend im Spektrum auftreten. Zusätzlich werden diese Reflexionen an Übergängen wiederholt reflektiert, so dass die Auslegung der Messstrecke im HL eine entscheidende Rolle für die Abstandsmessung spielt. Durch eine Systemsimulation werden diese Einflüsse in der Messumgebung untersucht. Dabei wird ein Ansatz in Matlab [Mat12] gewählt, der das ZF-Signal aus analytischen Gleichungen im NF-Bereich beschreibt. Eine Simulation im HF-Bereich, die gleichzeitig die benötigten Informationen im NF-Bereich liefert, ist mit verfügbaren Simulationswerkzeugen für EM-Feldsimulationen wie bspw. CST Microwave Studio [CST12] nur mit einem sehr hohen Rechenaufwand möglich. Der Grund dafür liegt im großen Frequenzunterschied zwischen dem niederfrequenten ZF-Signal und dem hochfrequenten Radarsignal. Unbekannte Komponenten des Radars erschweren indessen die Auslegung der Simulation auf Schaltungsebene wie bspw. unter ADS [Key12].

4.2.1 Systemsimulation

Die realisierte Systemsimulation bildet die Messumgebung im HL für das FMCW-Radar ab. Hierfür wird das ZF-Signal aus Laufzeit, Amplitude und Phase für alle relevanten Ausbreitungspfade im HL mit einem rekursiven Algorithmus ermittelt. Für die Reflexionsstellen im System werden die zugehörigen Reflexionsfaktoren hinterlegt, die in Abschnitt 4.3 ermittelt werden. Dabei wird zur Vereinfachung jede Reflexionsstelle als Punktquelle angenommen. Diese Vereinfachung ist unter Berücksichtigung der maximalen Entfernungsauflösung des eingesetzten Radars vertretbar, da ausgedehnte Reflexionsstellen im System, wie bspw. an der Einkopplung des Radarsignals in den HL nicht aufgelöst werden können. Auf Basis der Reflexionsfaktoren wird in jedem Pfad die resultierende Amplitude der Reflexion bestimmt. Es werden die Pfade berücksichtigt, die oberhalb einer Schwelle liegen. Diese Schwelle stellt die Abbruchbedingung für den rekursiven Algorithmus dar. Die Amplitude des reflektierten Signals wird als Amplitude des ZF-Signals angenommen. Im realen System wird die Amplitude des ZF-Signals am Mischerausgang erzeugt. Dabei führt der passive Mischer im Radar zu einer zusätzlichen Dämpfung. Bei der beschriebenen Vereinfachung entsteht dadurch eine Abweichung zwischen der Simulation und der Realität. Die Abweichung ist jedoch aufgrund der Annahme einer idealen, frequenzunabhängigen Mischung in der Simulation für jeden Pfad identisch, so dass ein Skalierungsfehler im Spektrum entsteht. Dieser Fehler ist nicht relevant, da nicht der absolute Pegel des Spektrums, sondern der Pegel der einzelnen Ausbreitungspfade relativ zueinander von Interesse ist. Ebenfalls wird die Reflexion frequenz- und phasenunabhängig simuliert. Eine frequenzabhängige Reflexion führt zu einer Art Fensterung des resultierenden ZF-Signals, das aufgrund der eingesetzten Fensterfunktion bei der Auswertung keine Auswirkung zeigt. Die Abhängigkeit der Phase des ZF-Signals vom HF-Signal sorgt in Abhängigkeit des Abstandes für eine konstruktive oder destruktive Überlagerung der einzelnen Pfade. Die Phasendrehung an den Reflexionsstellen führt zu einem zusätzlichen Phasenterm im ZF-Signal, der vom Abstand des Radarziels und der genauen Bestimmung der Referenzebene abhängt. Über die gesamte Strecke ist dies für Abstandsmessungen im µm-Bereich nicht möglich und wie in Kapitel 5 gezeigt wird, für den gewählten Ansatz zu vernachlässigen.

Neben der Amplitude werden für jeden Pfad die passierten Übergänge bzw. Reflexionsstellen festgehalten. Aufgrund der bekannten Abstände zwischen den Reflexionsstellen, ist die Bestimmung der absoluten Länge der Pfade möglich. Aus der ermittelten Länge wird über die Ausbreitungsgeschwindigkeit die Laufzeit

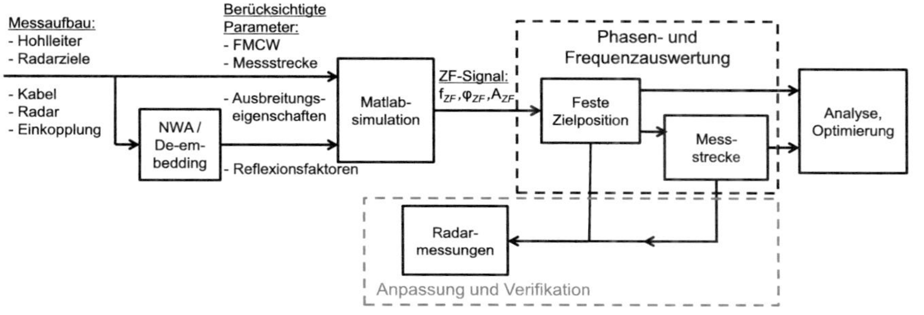

Abbildung 4.2: Blockschaltbild der Matlabsimulation

der einzelnen Pfade bestimmt. Unterschiedliche Ausbreitungsgeschwindigkeiten im Kabel und im Hohlleiter werden beachtet. Bei bekannter Laufzeit kann über (4.21) das zugehörige ZF-Signal bestimmt werden. Das resultierende ZF-Signal $s_{\mathrm{ZF}}(n)$ über alle Reflexionspfade wird durch Aufsummieren aller Einzelpfade n zusammengesetzt.

$$s_{\mathrm{ZF}}(n) = \sum_{n=1}^{P_{\mathrm{Rx,n}} < P_{\mathrm{term}}} A_{\mathrm{ZF}}(n) \cos\left(2\pi f_{\mathrm{ZF}}(\tau_{\mathrm{n}})t + 2\pi f_{\mathrm{min}}(\tau_{\mathrm{n}})\right) \tag{4.26}$$

Die Amplitude A_{ZF} des ZF-Signals wird für jeden einzelnen Pfad n über die empfangene Leistung $P_{\mathrm{Rx,n}}$ am Radar berechnet, die nach Reflexion und Transmission über alle Reflexionsstellen unter dem terminierenden Schwellwert P_{term} fällt. Die reflektierte Leistung P_{ref} und die transmittierte Leistung P_{tr} ergeben sich mit der Eingangsleistung $P_{\mathrm{in,x}}$ im jeweiligen Pfad zur Reflexionsstelle x mit Reflexionsfaktor $|S_{11,\mathrm{x}}|$ wie folgt:

$$P_{\mathrm{ref}} = P_{\mathrm{in,x}} \cdot |S_{11,\mathrm{x}}|^2 \tag{4.27}$$

$$P_{\mathrm{tr}} = P_{\mathrm{in,x}} \cdot \sqrt{1 - |S_{11,\mathrm{x}}|^2} \tag{4.28}$$

Anschließend wird das Spektrum des ZF-Signals berechnet und mit realen Radarmessungen verglichen. Durch Variation der Position des Radarziels über die gesamte Hohlleiterlänge kann ebenfalls eine Messung über eine bestimmte Messstrecke simuliert werden, um das Messsystem optimal auszulegen. Eine schematische Darstellung der Vorgehensweise beim vorgestellten Simulationsansatz ist in Abbildung 4.2 zu sehen.

Simulationsmodell

Die Simulation bildet die hohlleiterbasierte Messstrecke mit den entsprechenden Reflexionsstellen im System ab. Das Simulationsmodell basiert auf dem Labormessaufbau des Radarsystems, der in Abbildung 4.3 einschließlich der signifikanten Reflexionsstellen schematisch abgebildet ist. Das monostatische Radar ist ein integriertes Modul mit einem SMA-Ausgang, das über ein SMA-Kabel mit der Hohlleiterstrecke verbunden wird. Das Kabel sorgt dafür, dass Mehrfachreflexionen aufgrund längerer Laufzeiten, im Spektrum weiter voneinander entfernt liegen. Darüber hinaus wird dadurch das resultierende ZF-Signal in die ZF-Filterbandbreite verschoben. Am Anfang der Messstrecke befindet sich ein Standard K-Band Flansch am Hohlleiter [FLA11]. Zwischen Kabel und Einkopplung ist zusätzlich ein 3 dB-Dämpfungsglied [Aer11] angeschlossen, um unter anderem die Mehrfachreflexionen im Hohlleiter stärker zu dämpfen. Im verwendeten Standard K-Band Hohlleiter befindet sich das Radarziel. Es ist als verschiebbarer Kurzschluss ausgeführt, dessen Reflexionseigenschaften für die Abstandsmessungen von entscheidender Bedeutung sind. Am Ziel ist eine Schubstange angebracht, die mit einem Linearantrieb verbunden ist, um die Positionierung des Radarziels im Hohlleiter zu gewährleisten.
In der Simulation werden entsprechend diesem Messaufbau fünf Reflexionsstellen berücksichtigt, die mit Hilfe des Verfahrens nach Abschnitt 4.3 charakterisiert werden können. Die erste Reflexionsstelle bildet der Übergang vom Radar auf das Kabel und ist in Abbildung 4.3 mit α gekennzeichnet. Dieser Übergang stellt den Nullpunkt der Simulation dar. Die Reflexion an dieser Stelle gibt den Gleichspannungsanteil im Spektrum wieder. Reflexionen mit kürzerem Abstand, folglich innerhalb des Radars, können nicht berücksichtigt werden. Alle definierten Reflexionsstellen werden jeweils in Vorwärts- und in Rückwärtsrichtung eingebunden. Daher ist die Reflexion am Knoten α für die folgenden Mehrfachreflexionen von Bedeutung. Der Übergang vom Kabel auf das Dämpfungsglied wird

mit β und vom Dämpfungsglied auf den Hohlleiter mit κ beschrieben. Die gewünschte Reflexion am Ziel wird von γ repräsentiert. Die letzte Reflexionsstelle ist das offene Hohlleiterende, das mit θ bezeichnet wird. Der transmittierte Anteil am Hohlleiterende wird abgestrahlt und nicht mehr berücksichtigt. An jeder Reflexionsstelle finden Reflexion und Transmission statt. Der Nutzpfad mit der Reflexion am Ziel ist hervorgehoben. Die Mehrfachreflexionen sind aus Gründen der Übersichtlichkeit mit gestrichelten Linien angedeutet. Es wird deutlich, dass im vorliegenden System eine Vielzahl an Reflexionen auftreten, die alle im resultierenden ZF-Zeitsignal enthalten sind.

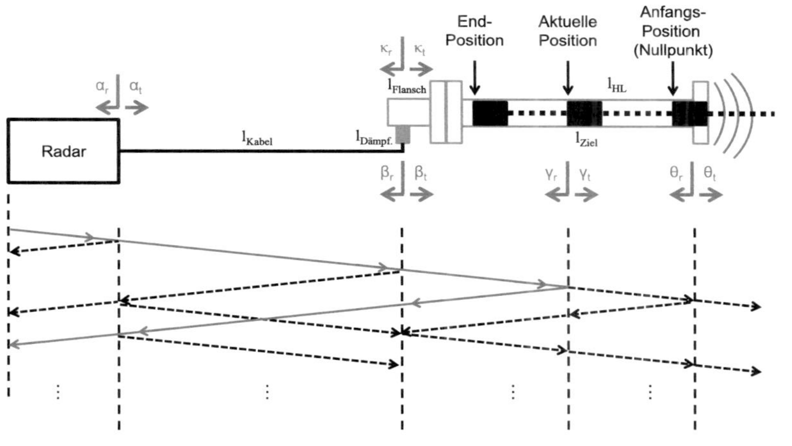

Abbildung 4.3: Simulationsmodell für die hohlleiterbasierte Messstrecke einschließlich der relevanten Reflexionsstellen

4.2.2 Simulationsergebnisse

Die Eingangsparameter für die Simulation sind in Tabelle 4.1 zusammengefasst. Dazu gehören die ermittelten Reflexionsfaktoren und die Längen der einzelnen Systemkomponenten, die unter anderem die Strecken der einzelnen Reflexionspfade wiederspiegeln (siehe Abbildung 4.3). Für die Simulation wird ein Radar-

Eigenschaften Messstrecke	Länge	Reflexionsfaktor	Dämpfung
Radarziel I	$\approx$ 8 mm	$\approx$ -1,0 dB	-
Radarziel II	$\approx$ 25 mm	$\approx$ -0,1 dB	-
Kabel	$\approx$ 1 m	$\approx$ -20 dB	1,4 $\frac{\text{dB}}{\text{m}}$
Hohlleiter+Flansch	$\approx$ 1,035 m	$\approx$ -25 dB	0,35 $\frac{\text{dB}}{\text{m}}$
Dämpfungsglied	$\approx$ 22 mm	$\approx$ -18 dB	3 dB

Tabelle 4.1: System- und Simulationsparameter

ziel mit etwa -1 dB Reflexionsfaktor (Radarziel I) und ein weiteres Radarziel mit optimiertem Reflexionsfaktor von -0,1 dB (Radarziel II) eingesetzt (siehe Abschnitt 4.3). Die Reflexionen an Übergängen wie β und κ sind vom Reflexionsfaktor des Dämpfungsgliedes abhängig. Die Messparameter und Rauscheigenschaften des FMCW-Radars werden aus den Untersuchungen in Abschnitt 3.3 übernommen. Damit sind die Rahmenbedingungen für die Simulation geschaffen, um das ZF-Signal für feste Abstände und über definierte Strecken im HL unter Berücksichtigung der Reflexionseigenschaften im HF-Bereich zu ermitteln.

Simulation an einer festen Zielposition

Ein entscheidender Vorteil der Simulation besteht in der Möglichkeit, einzelne Reflexionsstellen separat zu berücksichtigen, um auf diese Weise gesondert den Einfluss zu untersuchen. In Abbildung 4.4 ist das simulierte Spektrum des HL-Aufbaus und zum Vergleich die Messung mit dem Radar dargestellt, das bei Reflexion an einer festen Position des Radarziels in der Mitte des HLs bei etwa 0,5 m entsteht. Das Gesamtspektrum beinhaltet mehrere Maxima, die durch verschiedene Reflexionsstellen innerhalb der HL-Messstrecke resultieren. Die Reflexionen am Radarziel (3) und der Einkopplung in den HL (2) sind aufgrund der bekannten Länge eindeutig. Die restlichen Maxima im Spektrum resultieren durch Mehrfachreflexionen. Simulation und Messungen zeigen eine sehr gute Übereinstimmung, womit das zugrundeliegende Simulationsmodell verifiziert ist.

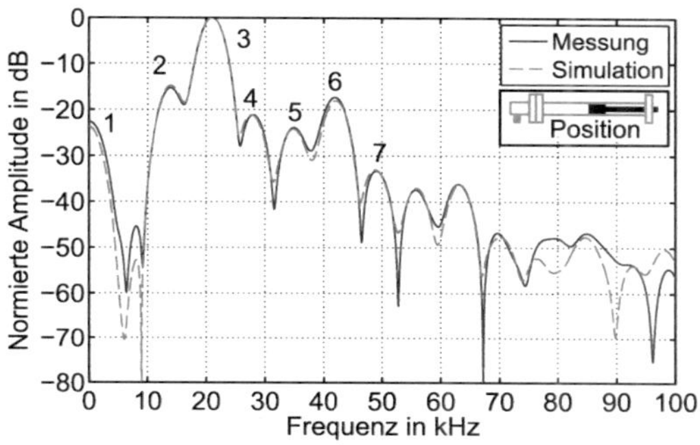

Abbildung 4.4: Spektrum der Messung und der Simulation für eine Position des Radarziels in der Mitte des HLs

In Abbildung 4.5 sind zwei weitere Ergebnisse dargestellt, die die Spektren von Messung und Simulation in der Nähe vom HL-Ende und von der Einkopplung in den HL zeigen. Am HL-Ende ist die Reflexionsstelle des Radarziels (3) weiter entfernt von der Einkopplung (2), so dass beide Reflexionen gut aufgelöst werden können. Für eine Position des Radarziels in der Nähe der Einkopplung ist dies nicht mehr möglich. Ebenfalls können für beide Messpositionen die Mehrfachreflexionen nicht einzelnen Reflexionsstellen zugeordnet werden. Daher ist zur näheren Analyse und Zuordnung der einzelnen Maxima im Spektrum die Position in der Mitte vorteilhaft. Hierfür wird entsprechend der aufgeführten Nummerierung in Abbildung 4.4, das Spektrum durch sequentielles Hinzufügen von Reflexionsstellen analysiert. Das Ergebnis unter idealen Bedingungen, mit ausschließlich der Reflexion am Radarziel, ist in Abbildung 4.6(a) gezeigt. Im Spektrum ist ein Maximum enthalten, das der Zwischenfrequenz bzw. dem Abstand entspricht. In Abbildung 4.6(b), 4.6(c) und 4.6(d) sind weitere Simulationsergebnisse abgebildet, die zusätzlich zum Radarziel die Einkopplung in Vorwärts- sowie Rückwärtsrichtung oder das HL-Ende berücksichtigen. In diesen ausgewählten Fällen zeigt sich, dass sich die einzelnen Maxima im Gesamtspektrum aus der Überlagerung von mehreren Reflexionsstellen zusammensetzen. Ebenso

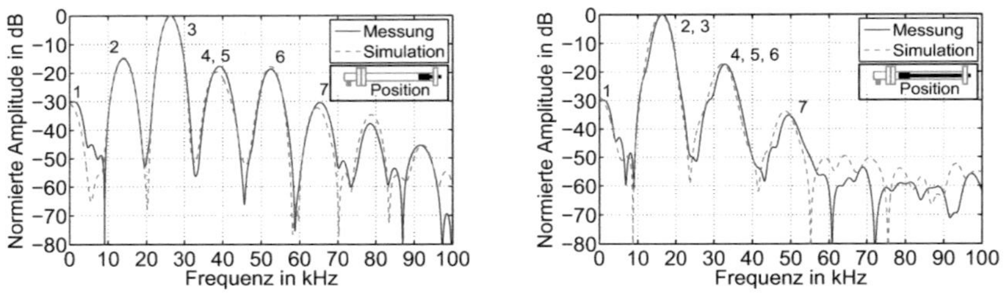

(a) Radarziel in der Nähe vom HL-Ende

(b) Radarziel in der Nähe von der Einkopplung

Abbildung 4.5: Spektrum der Messung und der Simulation für unterschiedliche Positionen des Radarziels im HL

sind Mehrfachreflexionen zu erkennen, die bei Reflexionsstellen innerhalb des Hohlleiters (Einkopplung in Rückwärtsrichtung und HL-Ende) entstehen. Der Einfluss des nicht ideal angepassten Radarsensors ist in Abbildung 4.6(e) gezeigt. Die Reflexion am Radarziel wird bei Mehrfachen der Zwischenfrequenz wiederholt. Durch die nicht ideale Anpassung am Radar werden die anfangs beschriebenen Reflexionen ebenfalls mehrfach wiederholt, wie es für die Einkopplung in Vorwärts- und Rückwärtsrichtung in Abbildung 4.6(f) zu sehen ist. Allerdings sind diese Reflexionen im Vergleich zu der ersten Reflexion an der Einkopplung und dem HL-Ende weiter entfernt vom Radarziel und daher weniger störend. Zusammengefasst können die einzelnen Maxima im Spektrum wie folgt den einzelnen Reflexionsstellen im System zugeordnet werden:

1. Reflexion am Radar-Kabel Übergang
2. Reflexion an der Einkopplung (Kabel-Dämpfungsglied-Hohlleiter)
3. Reflexion am Radarziel
4. Mehrfachreflexion Radarziel-Einkopplung und offenes HL-Ende
5. Mehrfachreflexion Einkopplung
6. Mehrfachreflexion Radarziel durch Fehlanpassung des Radars
7. Mehrfachreflexion Radarziel-Einkopplung und offenes HL-Ende durch Fehlanpassung des Radars

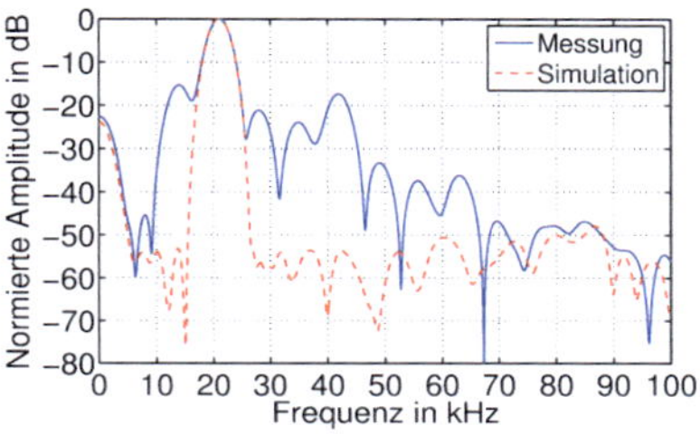

(a) Reflexion am Radarziel

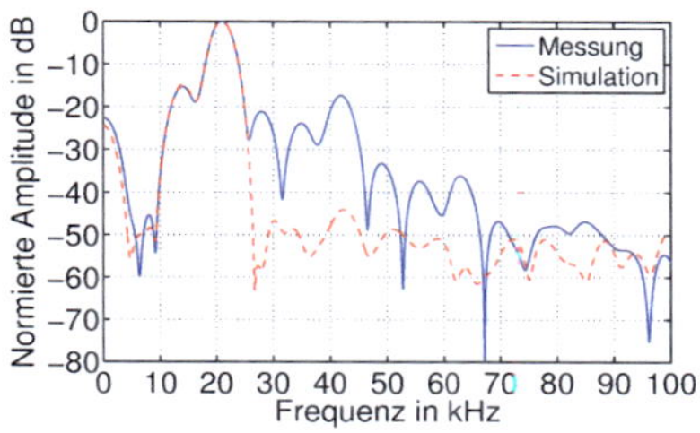

(b) Reflexion am Radarziel und an der Einkopplung in Vorwärtsrichtung

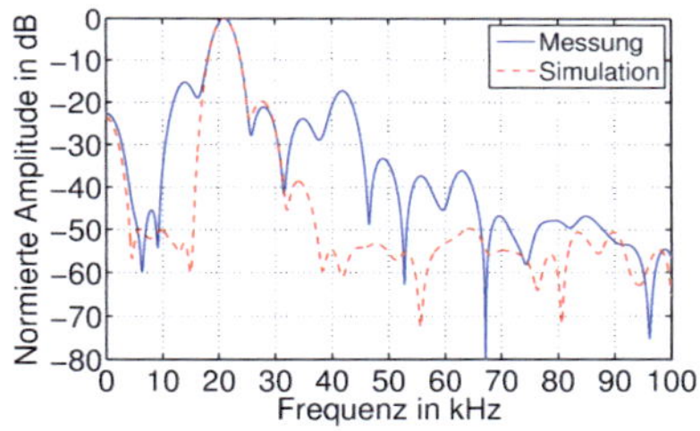

(c) Reflexion am Radarziel und an der Einkopplung in Rückwärtsrichtung

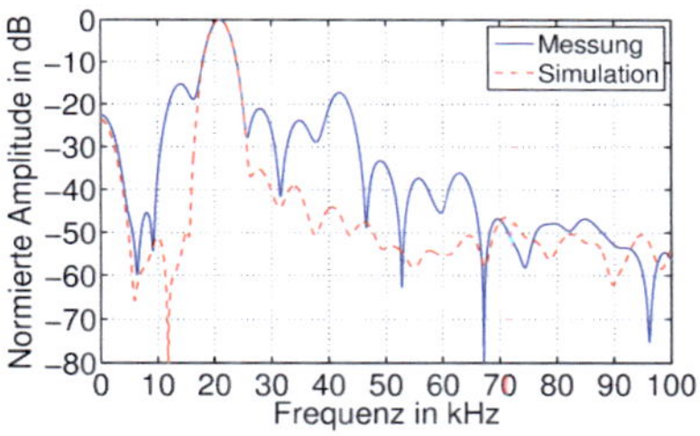

(d) Reflexion am Radarziel und am HL-Ende

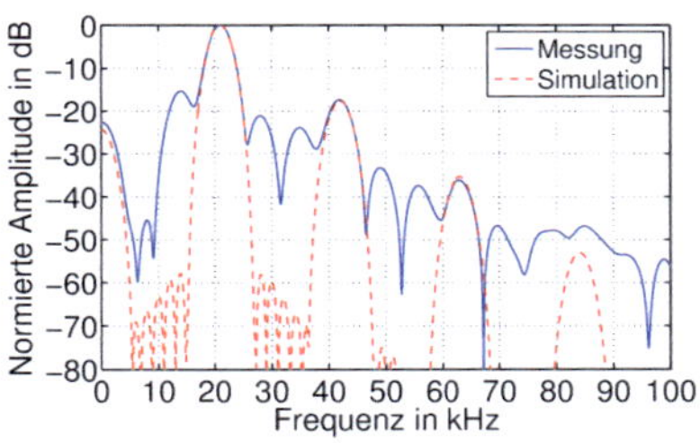

(e) Reflexion am Radarziel und aufgrund der Radaranpassung

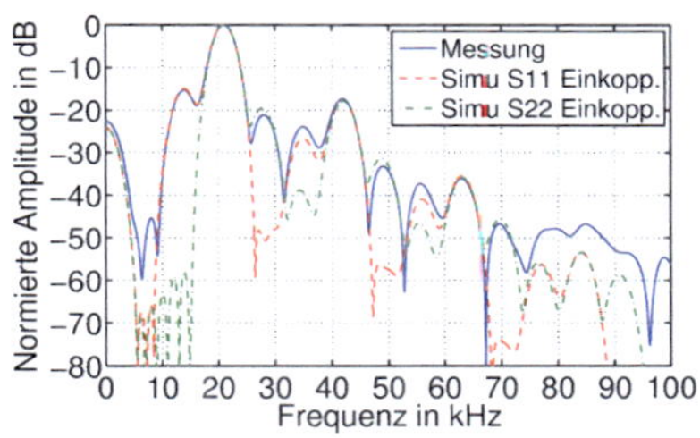

(f) Reflexion am Radarziel, aufgrund der Radaranpassung sowie an der Einkopplung in Vorwärts- und Rückwärtsrichtung

Abbildung 4.6: Spektrum der Messung und der Simulation für die Position des Radarziels in der Mitte des HL mit unterschiedlichen Reflexionsstellen in der Simulation

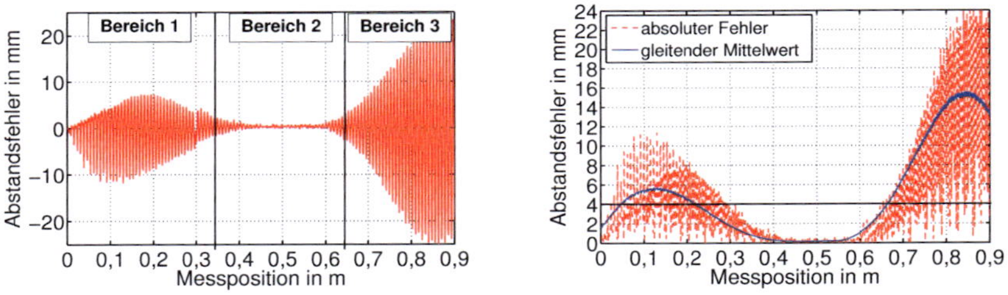

(a) Fehlerkurve

(b) Absoluter Fehler und gleitender Mittelwert

Abbildung 4.7: Simulationsergebnis der Abstandsbestimmung über die Frequenz mit Radarziel I

Simulation über eine Messstrecke

Die Abstandsmessung über eine bestimmte Strecke von 0,9 m wird mit eingestellter Schrittweite von 1 mm in der Simulation realisiert und anschließend die Zwischenfrequenz nach Abschnitt 2.2 zur Abstandsbestimmung ausgewertet. Das Radarziel wird vom offenen HL-Ende in Richtung HL-Einkopplung verschoben. Die gewählte Messrichtung ist notwendig, um die Simulation mit realen Messungen im Versuchsstand zu vergleichen (siehe Kapitel 5). Der Grund dafür liegt in den Linearantrieben im Messaufbau, die nicht die gesamte Messstrecke abdecken. Folglich kann die Anfangsposition für Messungen in Messrichtung HL-Ende nicht genau und reproduzierbar eingestellt werden. Aus diesem Grund wird das Hohlleiterende als Bezugs- bzw. Nullpunkt gesetzt und die Messungen Richtung Einkopplung durchgeführt. Das in Abschnitt 2.1 beschriebene Referenzieren erfolgt auf die erste Messposition.

Das Simulationsergebnis ist für die Simulationsparameter nach Tabelle 4.1 in Abbildung 4.7 zu sehen. Zunächst wird Radarziel I verwendet. Die abgebildete Fehlerkurve stellt die Differenz zwischen der berechneten Radarposition und der tatsächlichen Position dar. Die Fehlerkurve über der Messstrecke zeigt drei signifikante Fehlerbereiche bestimmter Periodizität auf. Insgesamt resultieren hohe Ungenauigkeiten in der Nähe von störenden Reflexionsstellen, wie dem offenen

Hohlleiterende (Fehlerbereich 1) und der Einkopplung (Fehlerbereich 3). In der Mitte des HLs ergibt sich ein Bereich mit minimalen Fehlern (Fehlerbereich 2). Die Phase des ZF-Signals kann genutzt werden, wenn die Genauigkeit der Frequenzauswertung innerhalb der Hälfte der Phaseneindeutigkeit ($\approx$4 mm) liegt. Zur Bestimmung dieses Bereiches wird der absolute Fehler der Frequenzauswertung untersucht, der in Abbildung 4.7(b) dargestellt ist. Die Genauigkeitsanforderung für die erweiterte Phasenauswertung ist ebenfalls eingezeichnet. Für das verwendete Radarziel I ergibt sich ein Messfenster von etwa 0,25 m bis 0,65 m. Aufgrund der Vernachlässigungen im Hohlleiter und den Einflüssen, die sich aus den Toleranzen der Geometrie ergeben, ist es sinnvoll einen Sicherheitsabstand von 0,1 m zu den Grenzen zu berücksichtigen.
Zusätzlich wird zur Analyse jeweils der Mittelwert der Fehler über eine Messstrecke von 50 mm (Verstellweg des verwendeten Linearantriebs) berechnet und über die gesamte Hohlleiterstrecke der Anfangspunkt der Auswertung um 1 mm verschoben (siehe Abbildung 4.7(b)). Auf diese Weise kann der gleitende Mittelwert über die deterministische Strecke genutzt werden, um den tendenziellen Fehlerverlauf innerhalb der Messbereiche bei Systemänderungen zu untersuchen.

4.2.3 Analyse der Systemkomponenten

Mit der bestehenden Simulation (Tabelle 4.1) werden im nächsten Schritt die Abhängigkeiten im System aufgezeigt. Für die Analyse wird das System als rauschfrei angenommen, um ausschließlich den Einfluss von Reflexionen und Mehrfachreflexionen zu betrachten. Im Messsystem können nur bestimmte Komponenten geändert bzw. optimiert werden. Daher werden folgende Eigenschaften untersucht und die Einflüsse auf die drei definierten Messbereiche charakterisiert:

- Reflexionseigenschaften des Radarziels
- Reflexionseigenschaften der Anpassung des Radarsensors und der Einkopplung
- Dämpfungsfaktor des eingesetzten Dämpfungsgliedes

Reflexionseigenschaften des Radarziels

Als Nachweis der Zulässigkeit der in den Simulationen angenommenen Vereinfachungen werden einleitend die Simulationsergebnisse mit komplexem Reflexionsfaktor gezeigt. Zur Berücksichtigung der phasenabhängigen Reflexion wird der komplexe Reflexionsfaktor $S_{11,\mathrm{x}} = |S_{11,\mathrm{x}}|\, e^{j\phi_{\mathrm{S}_{11,\mathrm{x}}}}$ eingeführt. Damit wird (4.26) in folgende Form überführt:

$$s_{\mathrm{ZF}}(n) = \sum_{n=1}^{P_{\mathrm{RX,n}}<P_{\mathrm{term}}} A_{\mathrm{ZF}}(n) \cdot \cos\left(2\pi f_{\mathrm{ZF}}(\tau_{\mathrm{n}})t + 2\pi f_{\mathrm{min}}(\tau_{\mathrm{n}}) + \phi_{\mathrm{A_{ZF(n)}}}(\tau_{\mathrm{n}})\right) \quad (4.29)$$

Der Phasenterm $\phi_{\mathrm{A_n}}$ im ZF-Signal ist abhängig vom Abstand und den komplexen Reflexionsfaktoren der einzelnen Reflexionsstellen. Nachfolgend wird dieser Einfluss für die stärkste Reflexion im System, am Radarziel, über einen exemplarisch gewählten Wertebereich von $0 > \phi_{\mathrm{A_{ZF}}} > -\pi$ untersucht. Dabei ist es ausreichend, eine komplexe Reflexionsstelle zu berücksichtigen, um eine vom Reflexionsfaktor abhängige, destruktive bzw. konstruktive Überlagerung im resultierenden ZF-Signal nach (4.29) zu erzeugen. Bei großen Abständen zum Radarziel bzw. im Fehlerbereich 3 sind keine Unterschiede zu erkennen. Daher wird nur der Anfangsbereich bzw. die ersten beiden Fehlerbereiche der Abstandsmessung mit den eingesetzten zwei Radarzielen in Abbildung 4.8 dargestellt.
Für das Radarziel I mit -1 dB Reflexionsfaktor ist zu erkennen, dass die Phase keinen Einfluss hat. Bei einem Radarziel mit erhöhter Reflexion, wie bspw. für das Radarziel II mit einem Reflexionsfaktor von -0,1 dB zeigt sich am Anfang der Strecke bis zu einer Messposition von 0,3 m aufgrund der Phasendrehung am Radarziel eine Änderung, die allerdings nur ± 100 µm beträgt. Auffällig ist zudem, dass im Messbereich von 0,3 m und 0,5 m keine Beeinflussung gegeben ist. Am Anfang der Strecke ist unabhängig von der Phasendrehung am Radarziel eine starke Abhängigkeit von den Komponentenlängen sowie den Reflexionsfaktoren gegeben. Diese Abhängigkeiten schränken die Simulation bei der Beschreibung der Messumgebung am Anfang der Messstrecke ein. Daher ist in diesen Streckenabschnitten der tendenzielle Fehlerverlauf zu beurteilen und ob durch Änderungen im System die Anforderungen an die Frequenzauswertung eingehalten werden können. Damit kann festgehalten werden, dass die phasenabhängige

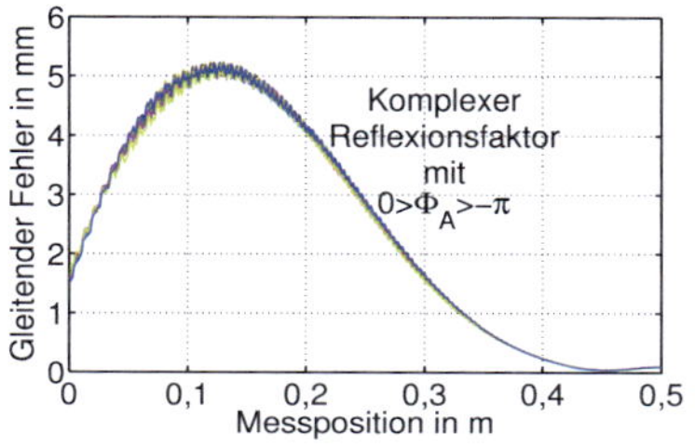

(a) Fehlerkurve für Radarziel I

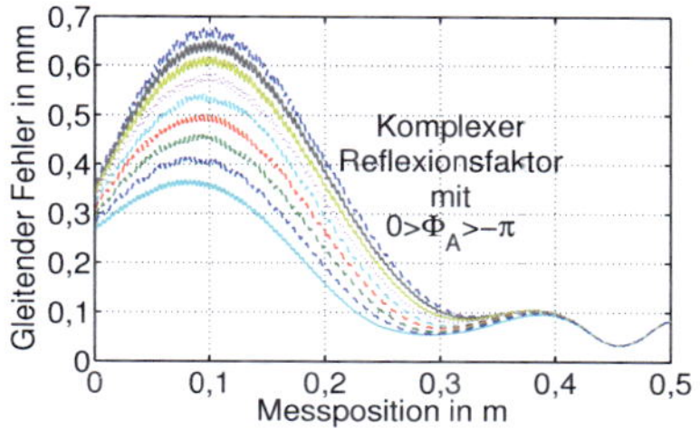

(b) Fehlerkurve für Radarziel II

Abbildung 4.8: Simulationsergebnis der Abstandsbestimmung mit komplexem Reflexionsfaktor für unterschiedliche Radarziele bis 0,5 m

Reflexion einen Einfluss auf das Simulationsergebnis haben kann, jedoch aufgrund der großen Amplitudenunterschiede der Reflexionsstellen eine untergeordnete Rolle spielt und somit zu vernachlässigen ist.

In Abbildung 4.9 ist der resultierende Fehlerverlauf aus der Frequenzauswertung abgebildet, der sich bei Änderung des Reflexionsfaktors vom idealen Wert 0 dB bis -1 dB mit -0,5 dB Schrittweite ergibt. Eine verbesserte Reflexion führt zur Reduzierung der Fehler am Anfang der Messstrecke (Fehlerbereich 1), da zum Einen die Reflexion am Radarziel gesteigert und zum Anderen der Einfluss des offenen HL-Endes verringert wird. Insgesamt können die Abstandsfehler dadurch von 6 mm bis auf unter 100 µm verringert und die Genauigkeitsanforderung für die erweiterte Phasenauswertung bis zum Anfang der Messstrecke eingehalten werden. Zusätzliche Simulationen zeigen, dass das Radarziel mindestens einen Reflexionsfaktor von -0,6 dB haben muss, um die Genauigkeitsanforderung zu erfüllen. Im Messbereich 2 mit minimalen Fehlern sind ebenfalls Verbesserungen zu verzeichnen. Diese fallen jedoch gering aus, da in diesem Bereich die Mehrfachreflexionen der Einkopplung dominieren. Dies erklärt auch die Zunahme der Fehler ab einer Messposition von 0,6 m. Ab dieser Messposition überwiegt die erste Reflexion an der Einkopplung.

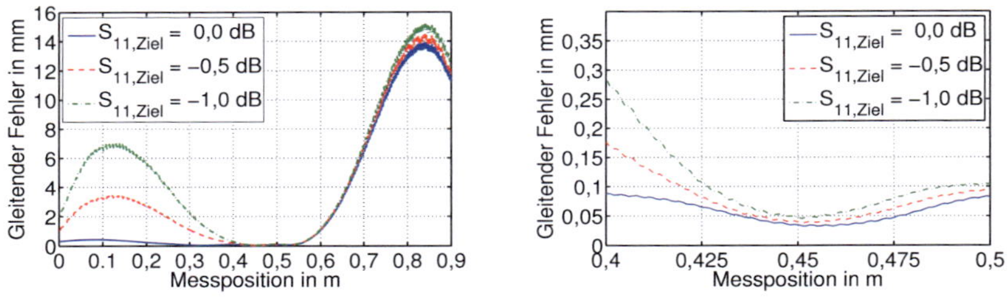

(a) Fehlerkurve

(b) Teilbereich der Fehlerkurve bis 0,5 m

Abbildung 4.9: Simulationsergebnis der Abstandsbestimmung in Abhängigkeit der Reflexion am Radarziel

Die Fehler in der Abstandsbestimmung können weiter reduziert werden, indem die Reflexion am offenen HL-Ende verringert wird. Dies kann bspw. mit einem absorbierenden Material am HL-Ende erfolgen, das die Reflexion dämpft. Die Simulationsergebnisse mit variierendem Dämpfungsfaktor am HL-Ende sind für beide Radarziele in Abbildung 4.10 aufgeführt. Bei dem Radarziel mit geringer Reflexion zeigt sich, dass durch Absorbermaterial eine Verbesserung erzielt werden kann. Bei verbesserter Reflexion am Radarziel hat die Reflexionsstelle des offenen HL-Endes einen geringen Einfluss auf das Spektrum, da nur noch wenig Leistung in diesen HL-Abschnitt transmittiert. Daher werden im nutzbaren Messbereich bis 0,5 m keine signifikanten Verbesserungen erreicht. In Abschnitt 4.3 wird gezeigt, dass ein Radarziel für die HL-Messungen mit verbesserten Reflexionseigenschaften mechanisch realisierbar ist. Daher werden die nachfolgenden Untersuchungen für das Radarziel II mit einem Reflexionsfaktor von -0,1 dB durchgeführt. Bei Verwendung des verbesserten Radarziels vergrößert sich das Messfenster bis 0,65 m (siehe Abbildung 4.11).

Reflexionseigenschaften des Radarsensors und der HL-Einkopplung

Die Simulationsergebnisse aus Abbildung 4.6 zeigen, dass dominante Reflexionsstellen neben dem Radarziel zum Einen durch die Einkopplung und zum An-

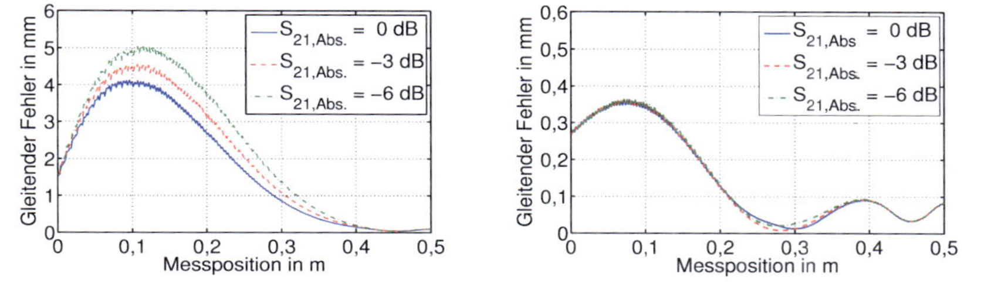

(a) Fehlerkurve für Radarziel I

(b) Fehlerkurve für Radarziel II

Abbildung 4.10: Simulationsergebnis der Abstandsbestimmung in Abhängigkeit der Dämpfung im HL-Ende für unterschiedliche Radarziele

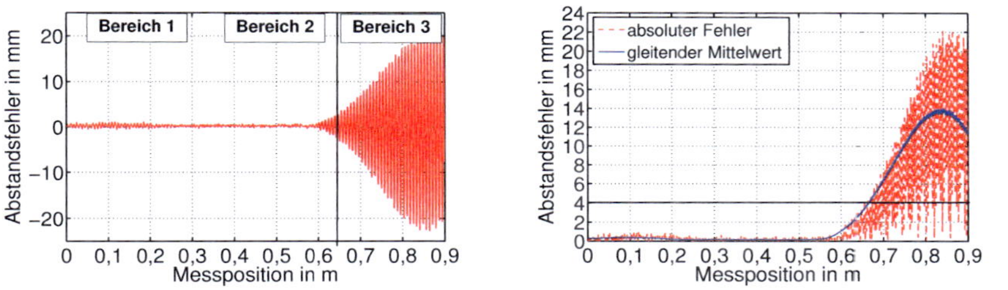

(a) Fehlerkurve

(b) Absoluter Fehler und gleitender Mittelwert

Abbildung 4.11: Simulationsergebnis der Abstandsbestimmung über die Frequenz mit Radarziel II

deren durch Mehrfachreflexionen zwischen Radar und Reflexionsstellen verursacht werden. Bei gleichbleibender Konfiguration der Simulationsparameter (Tabelle 4.1) werden im Folgenden die Reflexionsfaktoren an diesen Übergängen um ±3 dB variiert. Die reale Anpassung des Radars und der Einkopplung betragen etwa -10 dB bzw. -18 dB.

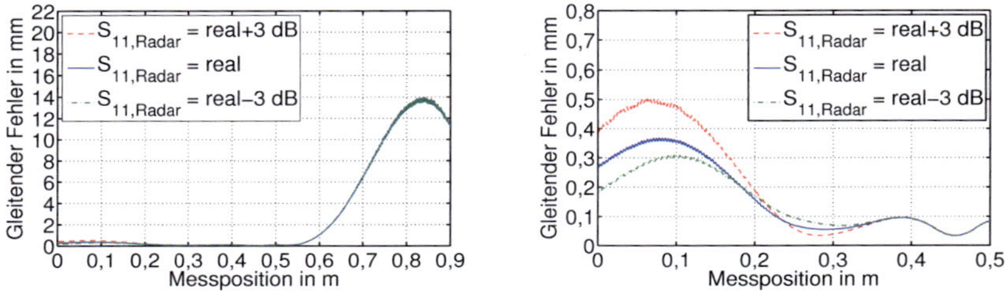

(a) Fehlerkurve

(b) Teilbereich der Fehlerkurve bis 0,5 m

Abbildung 4.12: Simulationsergebnis der Abstandsbestimmung in Abhängigkeit der Anpassung des Radarsensors

Aus den Fehlerkurven in Abbildung 4.12 ist zu entnehmen, dass die Anpassung des Radarsensors kaum einen Einfluss auf die resultierende Fehlerkurve hat. Lediglich am Anfang der Messstrecke ist ein Anstieg der Fehler bei verringerter Anpassung zu verzeichnen (siehe Abbildung 4.12(b)). Demzufolge wirken sich Mehrfachreflexionen am Radar erst bei großem Abstand zur Einkopplung aus. Die Unterschiede sind jedoch minimal, so dass die Beeinflussung unter Berücksichtigung, dass sich in diesem Bereich die Reflexionen weiterer Reflexionsstellen überlagern, zu vernachlässigen ist. Durch eine bessere Anpassung des Radars ist daher keine entscheidende Verbesserung möglich. Die Reflexionsstelle an der Einkopplung in den HL weist neben dem Radarziel die zweitgrößte Amplitude auf (siehe Abbildung 4.6). Dies zeigt sich auch in den Simulationsergebnissen (Abbildung 4.13). Durch eine verbesserte Einkopplung können die Fehler über der gesamten Messstrecke reduziert werden. Am Ende der Messstrecke spielt die erste Reflexion an der Einkopplung eine Rolle. Für die restliche Strecke ist der Rückpfad für die Signale von Bedeutung, da dieser Übergang beim Auskoppeln des Radarsignals aus dem HL erneut zu Mehrfachreflexionen führt, die vom Radarziel wiederholt reflektiert werden. In den Simulationsergebnissen zeigt sich dessen ungeachtet, dass auch bei Verschlechterung der Einkopplung die Genauigkeitsanforderung nicht verletzt wird.

Dämpfungsfaktor des eingesetzten Dämpfungsgliedes

Im Messaufbau wird direkt vor der Einkopplung in den Hohlleiter ein Dämpfungsglied mit 3 dB eingesetzt, um ggfs. den Einfluss von Mehrfachreflexionen auf die Abstandsmessung innerhalb des Hohlleiters zu reduzieren. Zur Bewertung des gewählten Dämpfungswertes wird die Simulation mit unterschiedlichen Dämpfungsfaktoren durchgeführt. Die Ergebnisse aus Abbildung 4.14 zeigen eindeutig, dass die Fehler mit steigender Dämpfung größer werden und sich ähnlich auswirken wie eine verschlechterte Anpassung der Einkopplung. Durch die Dämpfung wird die Reflexion am Radarziel, jedoch nicht die Reflexion an der Einkopplung reduziert, so dass deren Einfluss insbesondere in diesem Bereich, aufgrund der relativ kurzen Abstände zwischen beiden Reflexionsstellen steigt. Dieser Effekt setzt sich mit verringerter Wirkung bis zum Ende der Messstrecke fort. Am Anfang der Messstrecke ist bei einer Messposition von etwa 0,3 m ein Knotenpunkt mit gleichbleibender Fehlergröße zu erkennen (siehe Abbildung 4.15(a)). Der Fehler hängt ab diesem Knotenpunkt sehr stark von einzelnen Reflexionsstellen ab, die sich entweder destruktiv oder konstruktiv überlagern. Bei den eingestellten Dämpfungswerten zeigt sich, dass bei einer Dämpfung von 3 dB der Fehler im Gegensatz zum Anfang der Messstrecke geringer ausfällt und bei 6 dB größer wird.

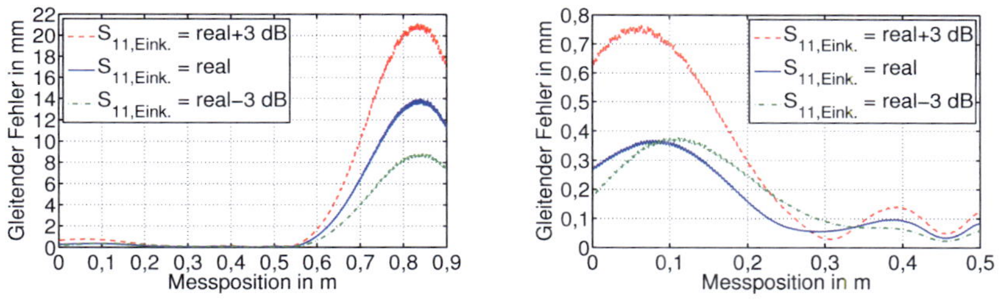

(a) Fehlerkurve

(b) Teilbereich der Fehlerkurve bis 0,5 m

Abbildung 4.13: Simulationsergebnis der Abstandsbestimmung in Abhängigkeit der Anpassung der Einkopplung

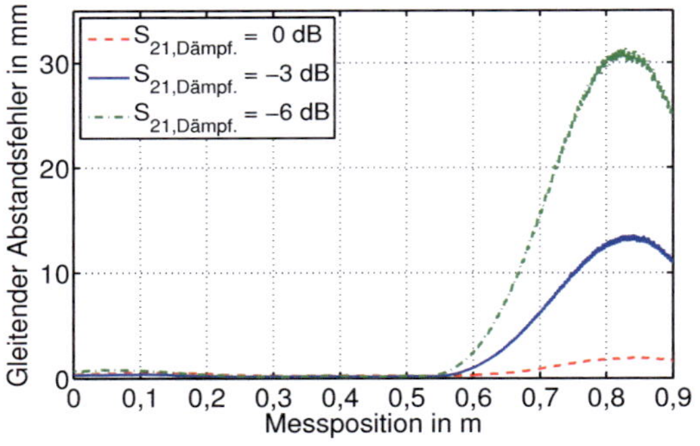

Abbildung 4.14: Simulationsergebnis der Abstandsbestimmung in Abhängigkeit der Dämpfung des Dämpfungsgliedes

Bei der Analyse ohne Rauscheinfluss muss berücksichtigt werden, dass die Dämpfung auf die Signalleistungen der einzelnen Ausbreitungspfade wirkt. Der Einfluss auf das Rauschen ist nicht enthalten. Für einen gerechten Vergleich ist das Rauschen mit einzubeziehen. Aus Abbildung 4.15(b) ist zu erkennen, dass im nutzbaren Messbereich das Rauschen über die Mehrfachreflexionen dominiert und das Endergebnis durch das Rauschen ohne Dämpfung verschlechtert wird. Daher sind ohne Dämpfungsglied bei Betrachtung der gesamten Messstrecke geringere Fehler vorhanden, die allerdings im relevanten Messbereich höher liegen.

Fazit

Die Simulationen zur Analyse der Systemkomponenten zeigen, dass insbesondere die Reflexion an der Einkopplung in den HL einen entscheidenden Einfluss auf die Messungen hat. Der verwendete HL-Flansch weist eine Anpassung von -25 dB auf [FLA11]. Allerdings ist nicht der HL-Flansch für die Anpassung an der Einkopplung ausschlaggebend, sondern der Kabel-Dämpfungsglied-Übergang mit etwa -18 dB Anpassung. Daher kann die Reflexion an diesem Über-

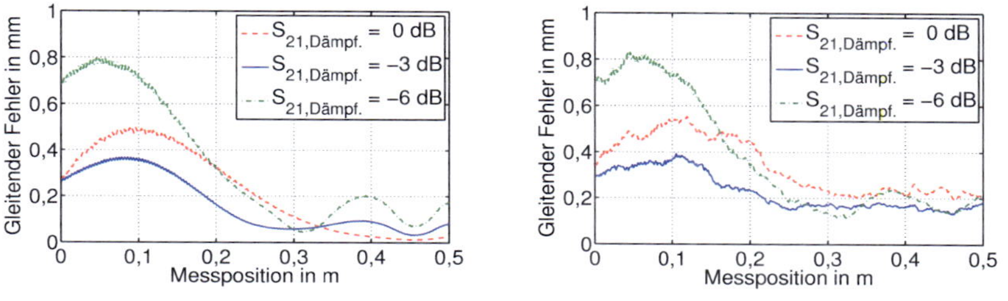

(a) Fehlerkurve ohne Rauschen

(b) Fehlerkurve mit Rauschen

Abbildung 4.15: Simulationsergebnis der Abstandsbestimmung in Abhängigkeit der Dämpfung des Dämpfungsgliedes und mit Berücksichtigung des Rauscheinflusses

gang als limitierende Größe festgehalten werden. Auch in diesem Fall ist durch den erforderlichen Einsatz des Kabels mit Werten um -20 dB eine weitere Optimierung nicht möglich. Bei direktem Anschluss des Radars an den Hohlleiter führt die im Vergleich schlechte Anpassung des Radars um -10 dB zu großen Fehlerabweichungen. Das Radarmodul und dessen Anpassung sind vorgegeben und eine Reduzierung dieser Reflexionsstelle wäre ausschließlich mit einem anderen Radarsensor möglich. Aus den Simulationen ist jedoch zu entnehmen, dass die Anpassung des Radars keine entscheidende Größe darstellt, da eine Vorlaufstrecke in Form des Kabels benötigt wird.

Die Ergebnisse der Simulation mit unterschiedlichen Dämpfungsfaktoren zeigen, dass mit steigender Dämpfung die Fehler ebenfalls größer werden, da die Signalleistung der Hauptreflexion am Radarziel verringert und dadurch der Einfluss der Einkopplung gesteigert wird. Im relevanten Messbereich wird die Fehlerkurve vom Rauschen dominiert. Aufgrund der Rauschgrenze sind die Simulationsergebnisse fast identisch und das eingesetzte Dämpfungsglied mit etwa 3 dB nicht ausschlaggebend. Allerdings führt das Dämpfungsglied am Anfang der Messstrecke zu einer geringfügigen Verbesserung der Abstandsmessung.

Bei Variation der Amplitude des Radarziels zeigt sich, dass mit größerem Reflex-

ionsfaktor eine Steigerung der Genauigkeit und zeitgleich eine Vergrößerung des Messbereiches möglich sind. Durch den Einsatz eines Radarzieles mit -0,1 dB Reflexionsfaktor kann der Hohlleiter bis 0,65 m genutzt werden. Der letzte Streckenabschnitt wird von der Einkopplung dominiert und kann nicht verwendet werden. Entsprechend der Entfernungsauflösung des Radars beträgt der Mindestabstand für zwei Ziele etwa 0,15 m. Der Mindestabstand zur zweitgrößten Reflexionsstelle aus der Simulation beträgt 0,35 m. Dieser Wert liegt weit über dem theoretischen Wert. Bei der theoretischen Analyse der Grenzfälle wird ausschließlich die Erkennung von zwei Maxima im Spektrum berücksichtigt, jedoch nicht die Genauigkeit, mit der die Maxima detektiert werden können. Ebenfalls bleibt deren gegenseitiger Einfluss bei unterschiedlicher Amplitude unberücksichtigt. Zudem muss beachtet werden, dass in der Nähe der definierten Grenzen der Fehler zwar noch eine Phasenauswertung gewährleistet, jedoch aufgrund der höheren Ungenauigkeit der Frequenzauswertung insbesondere bei einem Radarziel mit schlechter Reflexion ein Einfluss auf die Phasenauswertung zu erwarten ist. Des Weiteren ist zu berücksichtigen, dass das ganze System von der Genauigkeit der Komponentenlängen abhängt und sehr sensitiv auf die Reflexionsfaktoren der einzelnen Komponenten reagiert. Bei Änderungen der Längen im Toleranzbereich der Komponenten ergeben sich jedoch keine gravierenden Unterschiede. Der Einsatz einer weiteren Dämpfungskomponente (Absorbermaterial) am Ende der Strecke hat bei fast idealer Reflexion am Radarziel keinen Einfluss auf die Messungen, da der transmittierte Leistungsanteil vernachlässigt werden kann.
Die Simulation ermöglicht die detaillierte Analyse des hohlleiterbasierten Messsystems mit zahlreichen Reflexionsstellen. Damit können die Einflüsse der einzelnen Reflexionsstellen auf die Abstandsmessung genau charakterisiert werden, so dass eine optimale Auslegung der Messstrecke im Vorfeld möglich wird.

4.2.4 Analyse der periodischen Fehlerverläufe

Neben den beschriebenen Fehlerbereichen sind über die gesamte Messstrecke Fehler mit einer bestimmten Periodizität zu identifizieren. Diese periodischen, nieder- und hochfrequenten Fehler wiederholen sich über lange und kurze Abstände. Um diesen Effekt deutlicher sichtbar zu machen, werden die Fehlerkurven mit einem Rechteckfenster ausgewertet. In Abbildung 4.16 ist die resultieren-

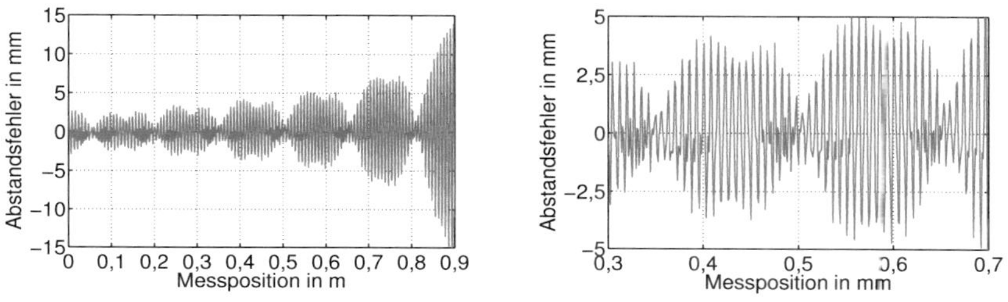

(a) Fehlerkurve (b) Teilbereich der Fehlerkurve

Abbildung 4.16: Simulation der Abstandsbestimmung mit Rechteckfenster

de Fehlerkurve über der Strecke abgebildet. Aus dem Fehlerverlauf ist zu erkennen, dass eine niederfrequente Fehlerperiode im Abstand von etwa 150 mm und eine hochfrequente Fehlerperiode resultiert. Bei näherer Betrachtung eines Teilabschnittes (siehe Abbildung 4.16(b)) zeigt sich, dass sich diese hochfrequenten Fehler alle 7 mm bis 8 mm wiederholen. Darüber hinaus treten lokal begrenzt, weitere Fehlerfragmente im Fehlerverlauf auf, wie es bspw. an den Positionen kurz nach 0,3 m oder kurz vor 0,5 m zu erkennen ist. Zur genaueren Charakterisierung der Fehlerkurve werden über die gesamte Strecke mit $N_{\text{pos}} = 900$ Messpositionen die Fehleranteile mit Hilfe der FFT extrahiert. Die Abtastung des Signals ist durch die Schrittweite $\Delta p = 1$ mm definiert. Die Positionsauflösung Δf_{pos} im Fehlerspektrum ergibt sich damit zu

$$\Delta f_{\text{pos}} = \frac{1}{N_{\text{pos}} \cdot \Delta p} \qquad \text{mit} \quad \Delta f_{\text{pos}} = \left[\frac{1}{m}\right] \quad . \tag{4.30}$$

Mit diesem Ansatz können die Fehleranteile berechnet, jedoch nicht den Positionen zugeordnet werden. Daher wird die Zuordnung der Fehleranteile im Spektrum über dem Abstand durch die SCZT mit einer Fensterlänge von 25 mm realisiert, was einen guten Kompromiss zwischen Fehler- und Positionsauflösung gewährleistet. Die Berechnung der SCZT zur Auswertung des Fehlerspektrums erfolgt analog zur Vorgehensweise aus Abschnitt 3.4.

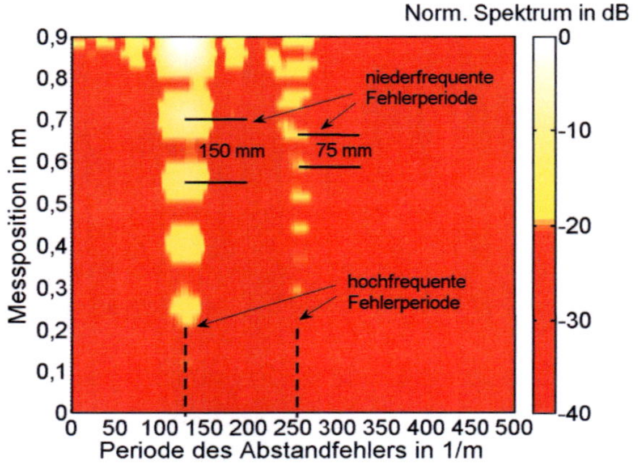

Abbildung 4.17: SCZT-Auswertung des Fehlerspektrums mit Rechteckfenster

Untersuchung der hochfrequenten Störung über dem Abstand

Die SCZT-Auswertung der Abstandsfehler ist in Abbildung 4.17 dargestellt. Die x-Achse gibt die Fehlerperiode über der Messposition auf der y-Achse im Spektrum wieder. Zur Veranschaulichung wird das Fehlerspektrum auf das Maximum normiert und alle Störeffekte mit einem relativen Abstand von mehr als 20 dB ausgeblendet. Die Auswertung des Fehlerspektrums bestätigt die konstatierten Abstandsfehler. Im Spektrum über der x-Achse zeigt sich deutlich ein Maximum bei etwa der Fehlerperiode 130 $\frac{1}{m}$, die nach (4.30) ca. einem Wert von 7,7 mm entspricht. Auf der y-Achse beträgt der Abstand der Maxima ungefähr 150 mm. Des Weiteren treten die hochfrequenten Fehler zusätzlich bei etwa der doppelten Fehlerperiode 260 $\frac{1}{m}$ (3,85 mm) auf. Diese Fehler wiederholen sich über dem Abstand mit näherungsweise 75 mm. Folglich wird die Periode der niederfrequenten Fehler über dem Abstand halbiert. In Abbildung 4.18(b) ist die Auswirkung des Blackman-Fensters dargestellt. Analog zu der simulierten Abstandsmessung mit einem Blackman-Fenster aus Abbildung 4.11(a) treten die hochfrequenten Fehler mit einer Periode von 8 mm überwiegend am Ende der Strecke auf. Die Fenste-

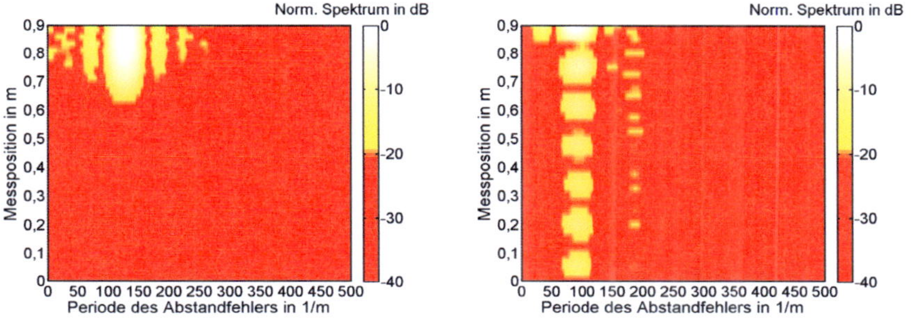

(a) Fehlerspektrum mit Blackman-Fenster

(b) Fehlerspektrum mit der Startfrequenz der FMCW-Rampe bei 19 GHz

Abbildung 4.18: SCZT-Auswertung des Fehlerspektrums mit Blackman-Fenster und der Startfrequenz der FMCW-Rampe bei 19 GHz

rung mit einem Blackman-Fenster mindert in der Auswertung die Interferenz der einzelnen Reflexionsstellen. Die hochfrequente Fehlerperiode von 8 mm liegt in der Größenordnung der Phaseneindeutigkeit R_{unamb} des ZF-Signals. Nach (2.3) hängt die Phaseneindeutigkeit von der Startfrequenz f_{min} der FMCW-Rampe ab. Für $f_{\text{min}} = 23{,}7$ GHz beträgt $R_{\text{unamb},23{,}7\text{GHz}} = 7{,}85$ mm. Die positionsabhängige Phasenänderung des ZF-Signals kann damit als Ursache für den hochfrequenten Fehlerverlauf herangezogen werden. Zur Verifikation wird in der Simulation die Startfrequenz auf $f_{\text{min}} = 19$ GHz eingestellt. Der erwartete, wie auch die simulierte Periode des Fehlerverlaufes in der Größenordnung der Phaseneindeutigkeit $R_{\text{unamb},19\text{GHz}} = 10{,}85$ mm wird bestätigt. Das entsprechende Fehlerspektrum über dem Abstand ist in Abbildung 4.18(a) abgebildet. Die niederfrequente Periode auf der y-Achse bleibt erhalten und die hochfrequente Fehlerperiode verschiebt sich nach etwa 100 $\frac{1}{m}$ (10 mm).

Untersuchung der niederfrequenten Störung über dem Abstand

Zur Analyse der niederfrequenten Fehlerperiode aus Abbildung 4.16 wird in der Simulation die Phase im ZF-Signal vernachlässigt. Damit treten die hochfrequenten Fehleranteile nicht mehr auf, so dass ausschließlich der niederfrequente Fehlerverlauf zu erkennen ist (siehe Abbildung 4.19(a)). Zum Vergleich ist das Simulationsergebnis mit Berücksichtigung der Phase des ZF-Signals dargestellt. Der hochfrequente, phasenabhängige Fehlerverlauf wird bestätigt. Das Fehlerspektrum über dem Abstand (SCZT) kann in diesem Fall aufgrund der eingeschränkten Auflösung nicht herangezogen werden. Daher wird nur das Spektrum über die Abstandsfehler berechnet (Abbildung 4.19(b)). Die Maxima liegen im erwarteten Bereich bei etwa 6,6 $\frac{1}{m}$ (150 mm) und ca. 13,4 $\frac{1}{m}$ (75 mm).

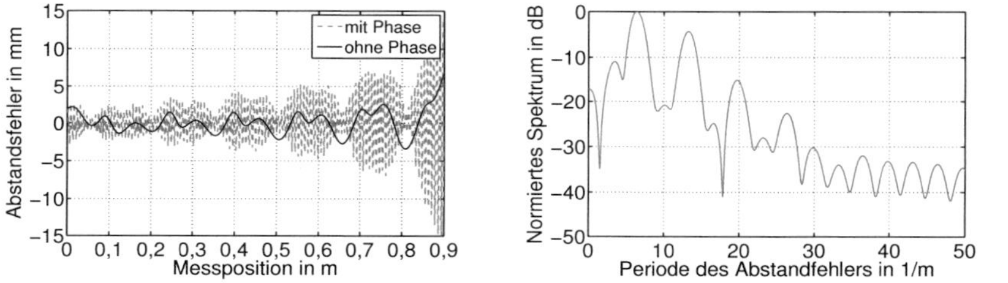

(a) Fehlerkurve ohne Phase des ZF-Signals (b) Fehlerspektrum ohne Phase des ZF-Signals

Abbildung 4.19: Simulation der Abstandsbestimmung mit Rechteckfenster und ohne Phase ZF-Signals

Die niederfrequente Fehlerperiode mit 150 mm entspricht in einem FMCW-Radar gemäß (2.5) einem Abstand, der bei einer Frequenzänderung um 2 kHz resultiert. Für die verwendete Rampendauer $T = 500\ \mu s$ ist nach (2.16) eine Frequenzauflösung $\frac{1}{T} = 2$ kHz gegeben. Die Frequenzauflösung und die abstandsabhängige Frequenzänderung, mit der sich die Fehler wiederholen sind identisch. Somit kann die niederfrequente Fehlerperiode auf die Interferenz von dominanten Reflexionsstellen bestimmter Frequenz im ZF-Signal zurückgeführt werden, die durch den Leckeffekt zu erklären ist (siehe Abschnitt 2.3). In Abhängigkeit des Frequenzabstandes der Reflexionsstellen ist der Einfluss größer oder geringer. Zur Verifikation wird im nächsten Schritt die Rampendauer gezielt um die Hälfte verkürzt. Die Periode des Fehlerverlaufes steigt mit $\frac{1}{T \cdot 0,5}$ auf 4 kHz bzw. 300 mm an, da die Auflösung bzw. der Abstand der Nebenkeulen bedingt durch die Fensterung des ZF-Signals größer wird. Der resultierende Fehlerverlauf mit und ohne Phase des ZF-Signals ist in Abbildung 4.20(a) dargestellt. Das entsprechende Fehlerspektrum ist in Abbildung 4.20(b) zu sehen. Der Fehlerverlauf ändert sich erwartungsgemäß im 4 kHz-Takt auf etwa 3,3 $\frac{1}{m}$, der nach (4.30) einem Abstand von 300 mm entspricht.

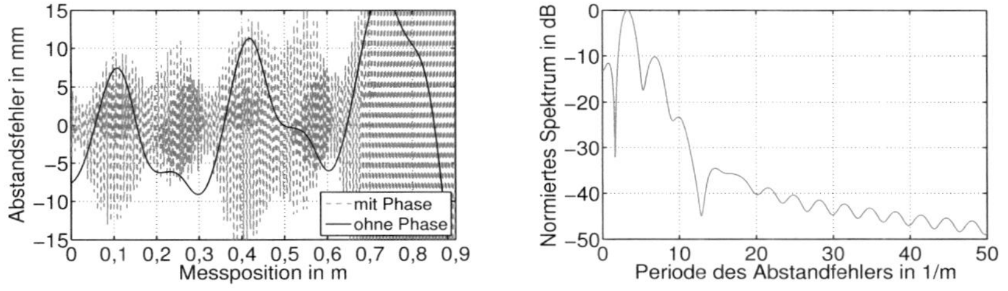

(a) Fehlerkurve mit verkürzter Rampendauer und ohne Phase des ZF-Signals

(b) Fehlerspektrum mit verkürzter Rampendauer und ohne Phase des ZF-Signals

Abbildung 4.20: Simulation der Abstandsbestimmung mit Rechteckfenster und ohne Phase des ZF-Signals mit verkürzter Rampendauer

Untersuchung der niederfrequenten Störung mit halber Periode

Im Fehlerverlauf ist neben der 150 mm Fehlerperiode über der Strecke, ein weiterer niederfrequenter Fehlerverlauf mit 75 mm gegeben (siehe Abbildung 4.17). Dieser niederfrequente Fehlerverlauf entspricht einem Abstand, der sich im FM-CW-Radar bei einer Frequenzänderung um $\frac{1}{2}\frac{1}{T} = 1$ kHz ergibt. Dabei handelt es sich um den Einfluss der Spiegelfrequenz nach Abschnitt 2.3. Bei einer Verschiebung des Radarziels durchläuft die Einhüllende des Maximums im Spektrum in diesem Fall Bereiche mit minimalem und maximalem Einfluss der Einhüllende der Spiegelfrequenz. Im Gegensatz zu einer festen Reflexionsstelle bewegen sich beide Einhüllenden aufeinander zu. Dadurch wird die Wiederholungsrate der Fehler über dem Ort doppelt so hoch bzw. die Strecke bis sich der Fehler wiederholt halb so groß. Dies erklärt auch den hochfrequenten Fehlerverlauf mit der Hälfte der Phaseneindeutigkeit bei etwa 4 mm. Unter idealen Voraussetzungen mit nur einem Maximum im Spektrum kann dieses Verhalten genauer analysiert werden. Hierfür werden in der Simulation alle Reflexionsstellen außer dem Radarziel entfernt. Ebenfalls wird die Simulation mit und ohne Phase des ZF-Signals sowie mit der verkürzten Rampendauer untersucht. Die resultierenden Fehlerverläufe und die Fehlerspektren über dem Abstand sind in Abbildung 4.21 zu sehen.

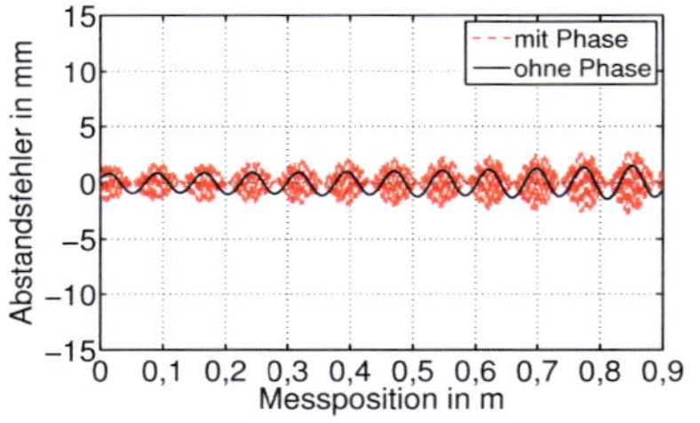

(a) Fehlerkurve

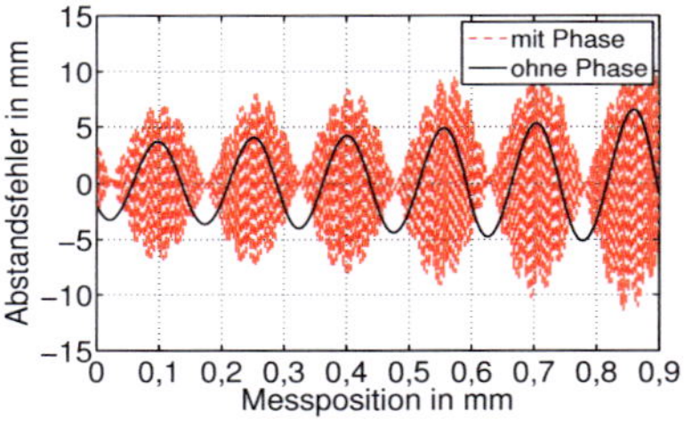

(b) Fehlerkurve mit verkürzter Rampendauer

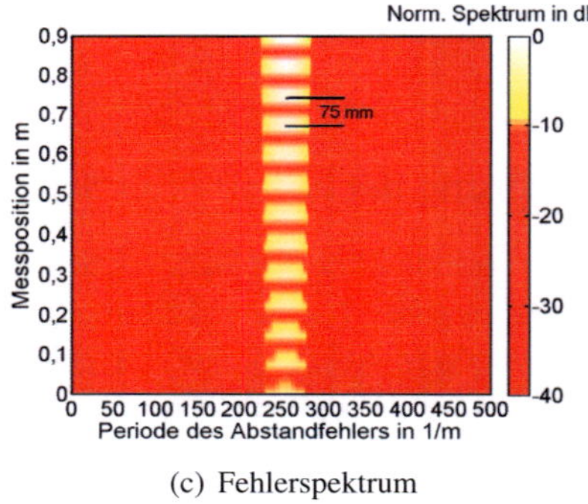

(c) Fehlerspektrum

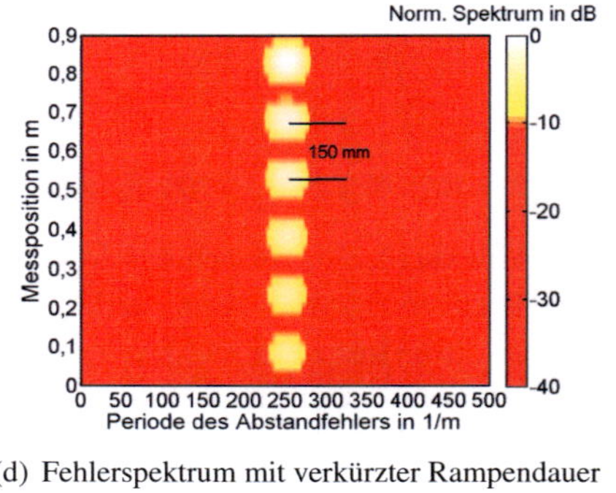

(d) Fehlerspektrum mit verkürzter Rampendauer

Abbildung 4.21: Simulation der Abstandsbestimmung und der SCZT-Auswertung des Fehlerspektrums nur mit Radarziel, ohne Phase des ZF Signals sowie verkürzter Rampendauer

Bei der ursprünglichen Rampendauer des Signals beträgt die niederfrequente Fehlerperiode 75 mm und die hochfrequenten, phasenabhängigen Fehler wiederholen sich mit etwa 4 mm (260 $\frac{1}{m}$). Bei der kurzen Rampendauer steigt die niederfrequente Fehlerperiode auf 150 mm an, wobei der hochfrequente Fehler auf grund der identischen Startfrequenz ebenfalls eine Periode von ca. 4 mm aufweist. Darüber hinaus ist der geringere Einfluss der Spiegelfrequenzen im Vergleich zu festen Reflexionsstellen in der Amplitude des Fehlerspektrums zu sehen.

Fazit

Der niederfrequente und der hochfrequente Fehlerverlauf über dem Abstand sind systematische Fehler der Signalverarbeitung. Die hochfrequente Störung wird durch die positionsabhängige Änderung der Phase des ZF-Signals impliziert und kann nicht kompensiert werden. Die niederfrequenten Fehlerverläufe hängen von der Rampendauer und den Abständen von zusätzlichen Reflexionsstellen im System ab. Die Rampendauer ist durch die vorgegebene Messwiederholrate festgelegt und kann nicht beliebig geändert werden. Aus diesem Grund müssen die abgeleiteten Mindestabstände von Störstellen zum eigentlichen Radarziel aus der Simulation eingehalten werden, um die systematischen Fehler in der Signalverarbeitung zu reduzieren.

4.3 Entwurf und Optimierung der Radarziele

Zu Beginn der radarbasierten Abstandsmessungen im HL wird der einfache, quaderförmige Block aus Abbildung 4.24(a) mit nicht optimalen Reflexionseigenschaften als Kurzschluss eingesetzt. Die Systemsimulation zeigt deutlich, dass mit verbessertem Radarziel der Messbereich und die Messgenauigkeit erhöht werden können. Sowohl für Radarmessungen als auch für Stehwellenmesssysteme im Hohlleiter, werden Strukturen benötigt, die einen betragsmäßig großen Reflexionsfaktor aufweisen. Idealerweise eignet sich die bereits eingesetzte Kurzschlussvariante. Aus diesem Grund werden nachfolgend unterschiedliche Kurzschlussarten im Hohlleiter simuliert, aufgebaut und ihre Eignung für Radarmessungen mit realen Messungen verifiziert.

(a) Version Langloch

(b) Version Rillen

Abbildung 4.22: Radarziele mit verbesserten Reflexionseigenschaften

4.3.1 Hohlleiterkurzschluss mit erhöhtem Reflexionsfaktor

Als Maß für die Güte des Kurzschlusses wird der Transmissionsfaktor $|S_{21}|$ herangezogen. Dessen Betrag muss im gewünschten Frequenzbereich minimal sein. Es gibt zahlreiche Kurzschlüsse für rechteckförmige Hohlleiteranwendungen. Die für die Radaranwendung in Frage kommenden Geometrien aus [WKM95] und [Mö05] werden auf 24 GHz angepasst, simuliert, aufgebaut und vermessen. Dabei haben sich zwei Strukturen, die in Abbildung 4.22 zu sehen sind, mit einer akzeptablen Performance herausgestellt. Aufgrund der mechanisch einfacheren Fertigung und vergleichbaren Eigenschaften wird der Kurzschluss mit Rillen weiter eingesetzt (siehe Abbildung 4.22(b) und Abbildung 4.23).

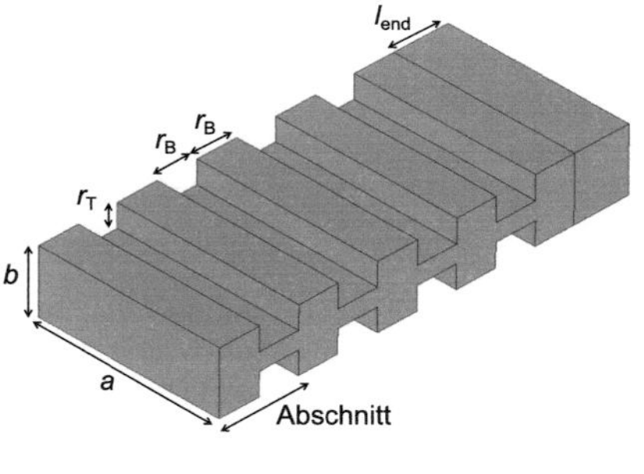

Abbildung 4.23: Parameter des strukturierten Kurzschlusses mit Rillen

Der Kurzschluss hat eine resonante Struktur, die Abmessungen zwischen $\frac{\lambda}{8}$ und $\frac{\lambda}{4}$ besitzt, um die Transmission zu dämpfen. Folglich resultieren Abschnitte auf dem Kurzschluss mit abwechselnd hohen und niedrigen Impedanzen. Diese Abschnitte können als verkettete Π- bzw. T-Filter modelliert und berechnet werden. Im gewünschten Frequenzbereich wirken sie als Bandsperre [BR82], die von der Anzahl der Teilglieder abhängen. Die Optimierung des Kurzschlusses wird mit numerischen Simulationen anhand von 3D-Modellen in CST durchgeführt. Mit dieser Struktur kann eine Transmission im Frequenzbereich des Radars bis unter -40 dB erreicht werden, die die geforderte hohe Reflexion impliziert. Die Einflüsse der eingezeichneten, geometrischen Größen auf den Kurzschluss in Abbildung 4.23 können wie folgt zusammengefasst werden:

- Bei Erhöhung der Rillentiefe r_T und der Rillenbreite r_B wird jeweils die Dämpfung der Transmission bei gleichbleibender Bandbreite erhöht.
- Bei Erhöhung der Länge des letzten Abschnittes l_end wird die Dämpfung der Transmission reduziert.
- Pro Abschnitt wird die Dämpfung der Transmission um etwa 10 dB erhöht.

4.3.2 Isolation zur Hohlleiterwand

Der verschiebbare Kurzschluss als Radarziel in einem Hohlleiter führt unter realen Messbedingungen zu einem nicht definierten Übergangswiderstand zwischen Kurzschluss und Hohlleiterwand. Daher führen bei Radaranwendungen kontaktbehaftete Kurzschlüsse im HL bei der Auswertung des ZF-Signals zu positionsabhängigen Reflexionseigenschaften und somit zu einer schlechten Reproduzierbarkeit der Messergebnisse. Aus diesem Grund werden Kurzschlüsse verwendet, die vom HL galvanisch getrennt sind. Zur Analyse der Art der galvanischen Trennung werden unterschiedliche Varianten aufgebaut, die in Simulationen gute Ergebnisse liefern und sich mechanisch mit vertretbarem Aufwand fertigen lassen. Als Isolationsmaterial kommen verschiedene Kunststoffe und unterschiedliche Fertigungsverfahren zum Einsatz. Die Kurzschlüsse in Abbildung 4.24 unterscheiden sich hauptsächlich im verwendeten Kunststoff, der zur galvanischen Trennung von Kurzschluss zur Hohlleiterwand dient. Die Radarziele werden an eine bewegliche Schubstange montiert. Daher muss bei der Fertigung neben der

Isolierung darauf geachtet werden, dass der Abstand des Radarziels zu den Hohlleiterwänden, die Schlitzbreite, möglichst gering ist, um einen hohen Reflexionsfaktor zu erhalten. Mit kleinen Schlitzbreiten steigt der Reflexionsfaktor. EM-Feldsimulationen zeigen, dass sich bei Schlitzbreiten über 0,5 mm Resonanzen ausbilden können und der Reflexionsfaktor stark schwankt. Aus diesem Grund wird eine maximale Schlitzbreite von 0,5 mm toleriert.

(a) PTFE-Block

(b) PVC-Kappe

(c) Polyamid-Schicht

(d) PTFE-Hülse

Abbildung 4.24: Fotos der unterschiedlichen Hohlleiterkurzschlüsse

Das erste Radarziel „PTFE-Block“ aus Bild 4.24(a) hat eine einfache Block-Form, die mit einer Hülse aus PTFE (Polytetrafluoroethylene) versehen ist. Dieser Kurzschluss wurde anfangs verwendet und dient als Referenz für die optimierten Ziele. Die erste, verbesserte Version mit der Bezeichnung „PVC-Kappe“ in Bild 4.24(b) besteht aus zwei PVC-Kappen (Polyvinylchlorid), die über den Hohlleiterkurzschluss geschoben werden. Die nicht isolierten Bereiche des Kurzschlusses werden auf diese Weise durch einen Luftspalt von der Hohlleiterwand getrennt. Der dritte Kurzschluss „Polyamid-Schicht“ wird mit ca. 0,1 mm dickem

Polyamid beschichtet (Bild 4.24(c)). Für die Simulation des Polyamids wird ein Permittivitätswert von 3,1 verwendet, welcher sehr gut mit den Messungen zusammenpasst. Beim vierten Hohlleiterkurzschluss „PTFE-Hülse“ in Bild 4.24(d) wird ebenfalls eine aus PTFE ausgefräste Hülse über die metallische Kurzschlussstruktur geschoben. In diesem Fall ist die Hülse mit sehr hohem fertigungstechnischem Aufwand verbunden, da die Wandstärke der 20 mm langen PTFE-Hülse nur 0,5 mm betragen darf. Bei PTFE ist die Permittivität mit $\varepsilon_r = 2$ bei hohen Frequenzen bekannt.

4.3.3 Reflexionsfaktoren der Radarziele

Die Reflexionseigenschaften der Radarziele werden mittels De-embedding und TRL-Kalibration (engl. *Through Reflect Line*) ermittelt [EH79, Zwi04]. Nachfolgend werden zur Verifikation die Simulations- und die Messergebnisse zu den einzelnen Kurzschlüssen in Abbildung 4.25 gezeigt. Die Messung und die Simulation stimmen sehr gut überein. Die drei angefertigten Ziele „PVC-Kappe“, „Polyamid-Schicht“ und „PTFE-Hülse“ zeigen im Übertragungsverhalten eine hohe Dämpfung in der Transmission, die im gewünschten Frequenzbereich zwischen 23,7 GHz und 24,5 GHz über 30 dB liegt. Die Dämpfung beim Ziel „PTFE-Hülse“ beträgt etwa 40 dB. Die Schwankungen bei der Transmission bei den Zielen „PVC-Kappe“ und „Polyamid-Schicht“ sind auf die Verwendung verschiedener Kunststoffe zurückzuführen. Der Reflexionsfaktor ist in allen drei Fällen kleiner als -0,1 dB. Die Transmission des ursprünglichen Radarziels „PTFE-Block“ ist mit -7 bis -12 dB sehr viel größer als die der übrigen Radarziele. Der Reflexionsfaktor bewegt sich im Bereich von etwa -1 dB. Daher wird die „PTFE-Hülse“ für die Abstandsmessungen im HL eingesetzt, da sie über der Frequenz einen konstanten Verlauf besitzt und die besten Übertragungseigenschaften aufweist. Die Tabelle 4.2 fasst abschließend die Eigenschaften der Radarziele zusammen. Der Vergleich zwischen Messung und EM-Feldsimulation der Radarziele bestätigt die verbesserten Reflexionseigenschaften. Somit wird die geforderte hohe Reflexion aus der Simulation gewährleistet.

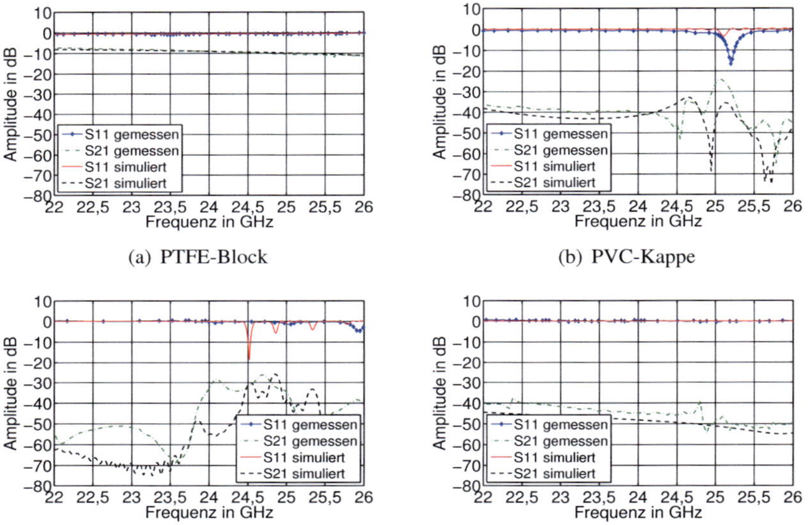

(a) PTFE-Block

(b) PVC-Kappe

(c) Polyamid-Schicht

(d) PTFE-Hülse

Abbildung 4.25: Simulations- und Messergebnisse der unterschiedlichen Radarziele im Frequenzbereich zwischen 22 und 26 GHz

	Fertigung	S_{11}	S_{21}
PTFE-Hülse	schwer	≈ -0,1 dB	≈ -40 dB
Polyamid-Schicht	einfach	≈ -0,1 dB	≈ -30 dB
PVC-Kappe	mittel	≈ -0,1 dB	≈ -30 dB
PTFE-Block	einfach	≈ -0,7 dB	≈ -10 dB

Tabelle 4.2: Eigenschaften der Radarziele

4.4 Fazit

Für das eingesetzte Messsystem im Hohlleiter resultieren bestimmte Fehlerbereiche, die in der Nähe von festen Reflexionsstellen die Genauigkeitsanforderung an die Frequenzauswertung nicht erfüllen. Die Möglichkeiten für eine Optimierung sind eingeschränkt, da signifikante Reflexionsstellen nicht beliebig verbessert werden können. Mit Hilfe der Simulation ist es möglich, das hohlleiterbasierte Messsystem mit zahlreichen Reflexionsstellen im Detail zu analysieren und somit eine bessere Auslegung der Abstände von Reflexionsstellen im realen System vorzunehmen. Mit dem gewählten Signalmodell für die Frequenzrampe des FMCW-Radars wird ferner der Dispersionseinfluss vollständig beschrieben. Ein Einfluss der Dispersion auf die Phase des ZF-Signals kann ausgeschlossen werden. Darüber hinaus können die spezifischen Fehlerverläufe genau beschrieben und Ursachen zugeordnet werden. Aus den Simulationsergebnissen zeigt sich, dass die Verbesserung des Radarziels ein großes Optimierungspotential aufweist, da zum Einen mit einer größeren Reflexion eine verbesserte Transmissionsdämpfung einhergeht und zum Anderen alle anderen Komponenten im System sehr nah an optimalen Grenzen liegen oder auch nicht ersetzt werden können. Die abschließend vorgestellten Radarziele genügen den Anforderungen, die aus der Simulation abgeleitet werden.

5 Abstandsmessungen im Hohlleiter

Die Abstandsmessungen werden mit dem Messaufbau aus Abbildung 5.1 durchgeführt. Die einzelnen Komponenten entsprechen der Beschreibung in Kapitel 4. Für die Messungen werden die Radarziele „PTFE-Block“ und „PTFE-Hülse“ verwendet. Die Referenz ist für die Verifikation der erzielten Genauigkeiten ebenfalls entscheidend. Hierfür wird ein Linearantrieb eingesetzt, der über einen Verstellweg von 50 mm das Ziel mit einer Genauigkeit von 300 nm im Hohlleiter positionieren kann [Phy14a].

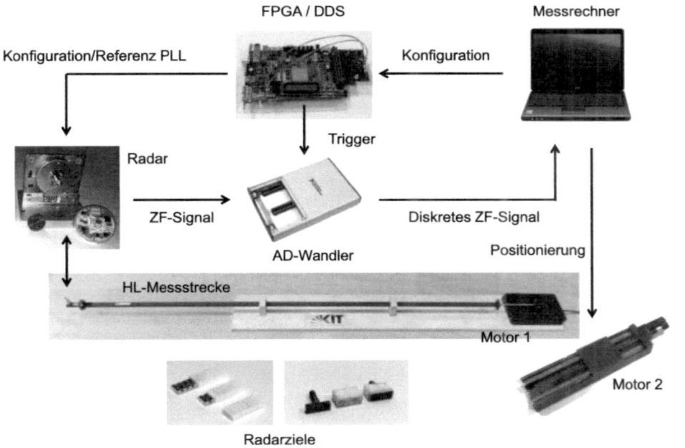

Abbildung 5.1: Messaufbau der Abstandsmessung

Über einen zweiten Linearantrieb mit geringerer Genauigkeit wird der Verstellweg auf 300 mm erweitert. Hierfür wird der zweite Antrieb im Abstand vom Verstellweg des ersten Antriebs bewegt, wenn dieser das Ende seines Verstellwegs erreicht. Auf diese Weise kann der genauere Linearantrieb als Referenz verwendet werden. Die Genauigkeit des großen Motors im µm-Bereich ist für die Offsetbewegung ausreichend [Phy14c]. Um jedoch die gesamte Strecke des Hohlleiters über 1 m abfahren zu können, wird alle 300 mm die Schubstange, an dem das Radarziel befestigt ist, manuell weiterbewegt. Dadurch können Positionierungsfehler des Radarziels im HL auftreten, die allerdings aufgrund der bekannten Schrittweite in den Messungen korrigierbar sind.

5.1 Messergebnisse und Verifikation der Matlabsimulation

Die Einstellungen für die Messungen sind mit den durchgeführten Simulationen aus Abschnitt 4.2 identisch. Die Messstrecke wird mit einer eingestellten Schrittweite von 1 mm vom offenen HL-Ende in Richtung HL-Einkopplung bewegt und für jede Position die Abweichung der berechneten Position von der tatsächlichen Position des Antriebs ermittelt. Die Messparameter sind in Tabelle 4.1 aufgeführt. Zum Vergleich und zur Verifikation der Simulation aus Abschnitt 4.2 wird in diesem Abschnitt für jede Messung das entsprechende Simulationsergebnis gezeigt.

5.1.1 Abstandmessungen über die gesamte Messstrecke

In Abbildung 5.2 sind die Abstandsfehler der Messung und der Simulation über die gesamte Messstrecke für das Radarziel I „PTFE-Hülse“ und das Radarziel II „PTFE-Block“ abgebildet. Die Unterschiede zwischen der Messung und der Simulation sind gering und auf die getroffenen Vereinfachungen und toleranzbehafteten Größen in der Simulation zurückzuführen. Die Messungen bestätigen den optimalen Messbereich in der Mitte des Hohlleiters, da hier die Einflüsse der Reflexionsstellen der HL-Einkopplung und des offenen HL-Endes minimal sind. Die abgeleiteten Mindestabstände in der Simulation für störende Reflexionsstellen zum Radarziel werden ebenfalls in den Messungen bestätigt. Für das Radarziel „PTFE-Hülse“ kann der HL bis zu einer Messposition von 0,63 m genutzt werden. Beim Radarziel „PTFE-Block“ kann der HL in einem Messbereich von 0,35 m bis 0,63 m verwendet werden.

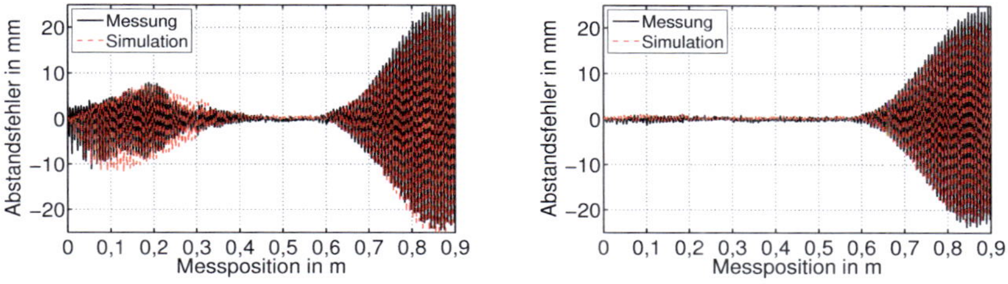

(a) Fehlerkurve für das Ziel PTFE-Hülse (b) Fehlerkurve für das Ziel PTFE-Block

Abbildung 5.2: Mess- und Simulationsergebnis der Abstandsbestimmung über die Frequenz mit beiden Radarzielen

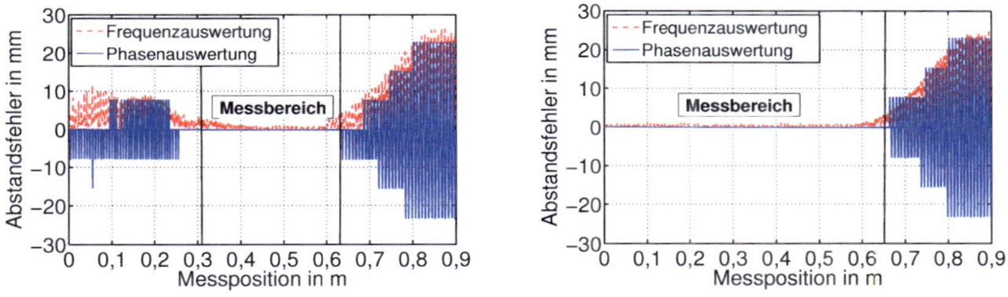

(a) Absoluter Fehler für das Ziel PTFE-Hülse (b) Absoluter Fehler für das Ziel PTFE-Block

Abbildung 5.3: Mess- und Simulationsergebnis der Abstandsbestimmung mit beiden Radarzielen für die erweiterte Phasenauswertung

Die Genauigkeit der Frequenzauswertung erfüllt in den definierten Messbereichen die Genauigkeitsanforderung für die erweiterte Phasenauswertung, so dass die Phase des ZF-Signals bei beiden Radarzielen ausgewertet werden kann (siehe Abbildung 5.3). Die Messergebnisse mit der Phasenauswertung zeigen, dass außerhalb der nutzbaren Messbereiche im HL sprunghafte Fehler in der Größenordnung der Phaseneindeutigkeit ± 8 mm entstehen, wenn nach (2.11) die Eindeu-

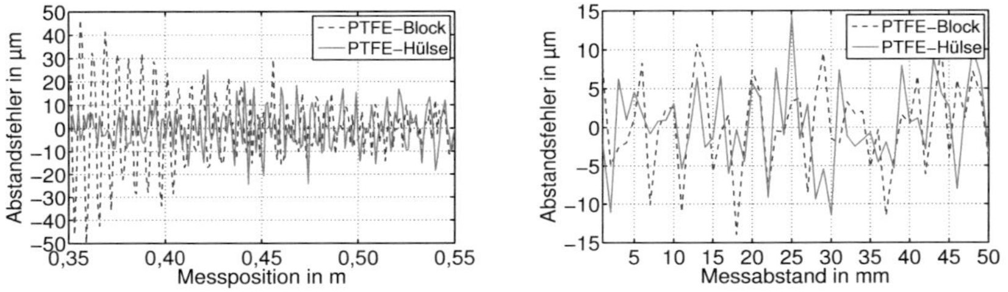

(a) Abstandsfehler über 200 mm

(b) Abstandsfehler über 50 mm

Abbildung 5.4: Messergebnis der Abstandsbestimmung für kurze Messstrecken

tigkeitszelle bei der Kombination von Frequenz und Phase nicht richtig ermittelt wird. Zum Vergleich der beiden Radarziele werden die Fehler im nutzbaren Messbereich des Radarziels „PTFE-Block“ (0,35 m - 0,55 m) im Detail untersucht (siehe Abbildung 5.4(a)). Beim Radarziel „PTFE-Block“ wird eine Genauigkeit von etwa ±50 µm erreicht. Das Radarziel „PTFE-Hülse“ gewährleistet eine Genauigkeit von ca. ±20 µm. Der Unterschied ist auf die erhöhte Reflexion am HL-Ende zurückzuführen, die beim „PTFE-Block“ höher ist. In diesem Fall führen ungeachtet der erfüllten Genauigkeitsanforderung für die Phasenauswertung die höheren Frequenzfehler zu einer Verschlechterung der Genauigkeit. Ab einer Messposition von 0,45 m unterscheiden sich die Ergebnisse beider Radarziele gering. Die Messergebnisse ab dieser Messposition sind für eine kurze Messstrecke über 50 mm in Abbildung 5.4(b) dargestellt. Die gewählte Strecke entspricht dem Verstellweg des kleinen Linearantriebes, so dass externe Einflüsse bei der Positionierung des Radarziels im HL ausgeschlossen werden können. Ebenfalls wird für beide Radarziele der optimale Messbereich gewählt. Für das Radarziel „PTFE-Block“ wird der Anfang der Messungen auf die Position 0,50 m und für das Radarziel „PTFE-Hülse“ auf die Position 0,30 m gesetzt. Die resultierenden Fehler werden für beide Radarziele auf bis zu ±15 µm reduziert. Im Folgenden wird das Radarziel „PTFE-Hülse“ mit größerem Messbereich verwendet.

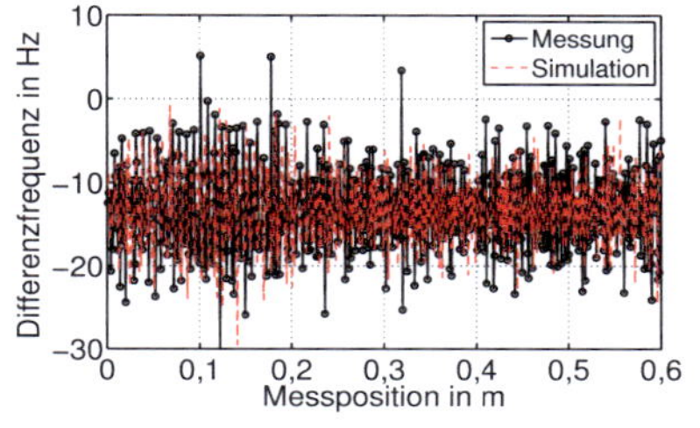

(a) Zwischenfrequenzwerte

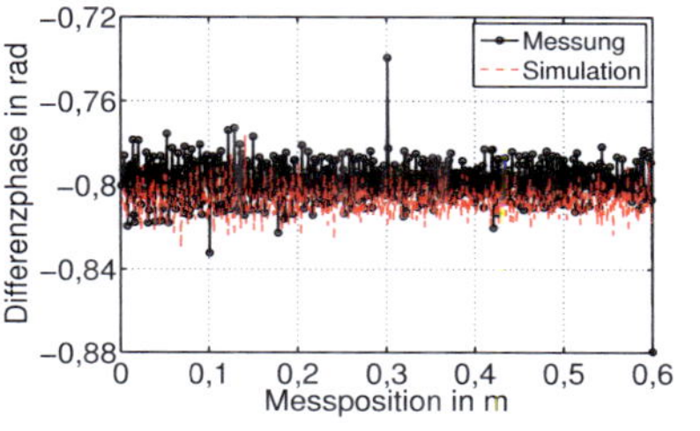

(b) Phasenwerte

Abbildung 5.5: Differenz aufeinanderfolgender Zwischenfrequenz- und Phasenwerte für eine Schrittweite von 1 mm im Messbereich bis 0,6 m

	Theorie	Messung	Simulation
Δf_{ZF}	13,156 Hz	13,221 Hz	13,102 Hz
$\Delta \phi_{ZF}$	46,135°	45,728°	46,255°

Tabelle 5.1: Frequenz und Phase des ZF-Signals für eine Schrittweite von 1 mm

Signalmodell für die Simulation

Zur Verifikation des analytischen Signalmodells mit Dispersion im HL für die Simulation in Abschnitt 4.1.2 werden der Frequenz- sowie der Phasenverlauf des ZF-Signals für die Messung und die Simulation untersucht. In Abbildung 5.5 ist die Differenzfrequenz und Differenzphase von zwei aufeinanderfolgenden Messungen gezeigt, die sich bei einer Messschrittweite von 1 mm für das Radarziel „PTFE-Hülse“ ergeben. Der Mittelwert dieser Größen über die nutzbare Messstrecke ist für die Messung und die Simulation in Tabelle 5.1 angegeben. Ebenfalls sind die theoretisch erwarteten Größen für die Frequenz nach (2.5) und für die Phase nach (2.6) aufgeführt. Mit einem Distanzschritt von 1 mm resultiert theoretisch ein Frequenzschritt von 13,156 Hz. Die Auswertung der Simulation und der Messung weichen von diesem Wert nur minimal ab. Im idealen Fall ist für diese Distanz theoretisch ein Phasenschritt von 46,135° gegeben. Die Simulation und die Messung liefern ein Ergebnis mit sehr geringem Unterschied. Damit ist die analytische Beschreibung des ZF-Signals mit Berücksichtigung der Dispersion nach (4.21) bestätigt und der Einfluss der Dispersion auf die Phase und die Frequenz bei einer Bandbreite von 0,8 GHz ausgeschlossen.

5.1.2 Verifikation der Fehlerverläufe aus der Systemanalyse

Im Folgenden werden die ermittelten Erkenntnisse aus der Simulation über das System mit realen Messungen untersucht. In der Simulation hat sich gezeigt, dass mit einem zusätzlichen 3 dB-Dämpfungsglied vor der Einkopplung in den HL der Einfluss der Mehrfachreflexionen am Anfang der Messstrecke reduziert werden kann (siehe Abschnitt 4.2.3). Die simulierte Abstandsmessung ohne Dämpfung und mit einer höheren Dämpfung führen dagegen zu keiner weiteren Verbesserung. Die entsprechenden Messergebnisse für diese Messbedingungen sind im Vergleich zu den Simulationsergebnissen in Abbildung 5.6 aufgeführt. Die Messung und die Simulation weisen den identischen Fehlerverlauf auf. Zur genaueren Analyse des Fehlerverlaufes im relevanten Messbereich wird ein gleitender Mittelwert über eine Messstrecke von 50 mm gebildet (siehe Abbildung 5.6(c) und Abbildung 5.6(d)). Messung und Simulation stimmen sehr gut überein. Am Anfang der Messstrecke ist mit einem 6 dB-Dämpfungsglied der erhöhte Fehler aus der Simulation auch in der Messung zu erkennen. Identisch zur Simulation führt ab einer Messposition von 0,3 m die Messung ohne Dämpfung im Vergleich zu den Messungen mit Dämpfung zu höheren Abstandsfehlern.

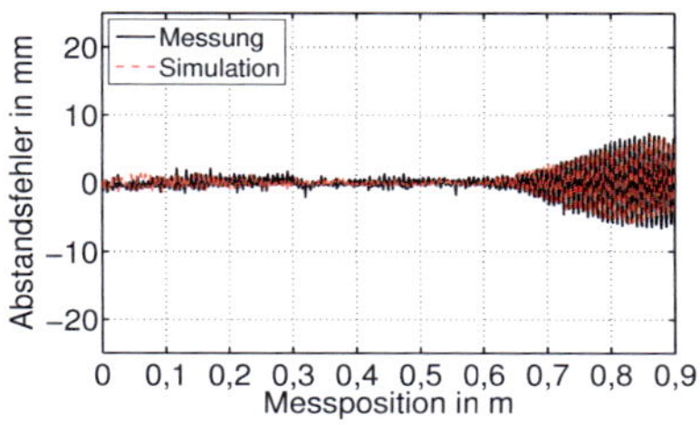

(a) Abstandsfehler mit 0 dB Dämpfung

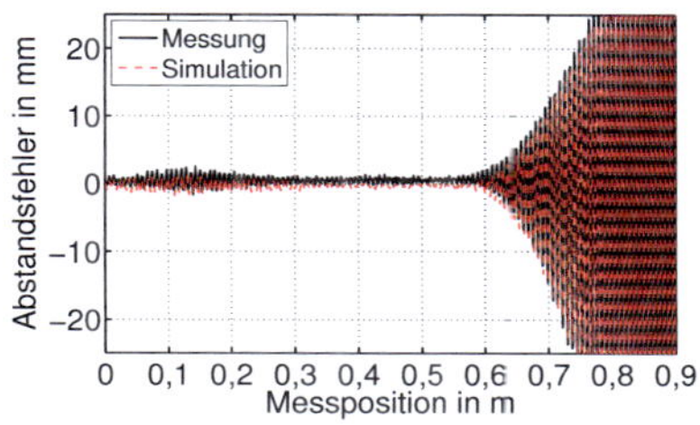

(b) Abstandsfehler mit 6 dB Dämpfung

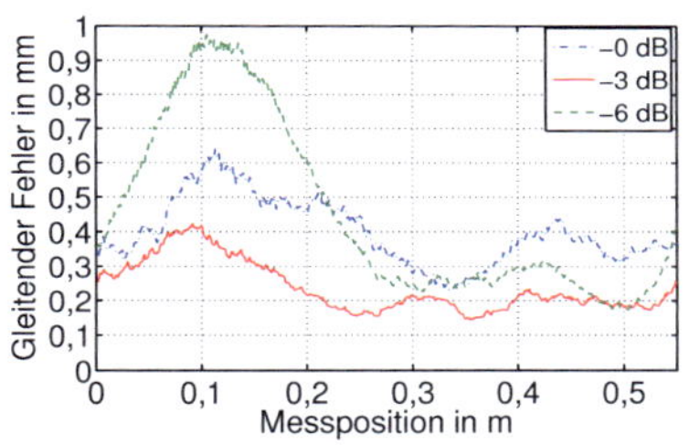

(c) Gleitender Mittelwert des Abstandsfehlers in der Messung

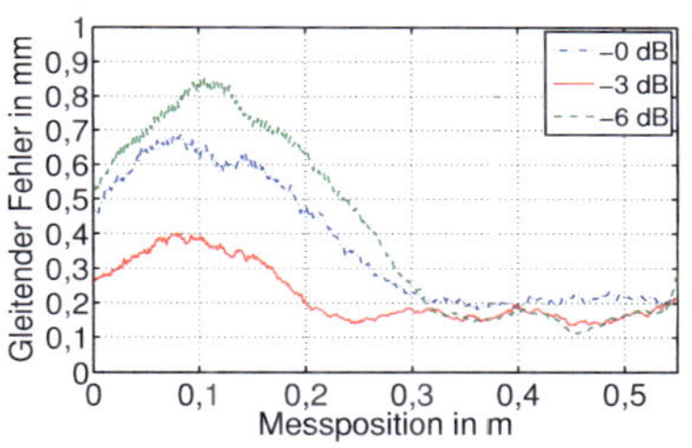

(d) Gleitender Mittelwert des Abstandsfehlers in der Simulation

Abbildung 5.6: Mess- und Simulationsergebnis der Abstandsbestimmung in Abhängigkeit der Dämpfung des Dämpfungsgliedes

Um eine Aussage über die erreichbare Genauigkeit zu treffen, wird die Messstrecke bis zu einer Messposition von 0,55 m vermessen (siehe Abbildung 5.7(a)) und der absolute Abstandsfehler über die kumulative Verteilungsfunktion berechnet, die alle Messpositionen berücksichtigt (siehe Abbildung 5.7(b)). Die aus der Verteilungsfunktion resultierende Wahrscheinlichkeit der Fehler ist für die unterschiedlichen Dämpfungsfaktoren in Tabelle 5.2 zusammengefasst. Ebenfalls sind die entsprechenden Mittelwerte der Fehler μ_{abs} angegeben. Die Simulationsergebnisse können bestätigt werden. Die Messung ohne Dämpfung und mit 3 dB Dämpfung weisen annähernd identische Abstandsfehler auf. Das 3 dB Dämpfungsglied führt nur zu einer geringen Verbesserung der Abstandsmessung.

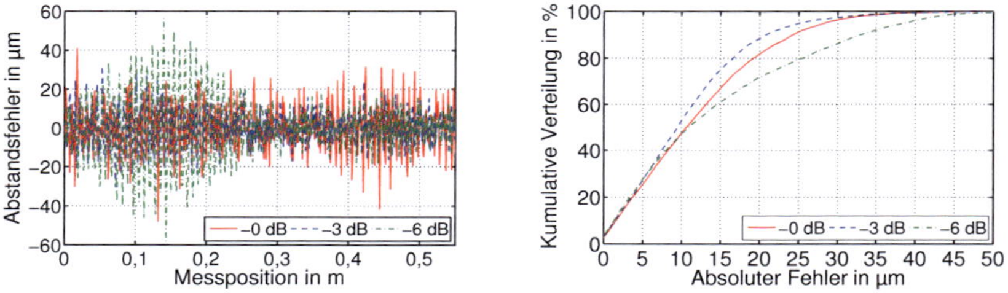

(a) Abstandsfehler

(b) Kumulative Verteilungsfunktion der absoluten Fehler

Abbildung 5.7: Messergebnis der Abstandsbestimmung über 550 mm in Abhängigkeit der Dämpfung des Dämpfungsgliedes

Dämpfung	μ_{abs}	99,9% μ_{abs}	96% μ_{abs}	$\mu_{\text{abs,freq}}$
0 dB	±12,6 µm	±47 µm	±25 µm	±338 µm
3 dB	±11,2 µm	±47 µm	±29 µm	±242 µm
6 dB	±14,9 µm	±55 µm	±39 µm	±467 µm

Tabelle 5.2: Kenngrößen der kumulativen Verteilungsfunktion der absoluten Abstandsfehler in Abhängigkeit der Dämpfung des Dämpfungsgliedes

5.1.3 Fehlerverläufe aus der Signalverarbeitung

Zur Analyse der systematischen Fehlerverläufe aus der Signalverarbeitung werden analog zu den durchgeführten Simulationen in Abschnitt 4.2.4 die realen Messungen mit einem Rechteckfenster ausgewertet (Abbildung 5.8).

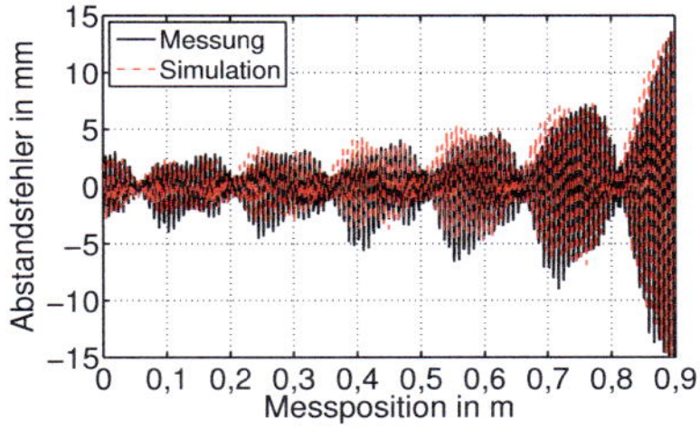

(a) Fehlerkurve

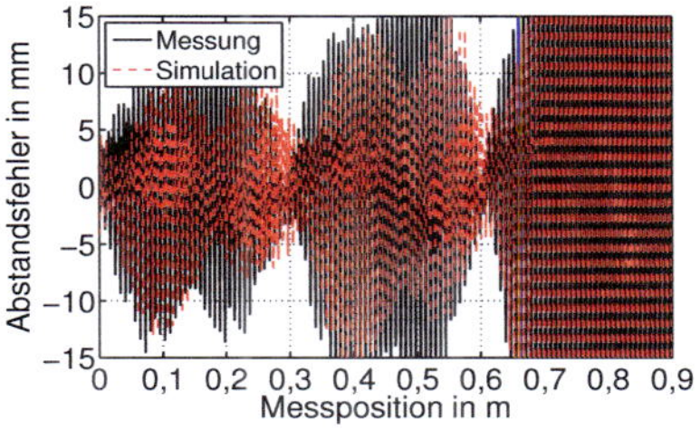

(b) Fehlerkurve mit verkürzter Rampendauer

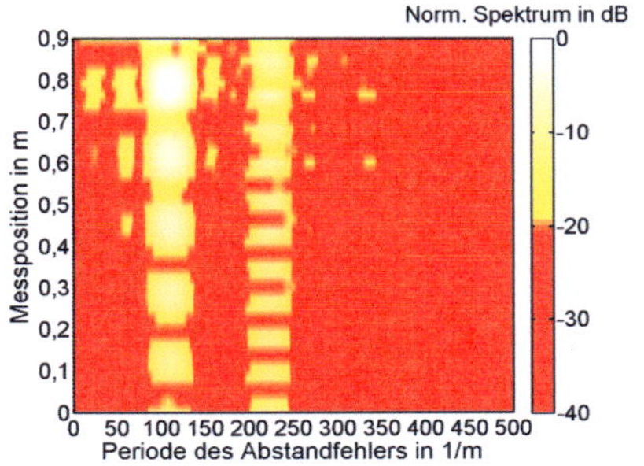

(c) Fehlerspektrum der Messung

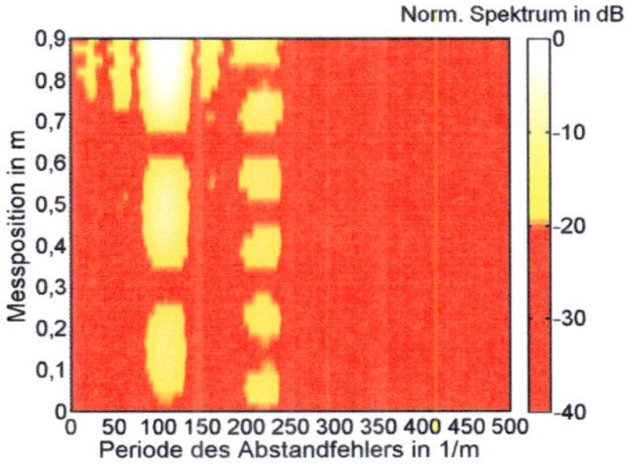

(d) Fehlerspektrum der Messung mit verkürzter Rampendauer

Abbildung 5.8: Mess- und Simulationsergebnis der Abstandsbestimmung mit Rechteckfenster und verkürzter Rampendauer

Die Periodizität in den resultierenden Fehlerkurven ist identisch zur Simulation. Es entstehen hochfrequente Fehler mit etwa 8 mm und niederfrequente Fehler mit ca. 150 mm Periodizität. Zur Analyse dieser Fehlerverläufe kann im Unterschied zur Simulation bei der Messung das ZF-Signal nicht beliebig geändert werden. Die Phase des ZF-Signals ist inhärent und eine Analyse unter Ausschluss der Phase ist nicht möglich. Ebenfalls kann die Startfrequenz der Frequenzrampe des FMCW-Radars aufgrund der Hardware nicht beliebig geändert werden, um den Einfluss der Startfrequenz auf die Phase des ZF-Signals bzw. auf den resultierenden Fehler bei der Abstandsauswertung genau zu bestimmen. Um dennoch diese Fehlerverläufe zu verifizieren, wird vergleichbar zur Simulation die Rampendauer der Frequenzrampe um die Hälfte verkürzt. Das Ergebnis ist in Abbildung 5.8(b) abgebildet. Die niederfrequente Fehlerperiode ändert sich, wie in Abschnitt 4.2.4 beschrieben, auf 300 mm und die hochfrequente Fehlerperiode bleibt erhalten. Damit stimmen Simulation und Messung sehr gut überein und die Analyse aus der Simulation ist für reale Messungen bestätigt.

5.2 Abstandsmessungen mit gestörter Frequenzrampe

In Abschnitt 3.4 werden die Einflüsse von zufälligen Frequenzabweichungen und Nichtlinearitäten in Form von sinusförmigen Frequenzabweichungen auf der Frequenzrampe beschrieben. Die zufälligen Frequenzabweichungen führen zu einer Reduzierung des Radar-SNRs. Die sinusförmige Nichtlinearität erzeugt indessen aufgrund der Ähnlichkeit zur Frequenzmodulation nach (3.31) Seitenbänder im ZF-Signal. Diese Einflüsse werden in Abschnitt 3.4 exemplarisch für eine einzelne Position im HL beschrieben. Nachfolgend werden diese Zusammenhänge über eine längere Messstrecke untersucht.

5.2.1 Zufällige Frequenzabweichungen auf der Frequenzrampe

Für die Analyse von zufälligen Frequenzabweichungen wird eine Messstrecke von 50 mm im optimalen Messbereich des Radarziels verwendet. Dies ist zweckmäßig, da über die gesamte Messtrecke positionsabhängig Mehrfachreflexionen im System entstehen, die den Einfluss der Frequenzabweichungen auf der Frequenzrampe im ZF-Signal überdecken können. Zur Bewertung der gestörten Frequenzrampen werden analog zu Abschnitt 3.3 Messungen mit ungestörter und gestörter Frequenzrampe sowie optimiertem Phasenrauschen durchgeführt. Für die Störung der Frequenzrampe werden identisch zu den vorherigen Untersuchungen zufällige Frequenzabweichungen mit $A_{3\sigma 1} = 5$ MHz und $A_{3\sigma 2} = 10$ MHz eingesetzt, die das Phasenrauschen und damit das SNR des Radars reduzieren.

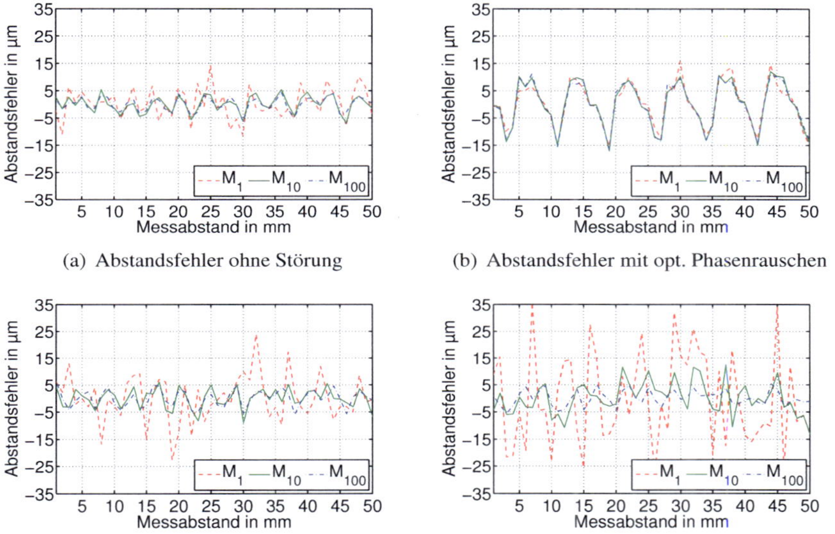

(a) Abstandsfehler ohne Störung

(b) Abstandsfehler mit opt. Phasenrauschen

(c) Abstandsfehler mit Störung $A_{3\sigma 1} = 5$ MHz

(d) Abstandsfehler mit Störung $A_{3\sigma 2} = 10$ MHz

Abbildung 5.9: Abstandsfehler über 50 mm für unterschiedliche Bedingungen

Dagegen wird durch das optimierte Phasenrauschen das SNR verbessert, so dass Messungen mit unterschiedlichen SNR-Bedingungen verglichen werden können. Ebenfalls wird für jede Messbedingung die Anzahl an Messwiederholungen M_n bei der Auswertung des ZF-Signals variiert und eine Mittelung durchgeführt, um den SNR-Einfluss zu beurteilen. Die Messergebnisse für die unterschiedlichen Messbedingungen sind in Abbildung 5.9 zu finden. Aus den Kurvenverläufen sind folgende Schlüsse zu ziehen: Die Abstandsfehler über der Messtrecke unterscheiden sich für alle Messbedingungen mit einer Messwiederholung nur gering und betragen etwa ± 15 µm. Ausschließlich bei der Messung mit der Störung $A_{3\sigma 2} = 10$ MHz steigen die Fehler aufgrund des reduzierten SNRs um das Zweifache an. Des Weiteren ist zu erkennen, dass bei allen Messungen außer

der Messung mit optimiertem Phasenrauschen $P_{\Delta\Phi}$ die Mittelung um den Faktor 10 zu einer Reduzierung der Fehler auf näherungsweise ± 5 µm führt. Eine weitere Erhöhung der Messwiederholungen führt indessen zu keiner Verbesserung. Damit kann festgehalten werden, dass die Grenze mit ± 5 µm nicht durch das Rauschen, sondern durch die Mehrfachreflexionen festgelegt wird. Bei der Messung mit optimiertem Phasenrauschen ist im Vergleich zu den anderen Messungen die Ausgangsleistung des Radars höher. Im Hohlleiter mit geringer Dämpfung ist damit im Empfänger des Radars kein optimaler Arbeitspunkt gegeben (siehe Kapitel 3.1). Die Leistung der Reflexion an der signifikanten ersten Störstelle an der Einkopplung wird erhöht und die am Radarziel reduziert, so dass der systematische Fehler (siehe Kapitel 4.2) stärker ausgeprägt ist. Bei geringerer Ausgangsleistung wird die Zwischenfrequenz noch zufällig gestört, so dass eine Mittelung hilfreich ist. Störungen mit fester Frequenz können jedoch nicht mit einer Mittelung kompensiert werden.
Zur Bewertung der Messergebnisse wird die kumulative Verteilungsfunktion der Abstandsfehler ermittelt. Dabei werden für die Messstrecke pro Messposition alle Messwiederholungen berücksichtigt, so dass insgesamt 5000 Werte für die statistische Analyse benutzt werden können. Die Verteilungsfunktionen der Abstandsfehler sind für die unterschiedlichen Messbedingungen in Abbildung 5.10 dargestellt. Tabelle 5.3 fasst die Ergebnisse zusammen. Die ungestörte Frequenzrampe weist im Mittel die geringsten Fehler auf. Mit einer Wahrscheinlichkeit von 99,9% sind die Abstandsfehler der Messungen mit ungestörter Frequenzrampe und mit optimiertem Phasenrauschen nahezu identisch. Die gestörten Frequenzrampen führen bedingt durch das schlechtere SNR zu höheren Abstandsfehlern.
Zusätzlich wird die kumulative Verteilungsfunktion der Standardabweichung für die einzelnen Messposition berechnet. Damit kann die maximale Standardabweichung, die über der Messstrecke für die einzelnen Messpositionen resultiert, auf die CRLB bezogen werden. Hierfür stehen an jeder Messposition 100 Werte für die statistische Analyse zur Verfügung. Die Verteilungsfunktionen der Standardabweichungen sind in Abbildung 5.11 abgebildet. Tabelle 5.4 fasst die Ergebnisse in Abhängigkeit des SNRs zusammen, wobei der Mittelwert der Standardabweichungen $\mu_{\sigma_{\mathrm{R(freq,komb)}}}$ über der Messstrecke angegeben ist.

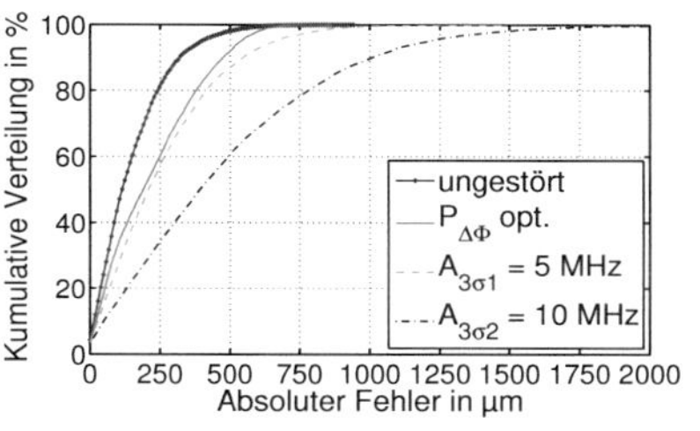

(a) Kumulative Verteilungsfunktion für die Frequenzauswertung

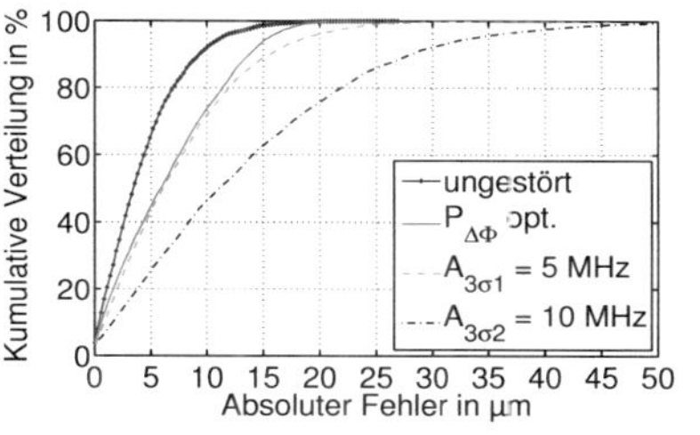

(b) Kumulative Verteilungsfunktion für die erweiterte Phasenauswertung

Abbildung 5.10: Kumulative Verteilungsfunktion für die Frequenzauswertung und für die erweiterte Phasenauswertung für unterschiedliche Messbedingungen

	μ_{abs}	99,9% μ_{abs}	96% μ_{abs}	$\mu_{\text{abs,freq}}$
ungestört	±4,5 µm	±20,4µm	±12 µm	±156,7 µm
$P_{\Delta\Phi}$ opt.	±6,8 µm	±20,8 µm	±16,0 µm	±228,2 µm
$A_{3\sigma 1} = 5$ MHz	±7,8 µm	±31,1 µm	±20,0 µm	±270,2 µm
$A_{3\sigma 2} = 10$ MHz	±14 µm	±57,4 µm	±36,3 µm	±499,8 µm

Tabelle 5.3: Kenngrößen der kumulativen Verteilungsfunktion der absoluten Abstandsfehler für unterschiedliche Messbedingungen

Die Ergebnisse zeigen, dass sich bei der Frequenzrampe mit optimiertem Phasenrauschen aufgrund des höchsten SNRs die niedrigste Standardabweichung ergibt und sich in Abhängigkeit vom SNR für die anderen Messbedingungen verschlechtert. Im Vergleich zu den Ergebnissen aus Abschnitt 3.3 für eine einzelne Position ist eine minimale Verschlechterung zu verzeichnen, so dass das Verhältnis zur CRLB etwa erhalten bleibt. Damit wird erneut bestätigt, dass Mehrfachreflexionen die Genauigkeit begrenzen.

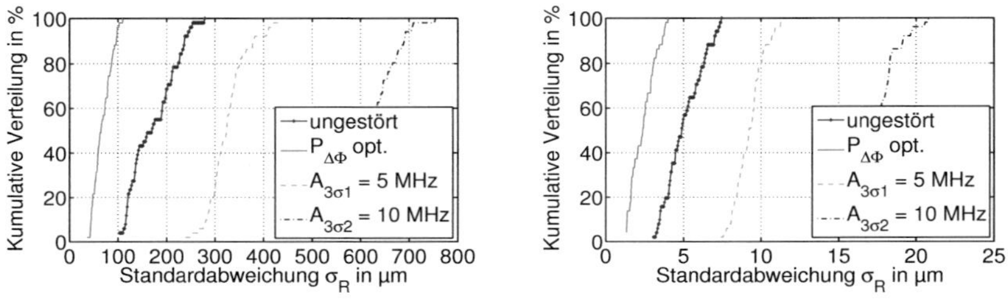

(a) Kumulative Verteilungsfunktion für die Frequenzauswertung

(b) Kumulative Verteilungsfunktion für die erweiterte Phasenauswertung

Abbildung 5.11: Kumulative Verteilungsfunktion der Standardabweichungen der Abstandsfehler pro gemessene Position für die Frequenzauswertung und die erweiterte Phasenauswertung

	SNR	$\mu_{\sigma_{R(komb)}}$	$\sigma_{CRLB(komb)}$	$\mu_{\sigma_{R(freq)}}$	$\sigma_{CRLB(freq)}$
ungestört	31,4 dB	5,1 μm	2,1μm	173 μm	71 μm
$P_{\Delta\Phi}$ opt.	36,3 dB	2,4 μm	1,2 μm	68 μm	41 μm
$A_{3\sigma 1} = 5$ MHz	20,8 dB	9,3 μm	7,2 μm	327 μm	241 μm
$A_{3\sigma 2} = 10$ MHz	17,6 dB	17,5 μm	10,5 μm	622 μm	349 μm

Tabelle 5.4: Kenngrößen der kumulativen Verteilungsfunktion der Standardabweichungen der Abstandsfehler pro gemessene Position für unterschiedliche Messbedingungen

5.2.2 Nichtlinearitäten auf der Frequenzrampe

In Unterabschnitt 3.4.4 wird gezeigt, dass sinusförmige Nichtlinearitäten auf der Frequenzrampe das ZF-Signal beeinflussen. Im Folgenden wird im Detail der Einfluss auf die Abstandsmessung untersucht, der mit einer Frequenzmodulation vergleichbar ist. Das zu einem bestimmten Abstand korrespondierende Maximum im Spektrum des ZF-Signals ist eindeutig, wenn der Träger (Zwischenfrequenz) größer als das erste Seitenband durch die Nichtlinearität ist (siehe Unterabschnitt 3.4.4). Die Amplitude des ersten Seitenbands ist abhängig von der Störamplitude A_e und der Laufzeit τ. Für die maximal mögliche Laufzeit am Ende der Messstrecke resultiert nach (3.31) eine Störamplitude A_e von etwa 13 MHz. Ab dieser Größenordnung kann keine Abstandsbestimmung durchgeführt werden, wenn die Maximumsuche im Spektrum nicht gezielt eingegrenzt wird. Für kürzere Abstände verschiebt sich dieser Wert nach oben, so dass die Störamplitude bei 13 MHz den ungünstigsten Fall darstellt. Neben der Störamplitude ist die Störfrequenz f_e relevant. Bei Störfrequenzen größer 100 kHz, die der oberen Grenzfrequenz des ZF-Filters im Radar entspricht, ist davon auszugehen, dass das erste Seitenband aufgrund des großen Frequenzabstandes zum Träger einen geringen Einfluss hat. Unter Berücksichtigung dieser Randbedingungen wird für die Position $p_{HL} = 0{,}45$ m im HL die Störfrequenz f_e mit 0,5 kHz Schrittweite über die ZF-Filterbandbreite variiert und der Abstandsfehler der Frequenzauswertung in Abhängigkeit von A_e exemplarisch für drei Störamplituden vermessen (1 MHz, 5 MHz, 10 MHz). Zur Bewertung der resultierenden Abstandsfehler wird die Genauigkeitsanforderung von etwa 4 mm an die Frequenzauswertung verwendet. Das Ergebnis ist in Abbildung 5.12 dargestellt. Für die in den Analysen verwendete Position $p_{HL} = 0{,}45$ m im HL beträgt die Zwischenfrequenz etwa $f_{ZF} = 21{,}5$ kHz. Aus dem Kurvenverlauf des Abstandsfehlers heben sich folgende Besonderheiten hervor: Bis etwa $f_e < 5$ kHz sind erhöhte, sinusförmige Fehler zu erkennen, die in Abhängigkeit von A_e Fehler von bis zu 50 mm erzeugen. Der gleiche Fehlerverlauf zeigt sich ebenfalls symmetrisch um die Störfrequenz $f_e = 43$ kHz, die der zweifachen Zwischenfrequenz f_{ZF} entspricht. In diesem Fall ist näherungsweise ein linearer Zusammenhang zwischen resultierendem Fehler und ansteigender Störamplitude A_e zu erkennen. Der maximale Fehler beträgt für die Störamplituden 1 MHz, 5 MHz und 10 MHz etwa 4 mm, 20 mm und 40 mm. Zudem ist zu erkennen, dass Störfrequenzen ab $f_e > 70$ kHz unabhängig von der Störamplitude A_e zu keiner Verschlechterung der Messergebnisse führen.

Der ermittelte Fehlerverlauf ist durch den Einfluss des ersten oberen Seitenbands zu erklären. Durch die sinusförmige Nichtlinearität wird nicht nur die Zwischenfrequenz, sondern das gesamte Originalspektrum des ZF-Signals (siehe Abbildung 5.13) in den Seitenbändern $\pm n f_e$ erzeugt. Daher kann der spezifische Feh-

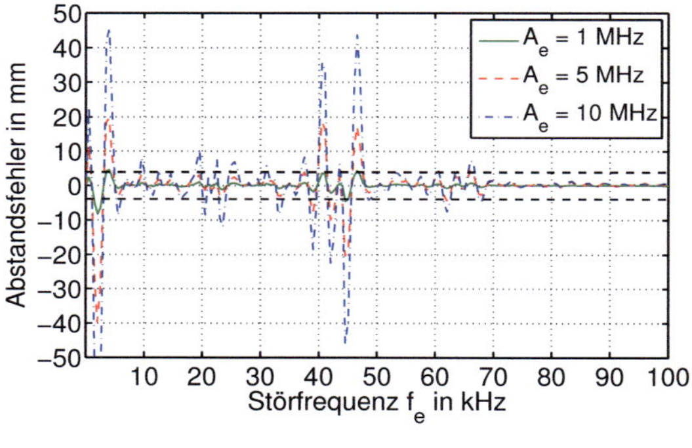

Abbildung 5.12: Abstandsauswertung über die Frequenz in Abhängigkeit von der Störfrequenz f_e

lerverlauf bei Variation von f_e als Faltung zwischen dem Originalspektrum mit der Zwischenfrequenz und dem identischen Spektrum im ersten Seitenband interpretiert werden, wobei die Amplituden sich gemäß (3.31) unterscheiden. Ebenfalls ist zu berücksichtigen, dass das Spektrum im Seitenband auch die Spiegelfrequenzen beinhaltet. Bei einer Störfrequenz $f_e < 5$ kHz wird in Abhängigkeit von f_e der sinusförmige Fehlerverlauf erzeugt, da im Spektrum mehrere Maxima und Minima enthalten sind, die bei der Faltung der Spektren die Zwischenfrequenz mehr oder wenig beeinflussen. Eine Störfrequenz um $f_e = 2f_{ZF} \pm 2{,}5$ kHz führt indessen dazu, dass sich die Spiegelfrequenzen im Spektrum des ersten Seitenbandes in der Nähe der Zwischenfrequenz befinden. Folglich verursacht die Störfrequenz $f_e = 2f_{ZF}$ bei exakt der doppelten Zwischenfrequenz keine bzw. minimale Fehler, da in diesem Fall der negative Anteil des Spektrums im ersten Seitenband genau auf dem positiven Anteil des Originalspektrums liegt. Bei etwa $f_e = 2f_{ZF} \pm 2{,}5$ kHz entsteht ein Maximum, das durch die Faltung der Spektren entsteht. In Abbildung 5.13 ist der Fehlerverlauf mit einer kleineren Schrittweite von 50 Hz für f_e gezeigt, um diesen Fehlerverlauf genauer darzustellen.
Die identischen Fehlerverläufe zeigen sich ebenfalls für andere Abstände im HL, wie es bspw. für die Positionen $P_{HL,1}$ und $P_{HL,2}$ in Abbildung 5.14 gezeigt ist,

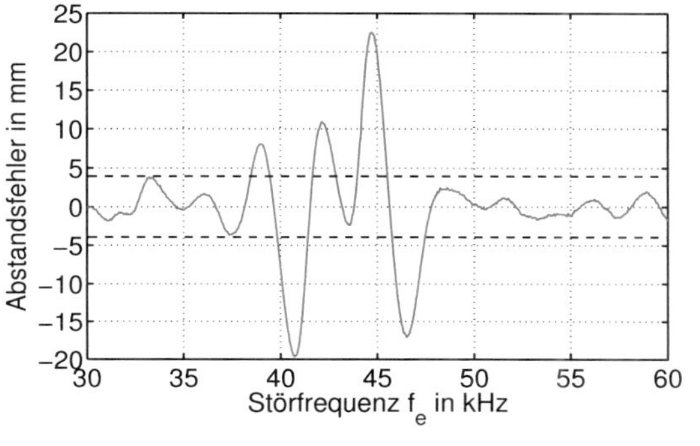

Abbildung 5.13: Abstandsauswertung über die Frequenz in Abhängigkeit von der Störfrequenz f_e mit feiner Schrittweite

die der Zwischenfrequenz 20 kHz bzw. 23 kHz entsprechen. Hohe Fehler treten bis $f_e < 5$ kHz und bei $f_e = 2f_{ZF} \pm 2{,}5$ kHz auf. Ebenfalls stellt sich das gleiche Verhältnis zwischen Fehler und Störamplitude A_e ein, wobei die absolute Höhe der Fehler bedingt durch die Mehrfachreflexionen und der Position im HL unterschiedlich sind. An allen drei Positionen im HL führen Störamplituden von $A_e < 1$ MHz nicht zu einer Unterschreitung der Genauigkeitsanforderung an die Frequenzauswertung. Die Abstandsfehler liegen innerhalb von 4 mm. Dieser Zusammenhang kann für die gesamte Strecke im HL mit Zwischenfrequenzen von 16 kHz bis 28 kHz bestätigt werden.
Um diesen Effekt für die Abstandsmessungen über die gesamte Messstrecke zu zeigen, wird f_e konstant gehalten und eine Störamplitude $A_e = 5$ MHz gewählt. Die Störfrequenz f_e wird auf die Frequenz 46 kHz eingestellt. Damit ist die Störung bei etwa der Hälfte der Störfrequenz um 23 kHz zu sehen, die im Hohlleiter der Position $P_{HL,2} = 0{,}35$ m entspricht. In diesem Messbereich wird ohne Störung eine hohe Genauigkeit erzielt (siehe Abbildung 5.2(b)). In Abbildung 5.15(a) ist die Frequenzauswertung zu sehen. Erwartungsgemäß sind um die Frequenz 23 kHz keine und bei 23 kHz$\pm$2,5 kHz hohe Frequenzabweichungen zu erkennen.

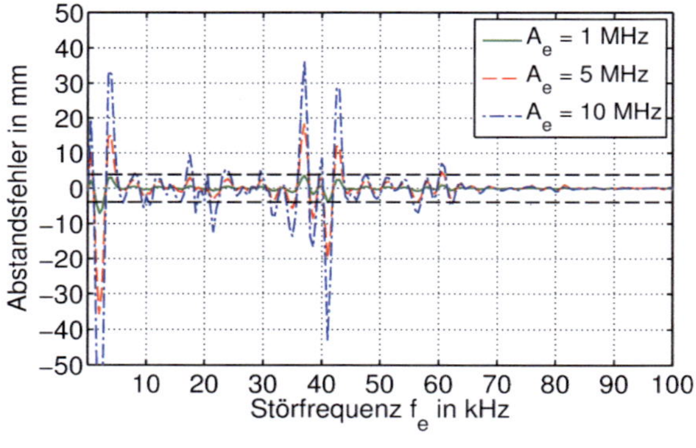

(a) Position $P_{\mathrm{HL},1}$ im HL

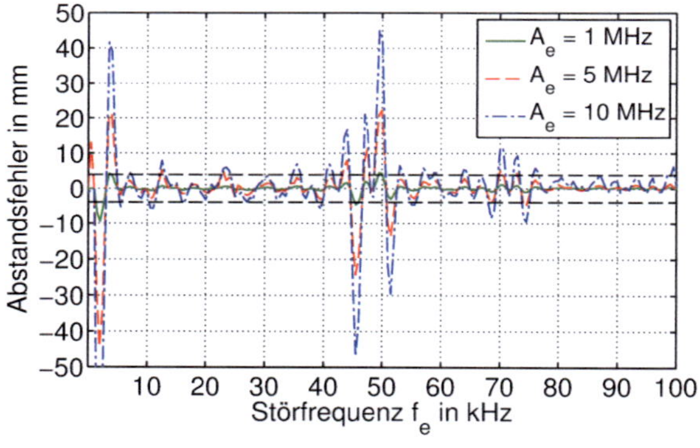

(b) Position $P_{\mathrm{HL},2}$ im HL

Abbildung 5.14: Abstandsauswertung über die Frequenz in Abhängigkeit von der Störfrequenz f_e für unterschiedliche Positionen im HL

Die Abstandsmessung mit dieser Störfrequenz ist in Abbildung 5.15(b) abgebildet, die analog zu der Frequenzauswertung erhöhte Abstandsfehler symmetrisch um die Position $P_{\mathrm{HL},2} = 0{,}35$ m aufweist.

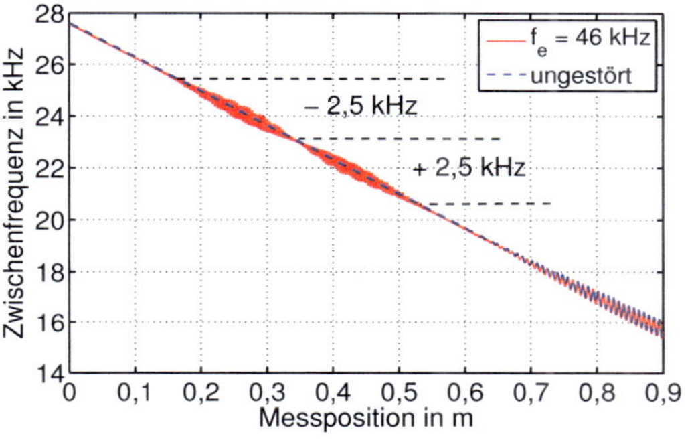

(a) Frequenzverlauf über die gesamte Strecke mit Sinusstörung

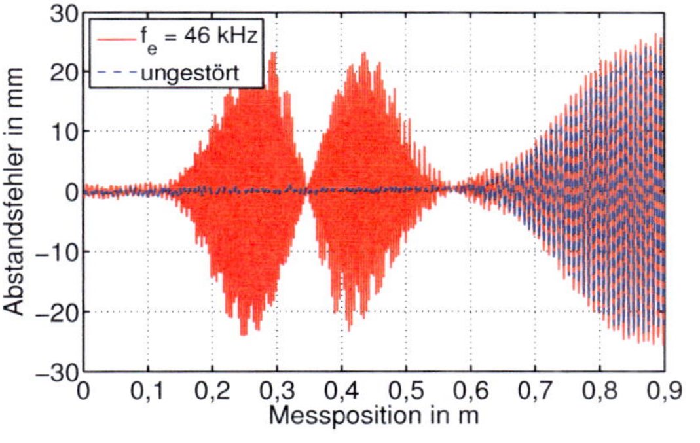

(b) Abstandsauswertung über die gesamte Strecke mit Sinusstörung

Abbildung 5.15: Frequenz- und Abstandsauswertung über die gesamte Strecke mit Sinusstörung

Aus der Messung kann gefolgert werden, dass niedrige Störfrequenzen $f_e < 5$ kHz und Störfrequenzen $f_e = 2f_{ZF} \pm 2{,}5$ kHz mit einer Störamplitude $A_e > 1$MHz auf der Frequenzrampe die Abstandsmessung beeinträchtigen. Bei hohen Störfrequenzen $f_e > 70$ kHz ist aufgrund des großen Frequenzabstandes ein kleiner Einfluss gegeben.

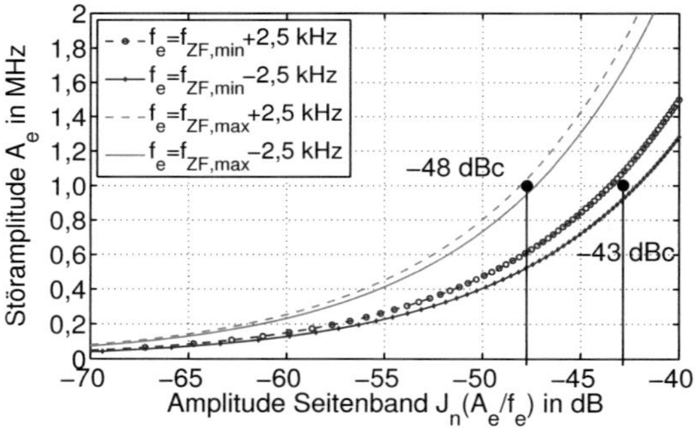

(a) Leistungsgrenzen für $f_e = 2f_{ZF} \pm 2{,}5$ kHz

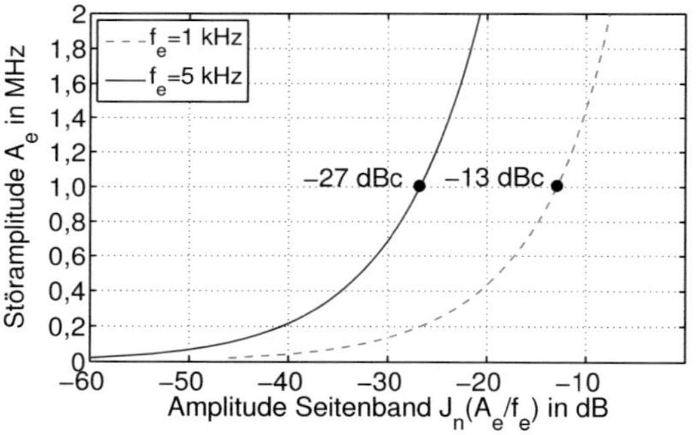

(b) Leistungsgrenzen für $f_e < 5$ kHz

Abbildung 5.16: Leitsungsgrenzen für Störimpulse für eine maximale Frequenzabweichung von 1 MHz

Diese Erkenntnisse können auch auf die Untersuchungen mit der Störfrequenz $f_e = 200$ kHz aus Abschnitt 3.4 übertragen werden.

Darüber hinaus ist es möglich, die ermittelten Grenzen für die Störfrequenz auf die Leistung des Störimpulses am Ausgang der DDS zu beziehen, die diese Nichtlinearität verursacht. Dieser Zusammenhang ist über (3.31) definiert. Für den Messbereich im Hohlleiter von 0 m bis 0,9 m ergibt sich eine Zwischenfrequenz zwischen $f_{ZF,min} = 16$ kHz und $f_{ZF,max} = 28$ kHz. Für den maximalen Einfluss bei $f_e = 2f_{ZF} \pm 2{,}5$ kHz sind die korrespondierenden Leistungsgrenzen in Abbildung 5.16 abgebildet. Um eine Störamplitude A_e von 1 MHz nicht zu überschreiten, darf die Leistung der Störimpulse relativ zum Trägersignal nicht größer als -43 dBc sein. Für Störungen mit kleiner Störfrequenz $f_e < 5$ kHz ist eine höhere Leistung des Störimpulses notwendig, um eine Störamplitude $A_e = 1$ MHz zu erzeugen. Die Grenzen betragen bspw. für $f_e = 1$ kHz etwa -13 dBc und für $f_e = 5$ kHz ca. -27 dBc.

5.2.3 Fazit

Die vorgestellten Messergebnisse in diesem Kapitel mit unterschiedlichen Messstrecken und Messbedingungen bestätigen die Simulationsergebnisse für die hohlleiterbasierte Abstandsmessung. Der Einfluss der Dispersion auf das ZF-Signal ist vernachlässigbar. Das optimierte Radarziel führt sowohl zu einer Erhöhung der nutzbaren Messstrecke im Hohlleiter als auch zur Reduzierung der Abstandsfehler. Insgesamt wird eine Abstandsgenauigkeit von ± 5 µm erreicht. Die Zusammenhänge zwischen Frequenzabweichungen auf der Frequenzrampe und Rauscheigenschaften des Radars werden durch die Messergebenisse verifiziert. Zufällige Frequenzabweichungen durch reduziertes Phasenrauschen, verringern das SNR und die Abstandsgenauigkeit. Abschließend lässt sich sagen, dass durch die Analyse der sinusförmigen Nichtlinearitäten auf der Frequenzrampe ein Zusammenhang zwischen der Leistung von Störimpulsen im Referenzsignal und der Auswirkung auf die Frequenzrampe gezeigt werden kann. Dadurch können Anforderungen an die Signalqualität des Referenzsignals genau spezifiziert werden.

6 Anwendungsfelder in der Industrie

Für das hohlleiterbasierte Messkonzept sind unterschiedliche Anwendungsszenarien möglich. Nachfolgend werden Konzepte vorgestellt, die sich aus der radarbasierten Abstandsmessung im Hohlleiter ableiten. Analog zu den verifizierten Radarmessungen in ebener, eindimensionaler (1D) Richtung wird einleitend die Integration des Radarsensors in eine miniaturisierte Werkzeugmaschine vorgestellt. Diese Anwendung sieht die Messung des Abstandes in einer hydraulischen Vorschubachse und die wirkstellennahe, zweidimensionale (2D) Messung in einer Parallelkinematik vor. Die Integration des Radarsensors in eine Gesamtmaschine mit weiteren WZM-Modulen der SPP-Projektpartner ist konzeptionell in [27] veröffentlicht. Anschließend werden Messungen gezeigt, die eine Winkelmessung und eine Messung in Öl für den Einsatz in Hydraulikzylindern erlauben.

6.1 Integration in eine Werkzeugmaschine

Im Bereich der Werkzeugmaschinen ist unabhängig vom eingesetzten Messsystem immer dann die höchste Genauigkeit zu erreichen, wenn die Abstandsbestimmung wirkstellennah am Werkzeug bzw. Werkstück selbst, also am sogenannten TCP (engl. *Tool Center Point*) und nicht an der Kinematik durchgeführt wird. In Abbildung 6.1 ist der Versuchstand für ein Antriebsmodul gezeigt, das zur Erzeugung ebener x-, y-Bewegungen in der Mikrostrukturbearbeitung eingesetzt werden soll [26]. Die Maschine besteht aus zwei hydraulischen Vorschubachsen und einer PKM (Parallelkinematik), wobei im Versuchstand zu Testzwecken nur eine HVSA (Hydraulische Vorschubachse) integriert ist. Die PKM [Ker13] führt dabei die Feinpositionierung der Plattform durch, auf dem das Werkzeug bzw. Werkstück montiert ist, während über die HVSA [BMF14] der Arbeitsbereich durch einen größeren Verfahrweg gesteigert wird. Mit diesem Antriebskonzept wird die Linearbewegung der HVSA in eine x-y-Bewegung der PKM umgesetzt.

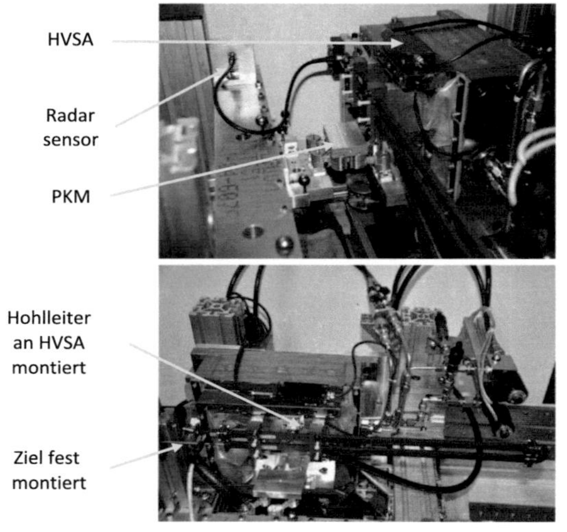

Abbildung 6.1: Integration des K-Band Radars in ein hydraulisches Antriebsmodul [23] © 2015 IEEE

Der geplante Bauraum beträgt $300 \cdot 300 \cdot 300\ \mathrm{mm}^3$. Die Positionsregelung der HVSA und der PKM sollen über eine integrierte Radarmessung erfolgen. Der Aufbau und die entsprechenden Messergebnisse sind in den folgenden Abschnitten dargestellt.

6.1.1 1D-Abstandsbestimmung in einer Vorschubachse

Der Versuchstand aus Abbildung 6.1 besteht aus einem HVSA und einer PKM. Zur Positions- bzw. Abstandsmessung an der HVSA wird ein Hohlleiter direkt an die bewegliche Achse und das Radarziel für die Hohlleitermessung fest an dem Rahmen montiert. Im Gegensatz zum Messaufbau in Kapiel 5 wird somit der Hohlleiter bewegt, deren Verschiebung durch die Achse die Abstandsmessung mit dem Radar ermöglicht. Ebenfalls ist im Unterschied zu den bisherigen Messungen der Hohlleiter mit einer Umlenkung versehen, um die Hohlleitermessstre-

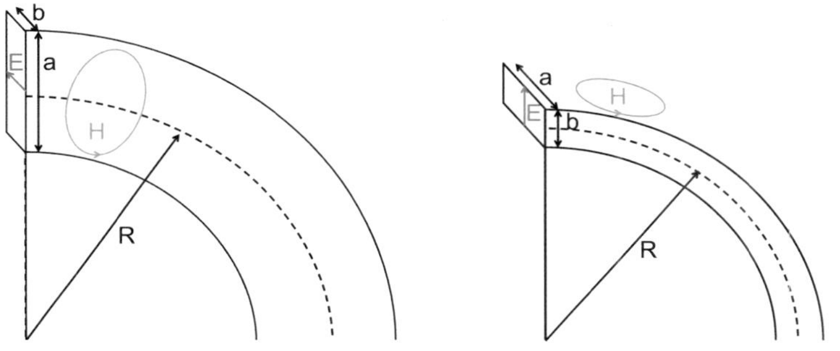

(a) H-Typ (b) E-Typ

Abbildung 6.2: H-Typ und E-Typ Krümmung für einen Rechteckhohlleiter [3] © 2014 IEEE

cke in den Versuchsstand zu integrieren und gleichzeitig die erforderliche Vorlaustrecke für die FMCW-Radarmessung zu gewährleisten (siehe Abbildung 6.1). Das Radarsignal gelangt über eine Umlenkung vom ersten in den zweiten Hohlleiterabschnitt, in welchem sich das Radarziel befindet. Die Umlenkung kann bei einem rechteckförmigen Hohlleiter in der E-Ebene oder in der H-Ebene erfolgen. Bei einer Umlenkung in der H-Ebene fällt die Verzerrung des E-Feldes und folglich der Phasenfront geringer aus [Col60], da der elektrische Feldvektor parallel zur Krümmung der Umlenkung steht. Beide Arten der Umlenkung sind in Abbildung 6.2 dargestellt. Unter idealen Verhältnissen und bei Verwendung von hochgenauen Umlenkungen im K-Band ist der Einfluss der Krümmung auf die Radarmessung vernachlässigbar klein. Jedoch ist darauf zu achten, dass durch mechanische Verformungen beim Einbau oder später im Einsatz eine weit ausgebreitete, zusätzliche Reflexionsstelle an dieser Stelle auftreten kann. Mit diesem Aufbau werden vergleichbare Messergebnisse zu Abschnitt 5.1.1 erreicht und die hohe Genauigkeit des Radarsensors unter realen Bedingungen bestätigt [23].

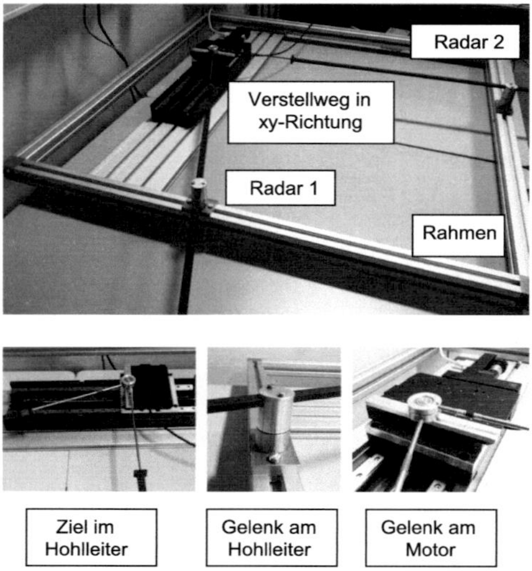

Abbildung 6.3: Wirkstellennahe Messung der Position an einer PKM [23] © 2015 IEEE

6.1.2 2D-Abstandsbestimmung in einer Parallelkinematik

Die Möglichkeit einer wirkstellennahen Abstandsbestimmung am TCP wird exemplarisch am Beispiel der PKM betrachtet [Ker13]. Die Herausforderung bei einer Freiraummessung mit einem Radar besteht in der vorliegenden Anwendung in den vielen Reflexionsstellen im Messraum [WVW$^+$13], die die Messung erschweren. Aus diesem Grund wird auch für diese Anwendung der Ansatz mit einer geführten Wellenausbreitung im Hohlleiter verfolgt. Das Konzept sieht vor, zwei Radare mit Hohlleitern in die WZM einzusetzen. Die Schubstangen im Inneren des Hohlleiters, an dem die Radarziele verbunden sind, werden fest über ein Gelenk an der PKM befestigt. Die Hohlleiter werden ebenfalls über Gelenke am Rahmen der Maschine montiert. Die Bewegung der PKM bewirkt eine Positionsänderung der Reflexionsstellen im Hohlleiter, die zur 2D-Positionsbestimmung am TCP verwendet wird. Die Größe der PKM (siehe Abbildung 6.1) und die zur Verifikation des Ansatzes notwendige, aber zu diesem Zeitpunkt noch fehlende Positionierfähigkeit der PKM motivieren die Untersuchung mit einem Messaufbau im Labor. Dabei wird die x- bzw. die y-Bewegung des TCPs durch zwei hochgenaue Linearversteller nachgebildet. Diese werden in einen Rahmen integriert und das Radarkonzept mit den Hohlleitern über Gelenke in den Aufbau eingesetzt (siehe Abbildung 6.3). Aus der Geometrie ist eine Positionsbestimmung über den Abstand möglich [23].

Systemkonzept

Für die Berechnung der Position wird die linke untere Ecke des Rahmens als Nullpunkt für das kartesische Koordinatensystem festgelegt und mit beiden Radaren zwei Kreise beschrieben, die einen Schnittpunkt am TCP haben.

$$r_2{}^2 = (x-c)^2 + y^2 \quad . \tag{6.1}$$

Die schematische Zeichnung in Abbildung 6.4 gibt das Funktionsprinzip wieder. Die gemessene Distanz des ersten Radars ist durch den Kreis mit Radius r_1 definiert:

$$r_1{}^2 = x^2 + y^2 \tag{6.2}$$

Der Nullpunkt des Kreises wird mit dem Nullpunkt des Koordinatensystems gleichgesetzt. Auf der gegenüberliegenden Seite bildet das zweite Radar einen Abstandskreis mit dem Radius r_2. Bei diesem Kreis wird der Abstand des Mittelpunktes auf der x-Achse durch die Konstante c beschrieben. Der Schnittpunkt x_{TCP} und y_{TCP} der Kreise am TCP ist

$$x_{\mathrm{TCP}} = \frac{r_1{}^2 - r_2{}^2 + c^2}{2c} \tag{6.3}$$

$$y_{\mathrm{TCP}} = \sqrt{r_1{}^2 - \left(\frac{r_1{}^2 - r_2{}^2 + c^2}{2c}\right)^2} \tag{6.4}$$

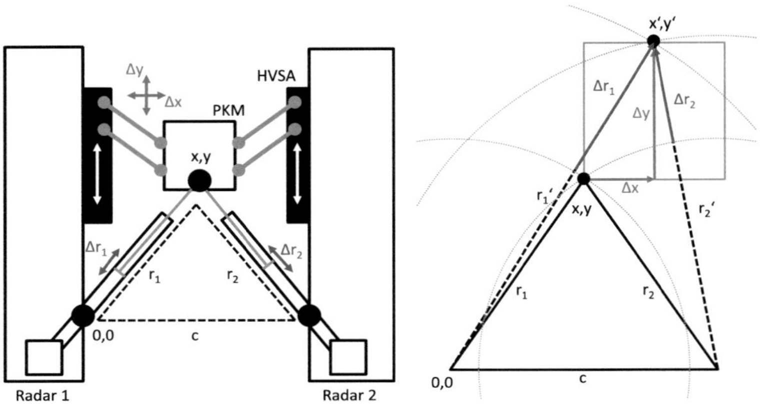

(a) Schematische Zeichnung des Messkonzepts (b) Messkonzept

Abbildung 6.4: Hohlleiterbasierte 2D-Messungen [23] © 2015 IEEE

Die Bewegung des TCPs in x- bzw. in y-Richtung führt zu einem neuen Schnittpunkt $x_{\mathrm{TCP}'}$ und $y_{\mathrm{TCP}'}$:

$$x_{\mathrm{TCP}'} = \frac{c^2 + (r_1 - \Delta r_1)^2 - (r_2 - \Delta r_2)^2}{2c} \tag{6.5}$$

$$y_{\mathrm{TCP}'} = \sqrt{(r_1 - \Delta r_1)^2 - x_{\mathrm{TCP'}}{}^2} \tag{6.6}$$

Δr_1 und Δr_2 stellen die relative Änderung der Radien dar, die über die Radarmessungen bestimmt werden. Folglich können die relativen Bewegungen Δx und Δy angegeben werden:

$$\Delta x = x_{\mathrm{TCP}} - x_{\mathrm{TCP}'} \tag{6.7}$$

$$\Delta y = x_{\mathrm{TCP'}} - y_{\mathrm{TCP}'} \tag{6.8}$$

In den aufgeführten Gleichungen ist die Abhängigkeit der Positionsbestimmung von den Konstanten r_1, r_2 und c und folglich von den Toleranzen dieser Konstanten auf das Messergebnis zu sehen. Für den realen Einsatz sind die Maße der Konstanten hochgenau zu bestimmen. Daher ist die Maschine anfangs zu vermessen und der Nullpunkt zu bestimmen, wie es bei der Inbetriebnahme von Werkzeugmaschinen gängig ist. Bei der geplanten Größenordnung der Maschine stellt die technische Realisierung des Messkonzepts mit hoher Präzision kein Hindernis dar. Zur Machbarkeitsanalyse im Labor werden diese Konstanten mit einem Referenzlaser einmalig vermessen und für die Berechnung abgelegt. Ebenfalls ist eine Kalibrationsroutine basierend auf dem Radar möglich, um die absoluten Größen von r_1 und r_2 zu bestimmen. Hierfür werden die hochgenauen Linearantriebe verwendet und eine bestimmte Strecke im 2D-Raum mit bekannter Schrittweite abgefahren und jeweils die relative Abstandsänderung der Radien bestimmt. Bei bekannten Δx und Δy für unterschiedliche Positionen kann (6.2) für ein Abstandspaar nach r_1 bzw. (6.1) nach r_2 aufgelöst und über die gemessenen Radarwerte bestimmt werden. Durch Mittelwertbildung unterschiedlicher Abstandspaare ist eine weitere Verbesserung der Kalibration möglich.

Simulations- und Messergebnisse

Zur Verifikation des Messprinzips wird die abgebildete, quadratische Strecke aus Abbildung 6.4(b) mit den abgeleiteten Gleichungen durch eine Simulation nachgebaut. Die quadratische Messstrecke von 10x10 mm wird in 1 mm Schritten gegen den Uhrzeigersinn mit der eingezeichneten Anfangsposition (x,y) durchlaufen. Für jede Position wird unter Voraussetzung idealer Messbedingungen die Änderung der x- bzw. y-Achse für jede einzelne Position in eine relative Änderung der Radien umgerechnet, die über das Radar gemessen werden. Die Simulations- und die Messergebnisse für die Bewegung der PKM sind in Abbildung 6.5 und die relativen Abstandsänderungen, die über die Radare ermittelt werden, in Abbildung 6.6 zu sehen, wobei zur Veranschaulichung nicht die Messposition über zwei Koordinaten sondern die abgefahrene Messstecke linear aufgetragen ist. Bis zum Umkehrpunkt an der ersten Kante der quadratischen Messstrecke steigt der gemessene Abstand von beiden Radaren. Bis zum zweiten Wendepunkt verlaufen die Abstände gegensätzlich, da die Linearmotoren entsprechend Abbildung 6.3 nicht zentriert positioniert sind. Der erwartete und gemessene Bewegungsablauf stimmen überein. Im Vergleich zum idealen Verlauf zeigen die Radare eine Mess-

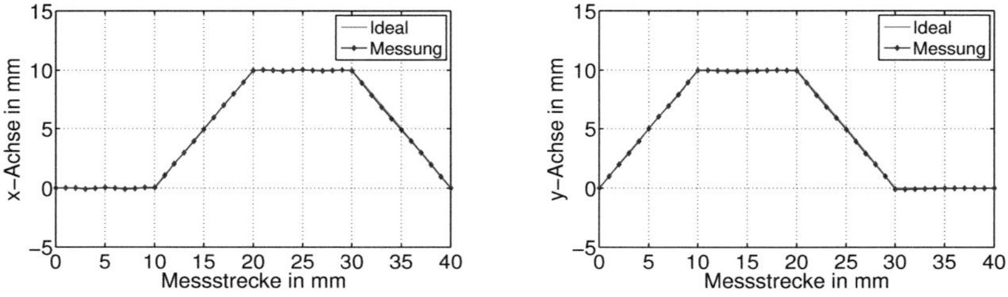

(a) Bewegungsablauf der x-Achse (b) Bewegungsablauf der y-Achse

Abbildung 6.5: Gemessener und simulierter Bewegungsablauf der x-, y-Achse [23] © 2015 IEEE

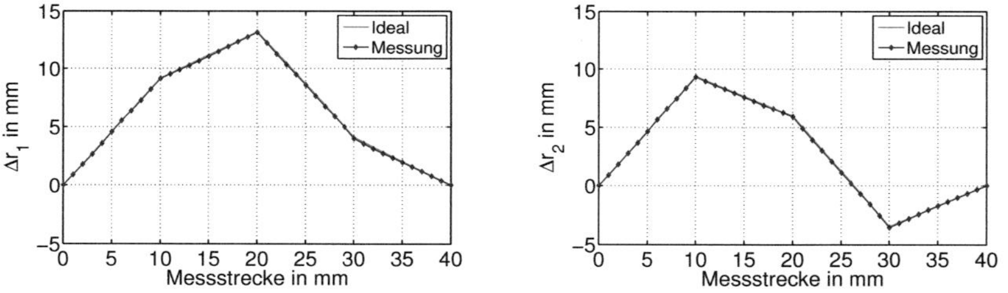

(a) Relative Abstandsänderung von Radar 1 (b) Relative Abstandsänderung von Radar 2

Abbildung 6.6: Gemessener und simulierter Bewegungsablauf der relativen Radarabstände [23] © 2015 IEEE

genauigkeit von $\pm 100\ \mu$m für beide Richtungen (Abbildung 6.7). Die Verschlechterung der Ergebnisse im Vergleich zu den 1D-Messungen sind vor allem mit der ungenauen Messung der konstanten Größen r_1, r_2 und c im Messprinzip zu erklären. Dennoch wird unter den nicht optimalen Messbedingungen die Funktionalität des Messkonzepts bestätigt, die auf unterschiedliche Anwendungen übertragen werden kann, um eine wirkstellennahe Messung unter schwierigen Messbedingungen durchzuführen. Bei einer Freiraummessung ist es insbesondere in der WZM-Umgebung auf engstem Raum unmöglich, die Geometrie so auszulegen, dass nur ein Streuziel im Öffnungswinkel der Antenne sichtbar ist. Mit der geführten Messung wird dieses Problem behoben.

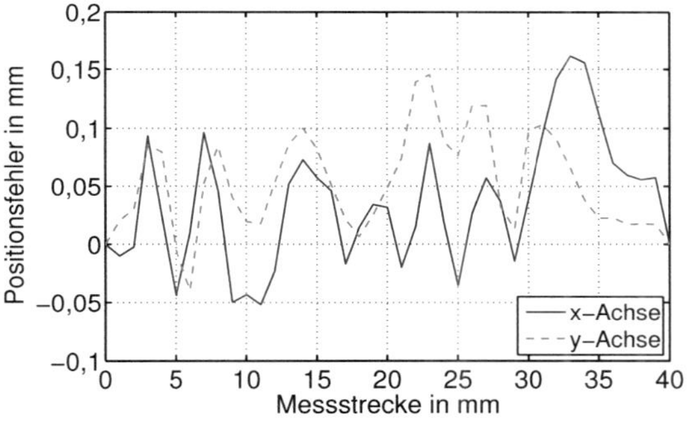

Abbildung 6.7: Abstandsfehler der 2D-Positionssbestimmung [23] © 2015 IEEE

6.2 Winkelmessung im Hohlleiter

Mit zunehmender Komplexität der Geometrie von Werkstücken sind Bearbeitungszentren mit mehreren Achsen im Fertigungsprozess unverzichtbar. Für spezielle Anwendungen sind bei dieser Art der Fertigung Dreh- bzw. Rotationsbewegungen und folglich hochgenaue Winkelmessungen wichtig [Hei11]. Konventionelle Sensoren basieren auf der photoelektrischen Abtastung von Glasmaßstäben [Hei13], [Ren14a]. Für eine hohe Messgenauigkeit wird der Glasmaßstab in der Nähe des Messpunktes, also wirkstellennah positioniert [Ren09].
Eine hochgenaue, wirkstellennahe Winkelmessung ist ebenfalls mit dem radarbasierten Sensor realisierbar. Das Konzept wird aus der linearen Abstandsmessung abgeleitet. Der große Vorteil des hohlleiterbasierten Messprinzips zeigt sich bei dieser Applikation, da eine kreisförmige Führung der Welle im Hohlleiter mög-

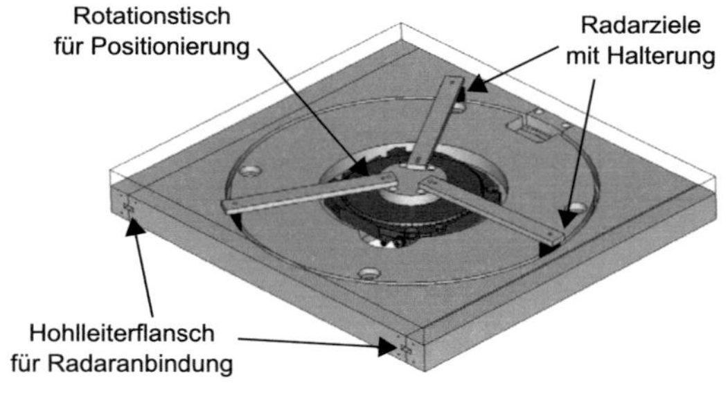

Abbildung 6.8: Schematische Darstellung des Prototyps für radarbasierte Winkelmessungen [5] © 2015 IEEE

lich ist (siehe CAD-Zeichnung vom Prototyp in Abbildung 6.8). Gegenüber einem optischen Verfahren ist neben der mechanischen Robustheit ebenfalls die Eliminierung von Mehrdeutigkeiten zu nennen [5].

6.2.1 Systemanalyse und Sensorentwurf

Zur Realisierung eines Messsystems für hochgenaue Winkelmessungen über eine gesamte Umdrehung von 0° bis 360° sind applikationsspezifische Einflüsse zu berücksichtigen. Vergleichbar zu einer manuellen Winkelmessung bei der eine Skala abgelesen wird, steigt die Genauigkeit für eine Winkelbestimmung mit größer werdendem Radius. Der Einfluss der Krümmung auf das E-Feld im Hohlleiter ist vernachlässigbar (siehe Abschnitt 6.1). Der Messaufbau zur Winkelmessung in einem kreisförmigen Hohlleiter ist schematisch in Abbildung 6.9 zu sehen. Das K-Band Radar wird mit einem geraden WR42-Rechteckhohlleiter verbunden und das Radarsignal in das System eingespeist. Der Übergang und die Einkopplung in den gekrümmten Hohlleiterabschnitt erfolgen über einen Riblet-Koppler, der allerdings vom Radarziel verdeckt werden kann. Aus diesem Grund wird das Koppelprinzip symmetrisch auf der gegenüberliegenden Seite aufgebaut und ein zweites Radar eingesetzt. Die Interferenz zwischen den Radaren kann durch unterschiedliche Frequenzrampen eliminiert werden, die entweder im Frequenz-

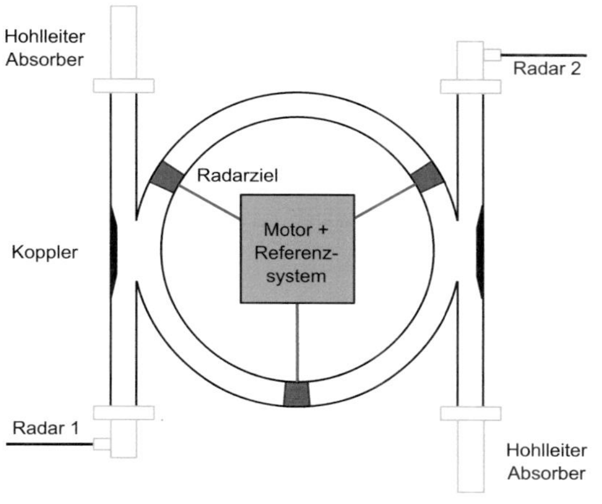

Abbildung 6.9: Schematische Darstellung des Sensorkonzepts für radarbasierte Winkelmessungen [5] © 2015 IEEE

oder Zeitbereich verschoben sind. Die Ansteuerung mit zwei unterschiedlichen Rampen steigert die Komplexität in der Synchronisation und in der Signalverarbeitung. Aus diesem Grund werden mehrere Radarziele im HL eingesetzt, um Interferenzen zu vermeiden. Die Radarziele werden auf dem gesamten Umfang des kreisförmigen Hohlleiters über einen kleinen Führungsschlitz auf der breiten Seite des Hohlleiters geführt, so dass die Feldverteilung im Hohlleiter nicht gestört wird. Die Drehbewegung wird über einen Motor mit integriertem, hochgenauem Messsystem vorgegeben, der als Referenz für die Radarmessungen genutzt wird.

Wahl der Einkopplung

Die Herausforderung beim hohlleiterbasierten Winkelmesssystem besteht in der Auslegung des Richtkopplers (siehe Abbildung 6.10), der das Radarsignal vom geraden in den gekrümmten Hohlleiter speist und zeitgleich eine Messung über 360° gewährleistet. Aus den Anforderungen für das radarbasierte Messkonzept können die Anforderungen an die Kopplungseigenschaften abgeleitet werden.

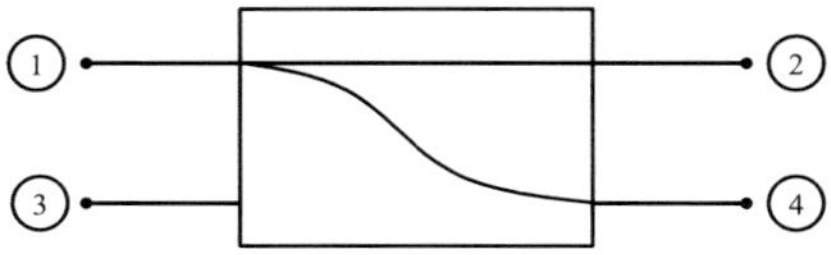

Abbildung 6.10: Schematische Darstellung des Kopplerprinzips mit symmetrischer Anordnung [5] © 2015 IEEE

Bei einem Radar führen zusätzliche Reflexionsstellen im System zu einer Verringerung der Genauigkeit. Die Reflexionsstelle mit dem größten Einfluss befindet sich an der Koppelstelle zwischen den zwei Hohlleiterabschnitten, da an dieser Stelle eine hohe Reflexion entsteht und der Abstand zur Reflexion am eigentlichen Radarziel am geringsten ist. Die Reflexion über den Transmissionspfad (Tor 2) spielt eine untergeordnete Rolle, da dieses Tor angepasst abgeschlossen werden kann. Eine unsymmetrische Aufteilung der Signalleistung ist sinnvoll, um im Kopplungspfad (Tor 4) die maximale Leistung zu erreichen. Zusätzliche Reflexionen aus dem Isolationspfad (Tor 3) sind vernachlässigbar.
Der Riblet-Koppler aus Abbildung 6.11(a) erfüllt die genannten Anforderungen. Bei diesem Kopplerprinzip werden zwei Rechteckhohlleiter über eine Öffnung der Länge l miteinander verbunden, wobei die Länge l die Leistungsaufteilung in den Transmissions- bzw. Koppelpfad bestimmt [Rib52]. Neben der Öffnungslänge sind für die Auslegung des Kopplers die Verengungen a_{c1} and a_{c2} an den Hohlleiterwänden im Kopplungsbereich von Bedeutung. Durch die Verengung der Hohlleiterbreite wird die Cut-Off Frequenz des unerwünschten TE30-Modes, der aufgrund der verdoppelten Hohlleiterbreite $2a$ entlang der Öffnung ausbreitungsfähig ist, auf über 25 GHz und somit oberhalb der maximalen Radarfrequenz verschoben. Über die Verengung kann neben der Modenunterdrückung ebenfalls die Anpassung optimiert werden [Rib52]. Eine optimale Anpassung ist in diesem Fall nicht realisierbar, da die Hohlleiterverengung auf der Seite des Kreises weggelassen werden muss, um die Radarziele über den ganzen Umfang verschieben zu können. Daher muss der Riblet-Koppler ohne Verengungen (Abbildung. 6.11(b)) oder mit nur einer Verengung im geraden Hohlleiterabschnitt eingesetzt werden (Abbildung. 6.11(c)). Die entsprechenden S-Parameter der

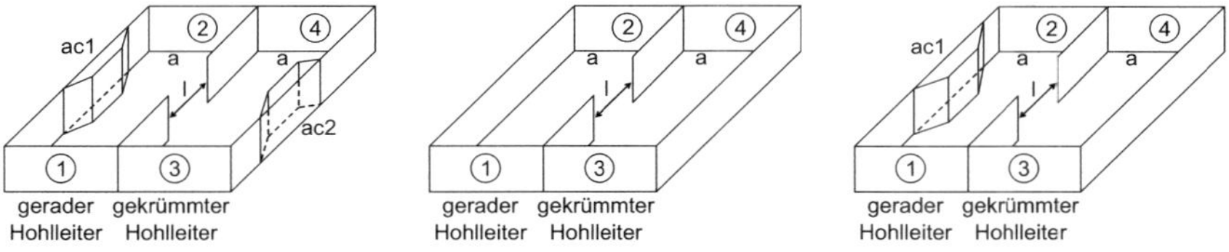

(a) beidseitige Verengung (b) ohne Verengung (c) einseitige Verengung

Abbildung 6.11: Schematische Darstellung des Riblet-Kopplers [5] © 2015 IEEE

	S_{11}	S_{21}	S_{31}	S_{41}
ohne Verengung	-17 dB	-3 dB	-16 dB	-3.5 dB
einseitige Verengung	-14 dB	-4 dB	-26 dB	$-2,5$ dB

Tabelle 6.1: Simulationsergebnisse des Riblet-Kopplers

Riblet-Koppler Versionen ohne und mit einseitiger Verengung sind in Abbildung 6.12 gezeigt und in Tabelle 6.1 für die Mittenfrequenz des Radars bei 24,0 GHz zusammengefasst. Der Riblet-Koppler mit einseitiger Verengung zeigt im Vergleich zum Transmissionspfad S_{21} die höhere Kopplung S_{41} in den gekrümmten HL. Die Isolation S_{31} ist in diesem Fall im Radarfrequenzbereich bei -26 dB. Im Vergleich zum Koppler ohne Verengung werden zusätzliche Reflexionen von Radarzielen, die sich im Isolationspfad befinden, stark gedämpft. Allerdings führt die einseitige Verengung zu einer Verschlechterung der Anpassung um 3 dB. Aufgrund der räumlichen Nähe der korrespondierenden Reflexion an dieser Verengung zur Reflexion am Radarziel wird der Riblet-Koppler ohne Verengungen eingesetzt, da die höhere Isolation und die niedrigere Kopplungsdämpfung einen geringeren Einfluss auf die Radarmessung haben.

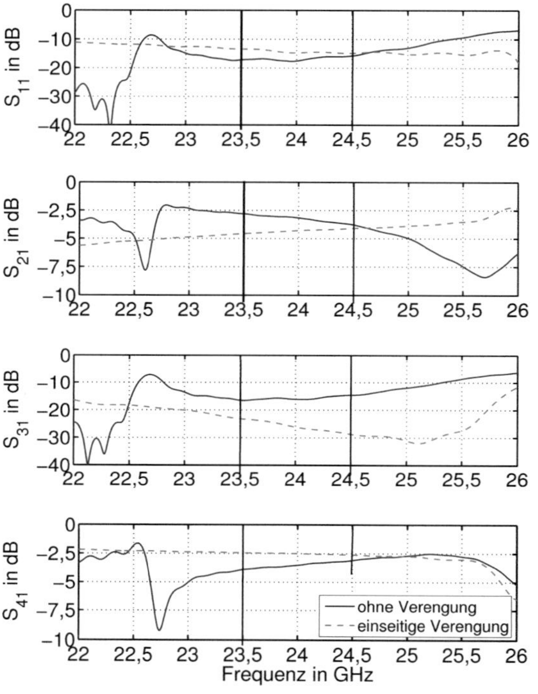

Abbildung 6.12: Simulierte S-Parameter des Riblet-Kopplers mit und ohne Verengung © 2015 IEEE

Einfluss der Krümmung

Der Hohlleiteraufbau zur Winkelmessung besteht aus einem kreisförmigen Aufbau. Die Krümmung des Hohlleiters über einen großen Radius kann entsprechend Abbildung 6.2 in der E-Ebene oder in der H-Ebene konstruiert werden. Zusätzlich zur geringeren Beeinflussung des E-Feldes ist unter Berücksichtigung der erforderlichen Öffnung für die Führung der Radarziele und des Einkoppelprinzips über einen Riblet-Koppler eine H-Krümmung vorteilhafter. Allerdings ist die Wellenlänge λ_z in Ausbreitungsrichtung vom Radius r_{circ} abhängig, die nach [Lew55] mit

$$\frac{1}{\lambda_{z,H}^2} = \frac{1}{\lambda_z^2} + \frac{1}{24 r_{circ}{}^2}\left[1 - \frac{12+\pi^2}{2\pi^2}\left(\frac{2a}{\lambda_z}\right)^2 + \frac{15-\pi^2}{2\pi^2}\left(\frac{2a}{\lambda_z}\right)^4\right] \tag{6.9}$$

berechnet wird. Damit kann der Einfluss der Krümmung, der mit steigendem Radius kleiner wird, bei der Auswertung der Radarmessungen berücksichtigt werden. Für die Verifikation des Messkonzeptes wird ein Radius von 15 cm vom Typ-H gewählt. Der Unterschied zur Wellenlänge im geraden Hohlleiter (4.6) bei der Radarmittenfrequenz 24,1 GHz beträgt nur 0,0006%.

Einfluss Hohlleiterschlitz

Bei der Mittenfrequenz des Radars ist aufgrund der Hohlleitergeometrie nur die TE_{10}-Mode ausbreitungsfähig (WR42-Hohlleiter), wobei das E-Feld orthogonal zum Radius des Kreises steht. Die Führung der Radarziele erfolgt von außen über einen Führungsschlitz (vergleiche Abbildung 6.8) mit einer Breite von 4 mm. Damit beträgt die Dämpfung des gekrümmten Hohlleiters höchstens 6,66 $\frac{\text{dB}}{\text{m}}$ und ist für die Anwendung vernachlässigbar.

Radarziele

Für die Winkelmessung über 360° werden zwei Radare benötigt, um auch an Winkelpositionen im Bereich der Einkoppelstellen Messungen durchzuführen. Die Kombination beider Messergebnisse führt zur Steigerung der Messgenauigkeit. Darüber hinaus werden drei Radarziele in einem Abstand von 120° eingesetzt, um Interferenzen zwischen den Radaren zu vermeiden und resultierende Mehrfachreflexionen zu unterdrücken. Neben der Anzahl der Radarziele im System sind ebenfalls die Form und die Führung der Ziele für genaue Messungen entscheidend. Für die Winkelmessung werden leicht gekrümmte Radarziele benötigt, die über einen Schlitz an der Oberseite des Hohlleiters geführt werden. Zur galvanischen Trennung von Radarziel und Hohlleiterwand wird aus fertigungstechnischen Gründen ausschließlich die Beschichtung mit Polyamid verwendet (siehe Abschnitt 4.3). Für die Winkelmessung werden in Anlehnung an die Ziele

(a) Blockziel (b) Rillenziel

Abbildung 6.13: Kurzschlussvarianten als Radarziele für den gekrümmten Hohlleiter zur Winkelmessung [5] © 2015 IEEE

im geraden Hohlleiter zwei Versionen aufgebaut und eingesetzt, die in Bild 6.13 zu sehen sind. Das Blockziel (Abbildung 6.13(a)) ist aus Aluminium mit einer Länge von etwa 20 mm. Dieses Radarziel besitzt ähnlich wie das Radarziel „PTFE-Block“ im geraden Hohlleiter im Vergleich zum strukturierten Rillenziel aus Abbildung 6.13(b) einen kleinen Reflexionsfaktor. Aufgrund der sehr guten Übereinstimmung der Mess- und Simulationsergebnisse im geraden Hohlleiter wird in diesem Fall ausschließlich die Verifikation über eine CST-Simulation durchgeführt. Die Simulationsergebnisse für S_{21} sind in Abbildung 6.14 gezeigt. Das Blockziel besitzt eine mittlere Transmission kleiner -20 dB im Radarfrequenzbereich. Im Gegensatz dazu wird mit dem Rillenziel die Transmission auf unter -40 dB reduziert. Damit werden Interferenzen durch die weiteren vorhandenen Radarziele wirksam verhindert.

Systemsimulation and Verifikation

Die Gesamtstruktur der Winkelmessung wird zunächst in einer CST-Simulation auf Basis des Sensorkonzepts aus Abbildung 6.9 verifiziert. Dabei wird der S-Parameter S_{11} im Frequenzbereich zwischen 22 GHz und 26 GHz ermittelt und in Matlab in den Zeitbereich transformiert. Die resultierende Impulsantwort gibt Aufschluss über die Lage und die Art der Störstellen in der Messumgebung. In der Simulation wird die Anpassung des Radars auf -10 dB (siehe Abschnitt 3.1) und die des Hohlleiterabschlusses auf -25 dB gesetzt und in der Simulation an den entsprechenden Ports des Richtkopplers berücksichtigt. Aufgrund der Sym-

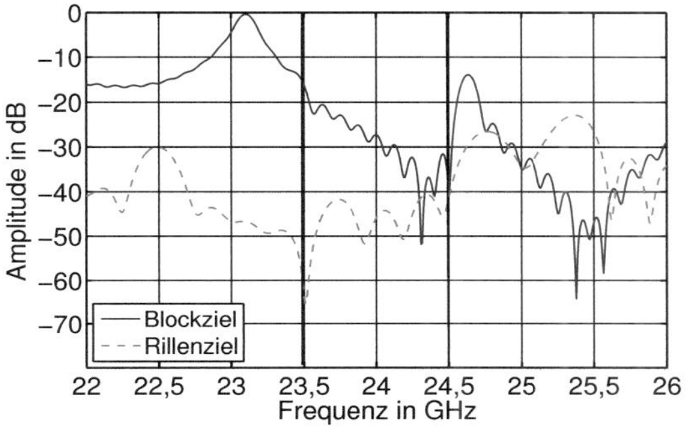

Abbildung 6.14: Simulationsergebnis S_{21} für das Block- und das Rillenziel [5] © 2015 IEEE

metrie der Struktur ist es ausreichend, eine Seite des Aufbaus zu betrachten. Die Impulsantwort ist exemplarisch für eine Position des Radarziels im Hohlleiterkreis bei 90° in Abbildung 6.15 dargestellt. Die Winkelangabe bezieht sich relativ zum Nullpunkt des Referenzsystems, der sich auf Höhe des Riblet-Kopplers von Tor 1 und Tor 2 befindet (siehe Abbildung 6.9). Die durchnummerierten Maxima können mit der Gruppenlaufzeit einzelnen Reflexionsstellen im System zugordnet werden. Das dritte Maximum bei 2,5 ns entspricht dem Radarziel. Die Zuordnung der restlichen, signifikanten Reflexionen ist:

1. Anpassung an Tor 1
2. HL-Verengung
3. Radarziel
4. Mehrfachreflexion an der Verengung (Tor1-Ziel-Tor1-Verengung-Tor1)
5. Mehrfachreflexion an der Verengung (Tor1-Ziel-Verengung-Ziel-Tor1)
6. Mehrfachreflexion am Radarziel

Durch den festen Abstand der Radarziele zueinander liegt die obere Grenze des Messbereichs bei Verwendung eines einzelnen Radars bei 120°. Die untere Grenze liegt konstruktionsbedingt bei 5°, die sich durch die Verdeckung der Einkop-

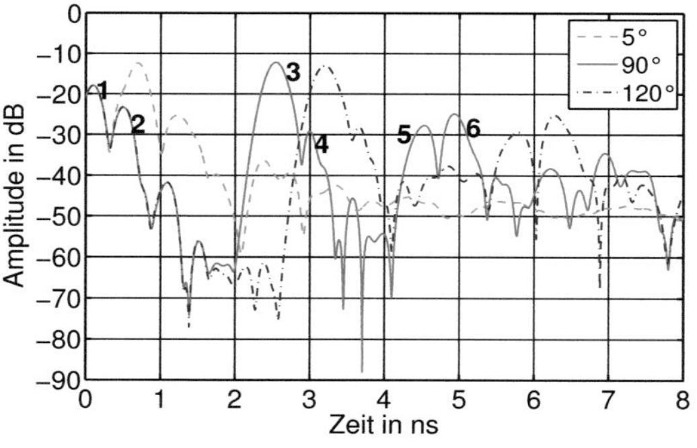

Abbildung 6.15: Simulierte Impulsantwort für bestimmte Winkelpositionen des Radarziels [5] © 2015 IEEE

pelstelle des Riblet-Kopplers durch das Radarziel ergibt. Dieser Messbereich kann in Abhängigkeit der Größe des Radarziels weiter eingeschränkt werden. In Abbildung 6.15 sind die entsprechenden Winkelpositionen der Grenzen dargestellt. Im gesamten Messbereich ist eine Trennung der Positionen möglich. An den Grenzen in der Nähe von 0° und 120° wird jeweils das zweite Radar verwendet, das für diese Winkelpositionen aufgrund der verteilten Radarziele im System optimale Messbedingungen aufweist. Zudem wird durch Kombination beider Radarermessungen eine Messung über 360° gewährleistet

6.2.2 Radarbasierte Messergebnisse

Der fertige Prototyp ist in Abbildung 6.16 zu sehen. Die drei Radarziele werden über jeweils einen Steg mit einem hochgenauen Rotationstisch verbunden, der intern einen Glasmaßstab zur Positionierung nutzt. Für Radarmessungen dient dieser Motor mit einer Auflösung von 34 µrad als Referenz [Phy14b]. Die Einspeisung des Radarsignals erfolgt jeweils über einen WR42-Koaxial-Hohlleiterübergang an Tor 1 und Tor 4. Tor 2 und Tor 3 sind reflexionsfrei abgeschlossen. Eine schematische Zeichnung des Messaufbaus ist in Abbildung 6.17 zu sehen.

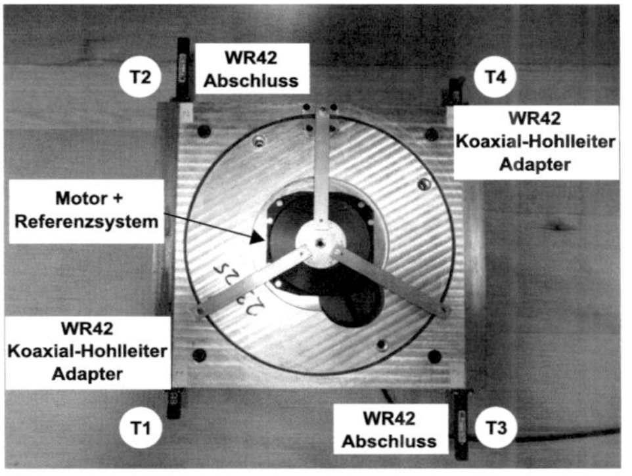

Abbildung 6.16: Prototyp für die radarbasierte Winkelmessung [5] © 2015 IEEE

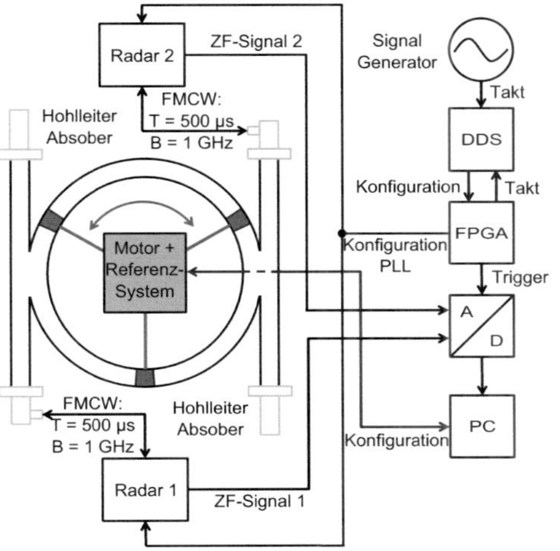

Abbildung 6.17: Schematische Darstellung des Messaufbaus für die radarbasierte Winkelmessung [5] © 2015 IEEE

An den Prototyp werden zwei baugleiche Radarmodule an Tor 1 und Tor 4 angeschlossen. Für die Ansteuerung des Motors und das Auslesen des AD-Wandlers wird Matlab eingesetzt. Bei den Messungen wird der Vollkreis in 1°-Schritten abgefahren und das abgetastete ZF-Signal beider Radare in den Frequenzbereich transformiert und mittels der implementierten Signalverarbeitung ein Abstand ermittelt, der abschließend in eine Winkelposition umgerechnet wird.

Messung an einer festen Position

In Abbildung 6.18 ist exemplarisch für eine feste Winkelposition bei 10° und 90° das abgetastete ZF-Signal im Frequenzbereich dargestellt. Zunächst wird das Blockziel aus Abbildung 6.13(a) eingesetzt, um den Unterschied zum optimierten Radarziel mit Rillen aus Abbildung 6.13(b) zu zeigen. Vergleichbar zu den Simulationsergebnissen in Abbildung 6.15 können zusätzliche Reflexionsstellen im Aufbau identifiziert werden. Bei den Reflexionsstellen mit der Markierung 1 handelt es sich um Mehrfachreflexionen an den Radarzielen, die bei Vielfachen der Zwischenfrequenz liegen. Durch die größere Entfernung ist der Einfluss von diesen Reflexionsstellen im Vergleich zu der festen Störstelle am Übergang vom geraden in den gekrümmten Hohlleiter (Marker 2) geringer. Die Reflexion an dieser Stelle und am Radarziel können im Frequenzbereich nicht aufgelöst werden. Die feste Reflexion am Übergang vom Koaxialkabel zum Hohlleiter (Marker 3) wird dagegen durch eine Verlängerung des geraden Hohlleiterabschnitts entfernt. In Abbildung 6.18 ist das resultierende ZF-Signal im Frequenzbereich für die Winkelpositionen 10° und 90° für eine Verlängerung der Strecke um 0,5 m dargestellt. Zudem ist das Rillenziel eingesetzt, um den Pegelabstand zu der räumlich nahen Reflexion am Übergang vom geraden in den gekrümmten Hohlleiter zu erhöhen. Die Unterschiede sind im Frequenzbereich nur ansatzweise zu erkennen. Jedoch zeigt sich eine sehr starke Verbesserung in den Messergebnissen über ein volle Umdrehung von 360°, die nachfolgend vorgestellt werden.
Eine weitere Verbesserung der Genauigkeit wird durch eine Kalibration erreicht. Hierfür werden ohne Radarziele nacheinander Leermessungen mit jeweils beiden Radaren durchgeführt. Das Tor für das andere Radar wird hierzu reflexionsfrei abgeschlossen. Der aufgenommene Datensatz beinhaltet alle festen Störziele, die im Zeitbereich vom Messsignal mit Radarziel entfernt werden können.

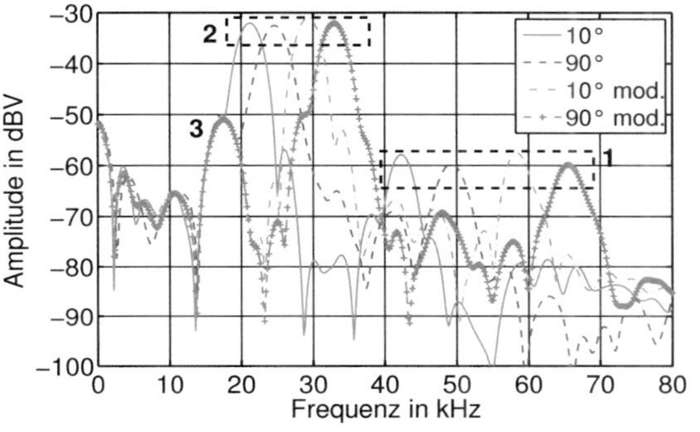

Abbildung 6.18: ZF-Signal im Frequenzbereich für bestimmte Winkelpositionen der Radarziele [5] © 2015 IEEE

Messung über eine ganze Umdrehung

Die Messergebnisse über die volle Umdrehung von 360° sind für beide Radare in Abbildung 6.19 dargestellt. Radar 1 ist an Tor 1 (T1) und Radar 2 an Tor 4 (T4) angeschlossen. Die nummerierten Segmente und die Positionen der einzelnen Radarziele (Z1-Z3) in jedem Abschnitt sind ebenfalls schematisch gezeigt. Die Anfangsposition bei 0° ist über den Motor vorgegeben. Der Sägezahnverlauf der Kurven resultiert aus dem Messbereich bis 120° für jeweils ein Radarziel. Unmittelbar nach jedem Messbereichswechsel sind weitere Sprünge über einen kleinen Winkelabschnitt zu erkennen, die durch die Verdeckung der Einkoppelstelle des Riblet-Kopplers durch die jeweiligen Radarziele entstehen. Die kombinierte Auswertung von Frequenz und Phase des ZF-Signals nach Abschnitt 2.2 benötigt mindestens eine Genauigkeit der Frequenzbestimmung von $\frac{\lambda_{\min}}{4}$. Umgerechnet auf die Phase ergibt sich eine notwendige Winkelgenauigkeit α_{erf} von

$$\alpha_{\mathrm{erf}} = \frac{\lambda_{\min}}{2} \frac{360^\circ}{2\pi r_{\mathrm{circ}}} \approx 3,15^\circ \quad . \tag{6.10}$$

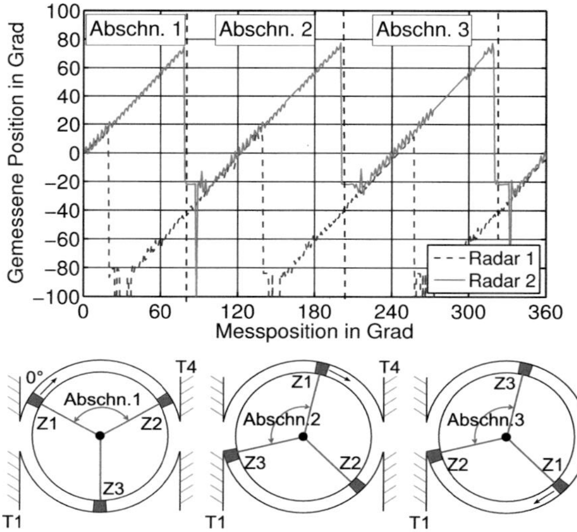

Abbildung 6.19: Winkelmessung mit zwei Radarsensoren [5] © 2015 IEEE

Das Ergebnis der Frequenzauswertung für beide Radare ist in Abbildung 6.20 dargestellt. Das Blockziel zeigt große Abweichungen in der Größenordnung von $\pm 5^\circ$ zur Referenz. Das Rillenziel in Kombination mit einer längeren Vorlaufstrecke im geraden Hohlleiterabschnitt führt zu einer deutlichen Verbesserung, so dass die geforderte Genauigkeit α_{erf} erreicht wird. Die konstanten Segmente in den Kurven in Abbildung 6.20 resultieren aus der Verdeckung der Einkopplung. In diesen Segmenten werden die Ergebnisse vom zweiten Radar übernommen. Die Auslegung der Radarziele zueinander mit 120° Verdrehung und die gegenüberliegenden Einkoppelstellen der beiden Radare über die Riblet-Koppler gewährleisten, dass mindestens mit einem Radar ein Winkel gemessen werden kann. Die erweiterte Phasenauswertung ist in Abbildung 6.21 abgebildet. Die Differenz zur Referenz zeigt eine absolute Genauigkeit von $\pm 0{,}05^\circ$ über 360°, was einer Genauigkeit in der Abstandsbestimmung von etwa ± 130 µm entspricht.

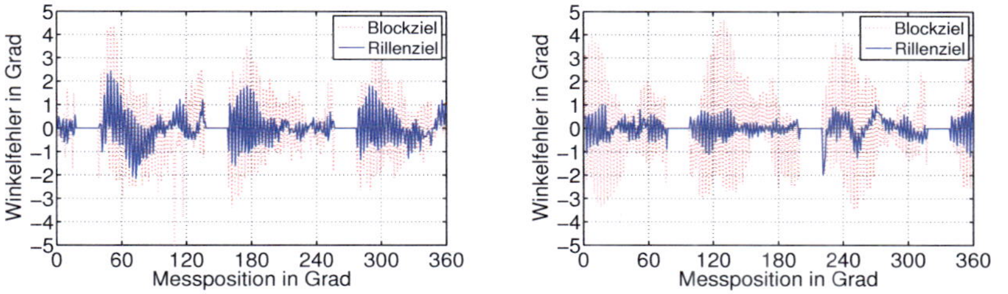

(a) Messergebnis für das Radar an Tor 1

(b) Messergebnis für das Radar an Tor 4

Abbildung 6.20: Winkelfehler für die Frequenzauswertung [5] © 2015 IEEE

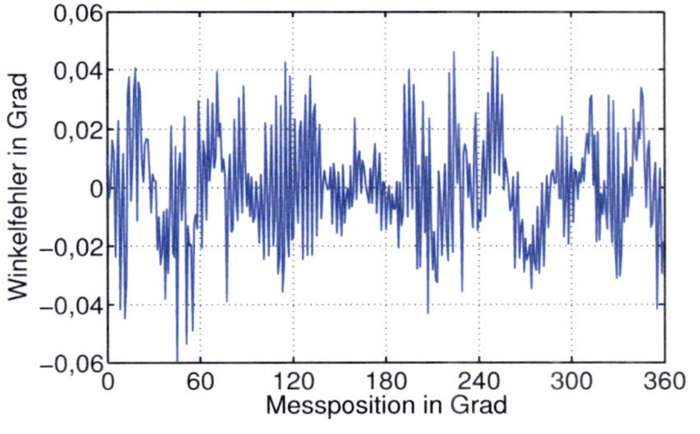

Abbildung 6.21: Winkelfehler mit erweiterter Phasenauswertung, Kombination beider Radarmessungen und dem Rillenziel [5] © 2015 IEEE

6.2.3 Fazit

Die radarbasierte Winkelmessung über 360° kann erfolgreich nach Konzepterstellung durch Simulationen und Messergebnisse mit dem realisierten Prototyp verifiziert werden. Für die Winkelmessung über 360° werden zwei Radare und drei

Radarziele eingesetzt, um auch im Bereich der Einkopplung in den gekrümmten Hohlleiter Messungen zu ermöglichen. Durch eine Optimierung des verwendeten Riblet-Kopplers und des Radarziels werden die erreichten Genauigkeiten deutlich erhöht, so dass mit der kombinierten Frequenz-Phasen-Auswertung im FMCW-Radar eine Genauigkeit von $\pm 0{,}05°$ über den vollen Umfang von $360°$ erreicht wird.

6.3 Erweiterung zur Messung im Hydraulikzylinder

Ein wesentlicher Vorteil der Messung einer geführten elektromagnetischen Welle in einem Hohlleiter besteht in der Option, auch in einem Medium wie bspw. Öl zu messen. Hierfür müssen die dielektrischen Eigenschaften des Übertragungsmediums bekannt sein, um abweichende Ausbreitungseigenschaften im Öl beim Entwurf der Hohlleitergeometrie und bei der Berechnung der Ausbreitungsgeschwindigkeit für das Radarprinzip zu berücksichtigen.
Die nachfolgende Applikation basiert auf der Integration eines Radarsensors in einen Hydraulikzylinder, mit dem Ziel die Kolbenstangenposition genau zu bestimmen [3, 15]. Mit Hilfe des Radars sollen limitierende Faktoren wie Bauformvergrößerung, Störanfälligkeit oder Auflösungs- und Dynamikgrenzen bei gegenwärtig eingesetzten Sensorlösungen umgangen werden.

Messprinzip in einem ölgefüllten zylindrischen Hohlleiter

Der Ansatz für die Hydraulikzylinder-Applikation beruht auf der Auswertung der reflektierten EM-Welle in einem zylindrischen Hohlleiter. Hierfür wird die Kolbenstange mit einer Tiefenbohrung versehen und der Abstand über die Reflexion am Boden der Bohrung mit dem Radar ermittelt. Das Messprinzip ist schematisch für zwei beispielhafte Positionen in Abbildung 6.22 dargestellt. Das Konzept basiert auf zwei Hohlleiterabschnitten, dem Hohlleiter zur Führung der EM-Welle im Zylinderraum (Standrohr W_1) und dem Hohlleiter als Messstrecke (Tauchrohr W_2), der durch die Tiefenbohrung in der Kolbenstange realisiert ist. Die Reflexionsstelle bzw. das Ziel der Radarmessung ist durch das Ende der

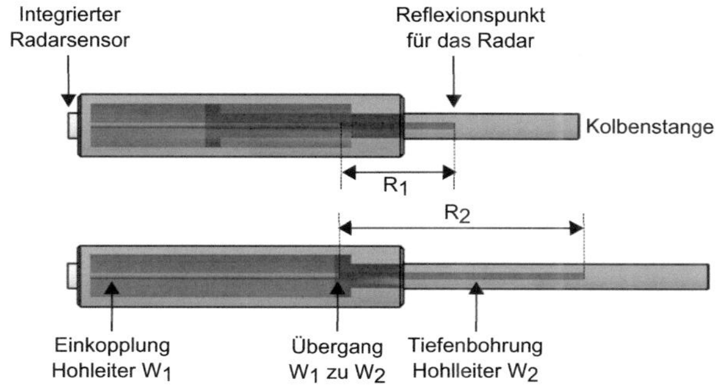

Abbildung 6.22: Schematische Darstellung des Sensorkonzepts für zwei beispielhafte Positionen [3] © 2014 IEEE

Tiefenbohrung in W_2 gegeben. Das Radarsignal wird in die Tiefenbohrung über das Standrohr W_1 mit kleinerem Durchmesser eingespeist. Der Durchmesserunterschied der beiden Hohlleiterabschnitte führt allerdings zu einer unterschiedlichen Impedanz und Ausbreitungsgeschwindigkeit für das Radarsignal. Aus diesem Grund resultiert eine zusätzliche Reflexionsstelle für das Radar am Ende des Standrohrs. Die bekannte Position der festen Reflexionsstelle innerhalb des Systems ermöglicht eine Kalibration, die Variationen der Ausbreitungseigenschaften durch Temperatureinflüsse oder der Öleigenschaften durch Verschmutzungen während der Betriebsphase kompensiert. Beim Entwurf des Sensors sind die Anforderungen an die Entfernungsauflösung von zwei Zielen mit der geforderten Genauigkeit zu berücksichtigen (siehe Abschnitt 4.2).

Charakterisierung der dielektrischen Öl-Eigenschaften

Die Ausbreitungseigenschaften der EM-Welle in einem mit Öl gefüllten Hohlleiter sind für das Radar essenziell. Bei dem eingesetzten Öl handelt es sich um das Hydrauliköl „Esso Nuto H46“, das standardmäßig in Hydraulikzylindern eingesetzt wird. Dabei haben insbesondere die dielektrischen Eigenschaften des Öls bei hohen Frequenzen einen entscheidenden Einfluss auf die Ausbreitung der

Radarsignale. Eine große Dämpfung oder eine übermodierte Ausbreitung stören die Radarmessung signifikant. Daher wurde für diese Anwendung in [3] im Frequenzbereich von 22 GHz bis 26 GHz des Radars die komplexe dielektrische Permittivität $\varepsilon = \varepsilon_r' - j\varepsilon_r''$ des Öls über den Temperaturbereich von -40°C bis +105°C charakterisiert, um zum Einen die Permittivität für die Ausbreitungsgeschwindigkeit zu berücksichtigen und zum Anderen die Dämpfung über der Strecke zu beurteilen. Dabei wurden drei unabhängige Verfahren (Reflexionsmessung, Resonanzmessung, Transmissionsmessung) eingesetzt und kombiniert, um eine zuverlässige Aussage treffen zu können.
Die Charakterisierung der dielektrischen Eigenschaften des Öls zeigt über dem Temperaturbereich von -40°C bis +105°C im Radarfrequenzbereich einen Permittivtätswert ε_r' zwischen 2,0 und 2,5. Der Wertebereich konnte mit zwei unabhängigen Messmethoden verifiziert werden (Reflexions-/Resonanzmethode). Der Temperatureinfluss ist vernachlässigbar gering. Dennoch können Messfehler nicht ausgeschlossen werden, da sich bei Temperaturen kleiner 0°C Eis bzw. bei Temperaturen größer 80°C Gase bilden, die eine eindeutige Charakterisierung des Dielektrikums zusätzlich erschweren. Die dielektrischen Verluste ε_r'' des Öls sind relativ gering und liegen für den Frequenzbereich des Radars im Bereich von ca. 10 dB/m.

6.3.1 Systemanalyse und Sensorentwurf

Nach der Bestimmung der Permittivität des Öls sind weiterführende Untersuchungen und die Auslegung des Systems möglich. Dabei werden folgende Aspekte analysiert:

- Hohlleitermoden, Dispersion und Ausbreitungsgeschwindigkeit
- Auslegung der Hohlleiterdimensionen
- Entwurf der Hohlleiterübergänge

Die Dimensionierung der Hohlleiter ist durch die mechanischen Randbedingungen gegeben. Die Gesamtlänge des Standrohres W_1 muss einen bestimmten Abstand zur Einkopplung und zum eigentlichen Radarziel am Boden der Tiefenbohrung W_2 aufweisen, um eine ausreichende Entfernung und somit eine ausreichende Auflösung der beiden Reflexionsstellen zu gewährleisten. Für die Stabilität des Standrohrs ist eine minimale Wandstärke von 1 mm notwendig, um ein Durchbiegen zu vermeiden. Zusätzlich ist zu beachten, dass an diesem Rohr weitere Schlitze in Längsrichtung angebracht werden, um den notwendigen Ölstrom bei Bewegung der Kolbenstange zu gewährleisten. Die Herstellung der entsprechenden Tiefenbohrung (W_2) in die Kolbenstange ist Stand der Technik. Bei der Dimensionierung muss allerdings ein Trade-Off zwischen elektrisch optimaler Dimension und der mechanisch realisierbaren Variante durchgeführt werden.

Hohlleitermoden

Für hochgenaue Messungen ist eine monomodale Ausbreitung sicherzustellen, um die Störung des ZF-Signals durch unterschiedliche Gruppengeschwindigkeiten der einzelnen Moden im Hohlleiter [Poz12] zu vermeiden. In [PGW+07] ist der Einfluss einer übermodierten Ausbreitung für den Fall einer Füllstandsmessung aufgezeigt. Die elektrische Feldverteilung der ersten drei ausbreitungsfähigen Moden in einem zylindrischen Hohlleiter sind in Abbildung 6.23 gezeigt.

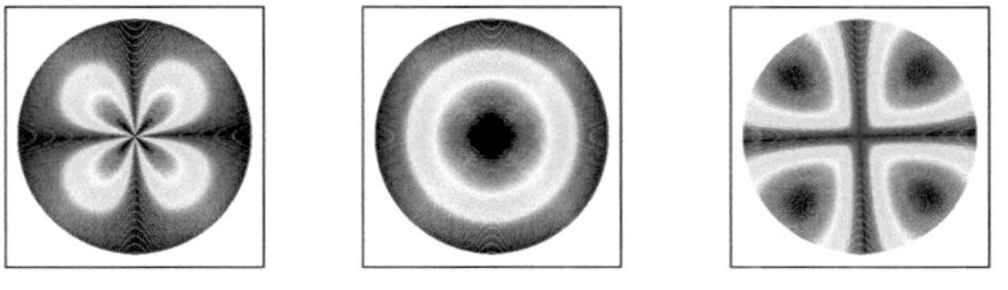

(a) TE11 (b) TM01 (c) TE21

Abbildung 6.23: Elektrische Feldverteilung der ersten drei ausbreitungsfähigen Moden in einem zylindrischen Hohlleiter [3] © 2014 IEEE

Für die Radaranwendung eignet sich die rotationssymmetrische TM01-Mode (Abbildung 6.23(b)) gut, da eine einfache Einspeisung ohne Berücksichtigung der elektrischen Feldverteilung im Hohlleiter realisiert werden kann. Die Ausbreitungsfähigkeit der einzelnen Moden wird über die Cut-Off-Frequenz beschrieben. Für die Analyse der Modenausbreitung in W_1 und W_2 werden die Cut-Off-

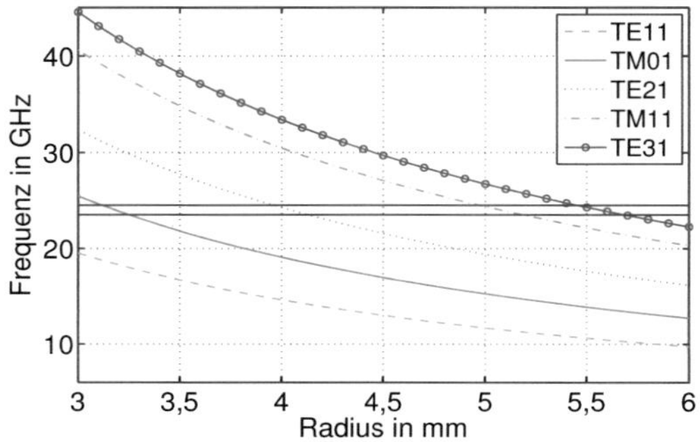

Abbildung 6.24: Cut-Off-Frequenz f_c in Abhängigkeit vom Hohlleiterradius für die ersten fünf Moden [3] © 2014 IEEE

Frequenzen der ersten fünf ausbreitungsfähigen Moden als Funktion des Hohlleiterdurchmessers in Abbildung 6.24 dargestellt. Dabei wird der gemittelte Permittivitätswert $\varepsilon_r' = 2{,}25$ des Öls angesetzt. Die TM01-Mode ist im relevanten Frequenzbereich des Radars von 23,5 GHz bis 24,5 GHz erst ab einem Radius von 3,3 mm ausbreitungsfähig. Um die Ausbreitung höherer Moden zu unterdrücken, muss die höchste auftretende Frequenz von 24,5 GHz unter der Cut-Off-Frequenz des nächsten Modes (TE21) liegen. Dies ist für einen Radius kleiner als 3,8 mm gegeben. Allerdings kann sich in diesem Radiusbereich auch der fundamentale TE11-Mode in einem zylindrischen Hohlleiter ausbreiten, der jedoch durch die zentrische Einspeisung nicht angeregt wird (siehe Abbildung 6.22). Der Radius von W_1 wird auf 3,5 mm gesetzt und ein Hohlleiter mit einer Wandung von 1 mm verwendet, um zum Einen die Anforderungen für eine monomodale Ausbreitung zu gewährleisten und zum Anderen eine ausreichende Stabilität zu erzielen.
Der Durchmesser der Tiefenbohrung in der Kolbenstange W_2 muss größer als das Standrohr W_1 sein, wobei aufgrund von mechanischen Anforderungen hierbei ein Radius von 5,5 mm gewählt wird. Daher ist in diesem Fall eine monomodale Ausbreitung nicht gewährleistet. Zusätzliche ausbreitungsfähige Moden sind die TE21-Mode und die TM11/TE01-Moden (gleiche Cut-Off-Frequenz). Dennoch

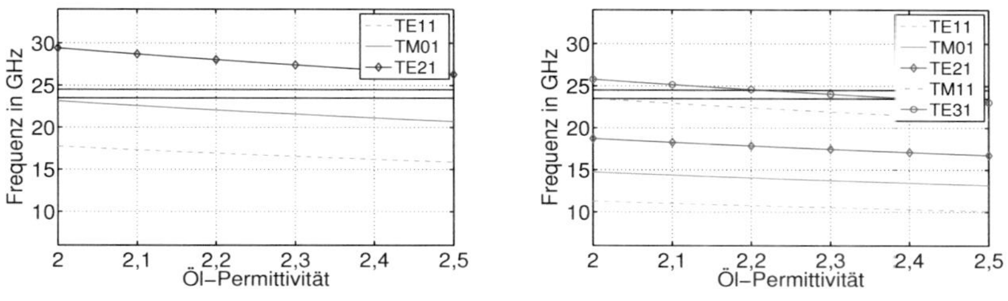

(a) Moden in W_1

(b) Moden in W_2

Abbildung 6.25: Cut-Off-Frequenz f_c in Abhängigkeit der Ölpermittivität für die ersten drei bzw. fünf Moden in W_1 und in W_2 [3] © 2014 IEEE

können durch den rotationssymmetrischen Aufbau mit mittig positioniertem W_1-Hohlleiter in der Tiefenbohrung W_2 und durch die gewählte Hohlleitermode in W_1 die Anregung von höheren Moden und die Konversion in höhere Moden unterbunden werden. Im Idealfall wird damit nur die geforderte TM01-Mode angeregt. Die wesentlichen Parameter dieser Anwendung sind:

- Frequenzbereich Radar: 23,5 GHz bis 24,5 GHz
- Permittivität Öl ε_r': 2,0 bis 2,5
- Durchmesser Standrohr (W_1): 7 mm
- Durchmesser Tauchrohr (W_2): 11 mm

Neben den mechanischen Anforderungen an die Hohlleitergeometrie ist der Permittivitätseinfluss für die Ausbreitungsfähigkeit der einzelnen Moden relevant, wie es in Abbildung 6.25 für W_1 und W_2 gezeigt ist. In beiden Hohlleiterabschnitten wird die Ausbreitung des TM01-Modes für eine Permittivität kleiner als 2,5 nicht gestört. Allerdings ist zu erkennen, dass eine Permittivität kleiner als 2,0 in W_1 durch die verkürzte Wellenlänge die Ausbreitung des TM01-Modes verhindert. Die Messungen der Permittivität zeigen allerdings eine minimale Permittivität größer 2,1.

ε_r'	$\Delta\nu_{disp}$ in W_1	$\Delta\nu_{disp}$ in W_2
2,00	10,86%	1,41%
2,25	5,55%	1,11%
2,50	3,89%	0,95%

Tabelle 6.2: Simulationsergebnisse des normierten Dispersionfaktors ν_{disp}

Gruppengeschwindigkeit und Dispersion

Zur Bestimmung des Abstandes mit einem Radar ist es notwendig, die Ausbreitungsgeschwindigkeit zu kennen. Die frequenzabhängige Gruppengeschwindigkeit in einem Hohlleiter kann zu einem Fehler bei der Berechnung führen. Bei dieser Anwendung mit zwei Hohlleiterabschnitten mit unterschiedlichem Radius sind folglich zwei unterschiedliche Ausbreitungsgeschwindigkeiten gegeben. Zusätzlich ist eine geringe Dispersion für das frequenzmodulierte Radarsignal wünschenswert. Die Ableitung der Gruppengeschwindigkeit nach der Frequenz sollte einen möglichst flachen Verlauf aufweisen.
Abbildungen 6.26(a) und 6.26(b) zeigen diesen Zusammenhang für die beiden Hohlleiterabschnitte bei einer Ausbreitung des TM01-Modes. Die y-Achse stellt die normierte Gruppengeschwindigkeit v_{gr}/c_0 als Funktion der normierten Wellenlänge λ/λ_c mit der Cut-off-Wellenlänge λ_c dar. Der relevante Frequenzbereich für das Radar ist markiert. Der Einfluss des Öldielektrikums zwischen 2,0 und 2,5 ist als Parameter aufgeführt und in der Legende beschriftet. Durch diese Darstellung sind die unterschiedlichen Ausbreitungsgeschwindigkeiten und unterschiedlichen Dispersionseigenschaften zu sehen. Erwartungsgemäß fällt die Dispersion in W_1 höher als in W_2 aus. In beiden Hohlleiterabschnitten führt eine Vergrößerung der Permittivität zu einem niedrigeren Dispersionsgradienten.
Für eine detaillierte Analyse wird der Dispersionsfaktor $\nu_{disp} = \Delta v_{gr}/c_0$ über die Radarbandbreite eingeführt und als Funktion der Ölpermittivität in Tabelle 6.2 aufgelistet. Für die mittlere Permittivität von 2,25 ist ν_{disp} in W_1 um 5,5% höher als in W_2. In beiden Hohlleiterabschnitten nimmt ν_{disp} mit steigendem ε_r' ab. Über den kompletten Permittivitätsbereich ändert sich ν_{disp} in W_1 um fast

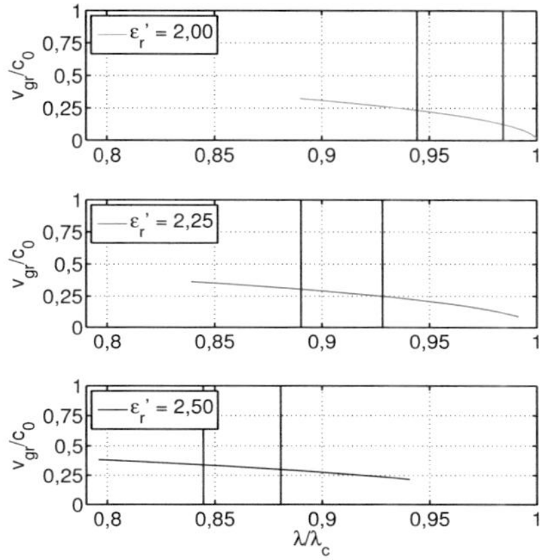

(a) Normierte Gruppengeschwindigkeit in W_1

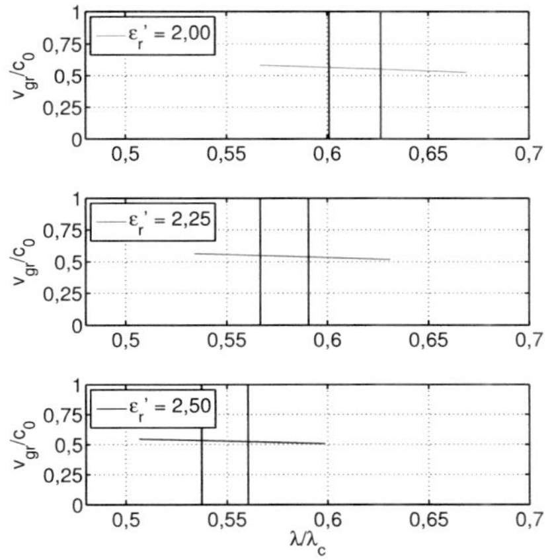

(b) Normierte Gruppengeschwindigkeit in W_2

Abbildung 6.26: Normierte Gruppengeschwindigkeit in Abhängigkeit der normierten Wellenlänge im Wertebereich der ermittelten Ölpermittivität in W_1 und in W_2 [3] © 2014 IEEE

$\Delta\nu = 6{,}97\%$, während in W_2 der Dispersionsfaktor relativ konstant bleibt. Die geringfügige Änderung $\Delta\nu_{\mathrm{disp}}$ von 0,5% über ε_r' ist vernachlässigbar klein. Für die Radarmessungen ist aufgrund des relativen Messkonzepts ausschließlich die Ausbreitungsgeschwindigkeit in W_2 von Bedeutung. Daher spielt die Dispersion bei einer Bandbreite von 1 GHz eine untergeordnete Rolle. Bei höheren Bandbreiten sind gegebenenfalls Untersuchungen zur Kompensation der Dispersion oder die Ausnutzung einer übermodierten Ausbreitung, wie es in [PGW+07] beschrieben wird, zu überlegen. Für die Berechnungen wird die Ausbreitungsgeschwindigkeit auf etwa $1{,}6302 \cdot 10^8$ m/s gesetzt, was einem ε_3' von 2,25 bei der FMCW-Mittenfrequenz entspricht.

Einkopplung in das Standrohr W_1

Für die Hydraulikzylinderanwendung wird ein spezieller „Koaxial-zu-Hohlleiter Adapter" benötigt, der das HF-Signal über einen 3,5 mm SMA-Stecker in das Standrohr einspeist. Dabei wird die TEM-Mode auf der Zuleitung in die rotationssymmetrische TM01-Mode des Rundhohlleiters transformiert. In der Literatur sind entsprechende Koaxial-zu-Hohlleiter Übergänge zahlreich vorhanden [ZWN09], [MOR90], [Col60]. In diesem Fall ist allerdings eine angepasste Lösung für den Hydraulikzylinder erforderlich, die als CAD-Bild (engl. *Computer Aided Design*) und in schematischer Darstellung im Längsquerschnitt in Abbildung 6.27 gezeigt ist. Der Übergang wird direkt in den Boden des Hydraulikzylinders integriert. Die Einspeisung des Radarsignals erfolgt über einen Pin, der zur Herstellung der Druckdichtigkeit vollständig in PEEK (Polyetheretherketone) eingebettet ist. Insgesamt ergibt sich somit eine koaxiale Anordnung des Übergangs, die von der SMA-Buchse des Radars bis in den Hydraulikzylinder reicht. Der aus dem Zylinder herausgeführte Pin (Abbildung 6.27(b), PEEK-Abschnitt) wird außerhalb des Zylinders bzw. des Standrohrs W_1 verlängert und über ein Female-Female SMA-Adapter mit dem Radar (Male-SMA-Ausgang) verbunden (Abbildung 6.27(b), SMA-Abschnitt). In diesem SMA-Abschnitt ist eine Anpassung erforderlich, da beim herausgeführten Pin aus dem Zylinder keine Außenwandung vorhanden ist, wie es normalerweise bei SMA-Steckern der Fall ist. Daher resultiert beim verwendeten Female-Female Adapter zwischen dem luftgefüllten Innen- und Außenabschnitt des Gehäuses ein unterschiedlicher Außenradius der koaxialen Leitungsstruktur und folglich eine unterschiedliche Impedanz (siehe Abbildung 6.27(b) und Abbildung 6.28(a)).

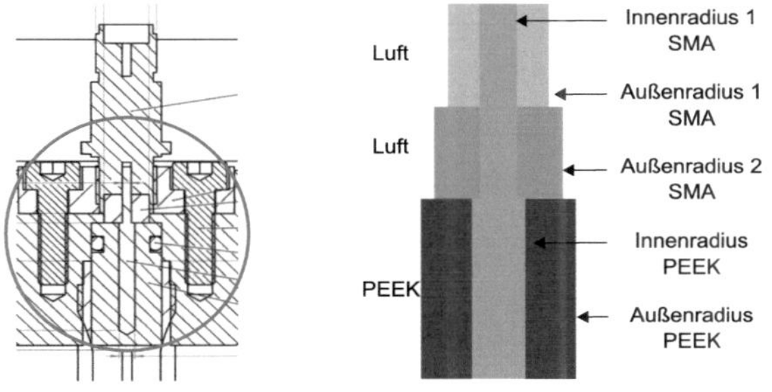

(a) CAD-Bild des Übergangs (b) Schematische Darstellung des Übergangs

Abbildung 6.27: CAD-Design und schematische Darstellung des realisierten Koaxial-Hohlleiter-Übergangs [3] © 2014 IEEE

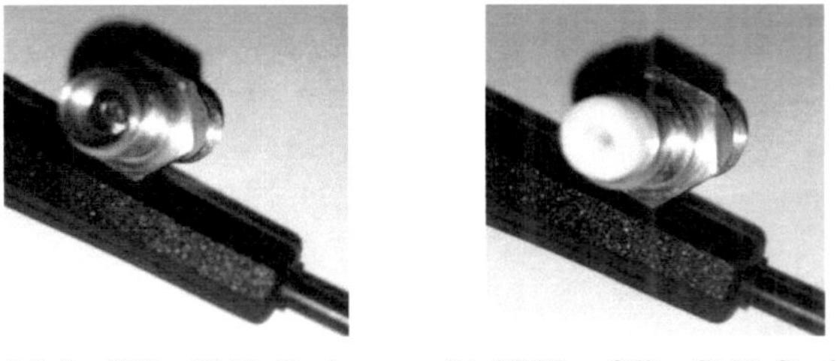

(a) luftgefüllter SMA-Stecker (b) PTFE-gefüllter SMA-Stecker

Abbildung 6.28: Foto des Female-Female K-Band SMA-Adapter für den Koaxial-Hohlleiter-Übergang ohne Anpassung und mit PTFE-Anpassung [3] © 2014 IEEE

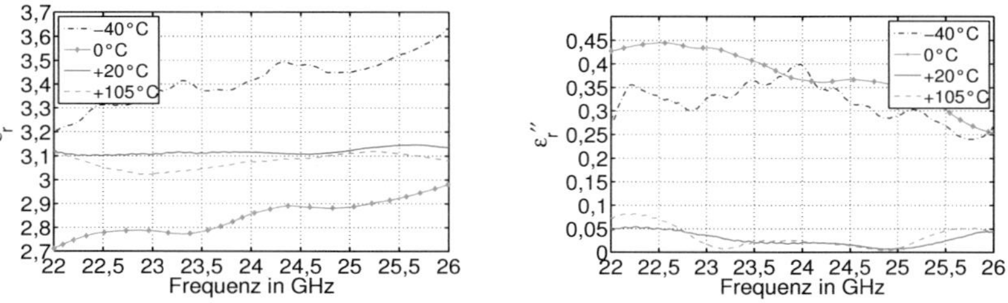

(a) Realteil ε_r' (b) Imaginärteil ε_r''

Abbildung 6.29: Komplexe Permittivität des PEEKs in Abhängigkeit der Frequenz [3] © 2014 IEEE

Der Impedanzunterschied kann durch ein Material höherer Permittivität kompensiert werden. Für einen Standard SMA-Stecker mit einem Außenradius von $r_{\text{out}} = 2{,}3$ mm und einem Innenradius von $r_{\text{in}} = 0{,}65$ mm ergibt sich für die Permittivität $\varepsilon'_{r_{\text{out}}}$

$$\varepsilon'_{r_{\text{out}}} = \left(\frac{6}{5}\ln\frac{r_{\text{out}}}{r_{\text{in}}}\right)^2 \approx 2,5 \quad . \tag{6.11}$$

Für die Anpassung des Adapters wird PTFE mit einer Permittivität von 2,1 eingesetzt. Mit diesem Ansatz ist theoretisch eine verbesserte Anpassung von -13 dB realisierbar. Der modifizierte Adapter ist in Abbildung 6.28(b) dargestellt.

Die koaxiale Struktur im PEEK Abschnitt muss ebenfalls modifiziert werden. Der Außenradius ist durch den Innendurchmesser des Standrohres von 7 mm gegeben, der im Bereich des PEEK auf $d_{\text{PEEK}} = 7{,}2$ mm aufgeweitet ist, um dieses einpressen zu können. Für eine Anpassung an die SMA-Buchse ist ein Wellenwiderstand von $Z_{\text{L}} = 50\ \Omega$ erforderlich. Der optimale Innenradius im PEEK-Abschnitt ist

$$r_{\text{in}} = \frac{r_{\text{out}}}{e^{\frac{Z_{\text{L}}}{60\Omega}}\sqrt{\varepsilon'_{r_{\text{PEEK}}}}} \quad . \tag{6.12}$$

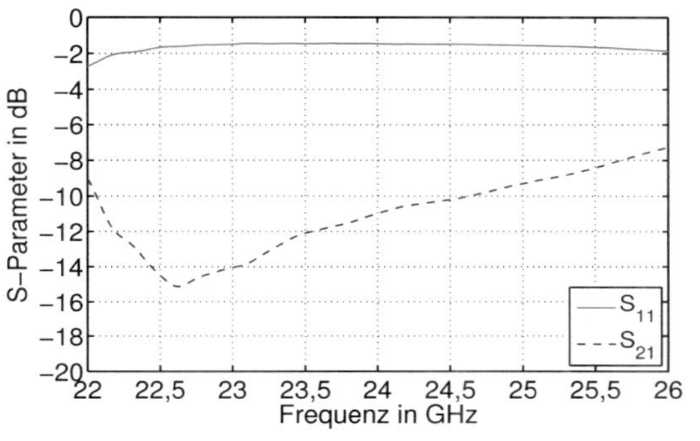

Abbildung 6.30: Simulationsergebnisse S_{11} und S_{21} des Koaxial-Hohlleiter-Übergangs in Abhängigkeit der Frequenz [3] © 2014 IEEE

Hierfür sind die dielektrischen Eigenschaften des verwendeten PEEKs im K-Band zu charakterisieren. Dabei wird ebenfalls die Resonatormethode verwendet, die bereits beim Öl zum Einsatz kam. In Abbildung 6.29 sind die Ergebnisse über der Temperatur und der Permittivität gezeigt. Die Permittivität liegt zwischen 2,8 und 3,4 bei vernachlässigbaren Verlusten. Mit dem gemittelten Permittivitätswert $\varepsilon'_{\mathrm{rPEEK}} = 3{,}2$ und einem Außenradius von $r_{\mathrm{out}} = d_{\mathrm{PEEK}}/2 = 3{,}6$ mm des Peeks wird der Radius des Pins auf 0,81 mm festgelegt.
Neben der Optimierung der Einspeisestelle ist ebenfalls die Pinlänge für die Anpassung der Einkopplung entscheidend. Unter Berücksichtigung mechanischer Einschränkungen wird mit CST eine Optimierung die Pinlänge durchgeführt. Das Ergebnis liefert ein Verhältnis von Pinlänge/PEEK-Länge von etwa 0,9, um den ganzen Pin in Öl mit PEEk zu umgeben. Im relevanten Frequenzbereich wird durch die durchgeführten Optimierungen eine Anpassung besser als -10 dB erreicht (siehe Abbildung 6.30). Die Transmission liegt bei etwa -1,5 dB. Die Simulationen zeigen ebenfalls, dass höhere Moden bei der Einspeisung nicht angeregt werden und somit zu vernachlässigen sind. Ausschließlich die TM01-Mode wird angeregt Allerdings ist der Einfluss der Permittivität vom Öl wie auch des PEEKs erheblich. Die Anpassung wird für höhere Permittivitätswerte besser.

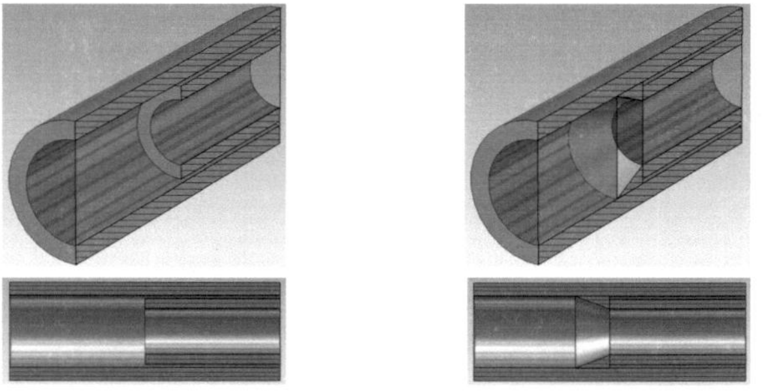

(a) Nicht angepasster Übergang (b) Angepasster Übergang mit Taper

Abbildung 6.31: Übergang vom Standrohr W_1 auf das Tauchrohr W_2 mit und ohne Taper [3] © 2014 IEEE

Hohlleiterübergang zwischen W_1 und W_2

Am vorhandenen Übergang vom Standrohr W_1 auf das Tauchrohr W_2 muss der Reflexionsfaktor so gering sein, dass der Kolbenboden unabhängig von der Position des Kolbens detektiert wird. Der Durchmesserunterschied von 4 mm zwischen W_1 und W_2 führt zu einer großen Impedanzänderung in den zwei Hohlleiterabschnitten 6.31(a)), was wiederum zu einer starken Reflexion an dieser Stelle führt. Der Reflexionsfaktor kann allerdings mit einem angepassten Übergang (engl. *Taper*) zwischen W_1 und W_2 reduziert werden. In [FK88], [HW89], [SU79] sind unterschiedliche Tapergeometrien beschrieben. Der realisierte Taper über eine Länge von 5 mm ist in Abbildung 6.31(b) zu sehen.
Die Simulationsergebnisse in Abbildung 6.32 zeigen für beide Übergänge die Reflexion S_{11} und die Transmission S_{21} über der Frequenz. Ohne Taper beträgt die Reflexion etwa-3 dB. Die angepasste Lösung gewährleistet eine ausreichend große Reflexion von -15 dB bis -10 dB und eine fast ideale Transmission von ca. 0 dB über dem Frequenzbereich des Radars. Die Reflexion am Ende der Kolbenstange wird weniger gestört und die Detektion des Kolbenbodens gesichert.

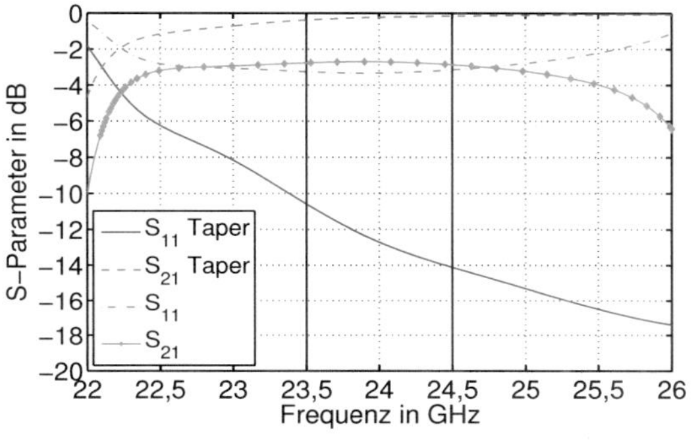

Abbildung 6.32: Simulationsergebnisse S_{11} und S_{21} für den W_1-W_2 Übergang mit und ohne Taper [3] © 2014 IEEE

6.3.2 Radarbasierte Messergebnisse

Die Anbindung des Radarsensors an den Hydraulikzylinder und der Messaufbau sind in Abbildung 6.33 bzw. Abbildung 6.34 zu sehen. Die Radarmessungen werden mit einem 1 m langen Hydraulikzylinder durchgeführt, der über einen magnetostriktiven Sensor geregelt wird. Dieser Sensor dient ebenfalls als Referenz für die mit dem Radar berechneten Positionen (siehe Messaufbau Abbildung 6.34). Das Standrohr W_1 inklusive des getaperten Übergangs zur Tiefenbohrung W_2 hat eine Länge von etwa 0,5 m und ist in etwa in der Mitte der Tiefenbohrung platziert. Insgesamt wird über eine Strecke von 200 mm mit der minimal möglichen Schrittweite der Steuerungseinheit von 4 mm gemessen. Dadurch ergeben sich 50 Positionen, wobei an jeder Position zur statistischen Analyse 50 Messwiederholungen durchgeführt werden. In Abbildung 6.35(a) sind drei Positionen innerhalb der Messstrecke im Frequenzbereich aufgetragen, die sich am Anfang, in der Mitte und am Ende der Messstrecke befinden. Die Hauptreflexionen am Boden der Kolbenstange zwischen 30 kHz und 40 kHz werden sehr gut detektiert. Die Amplituden unterscheiden sich bei einem Abstand von jeweils 100 mm um etwa 2 dB.

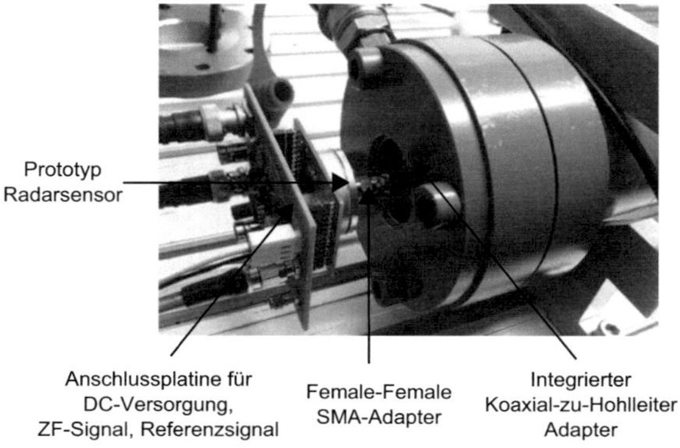

Abbildung 6.33: Anbindung des Radarsensors an den Zylinder [3] © 2014 IEEE

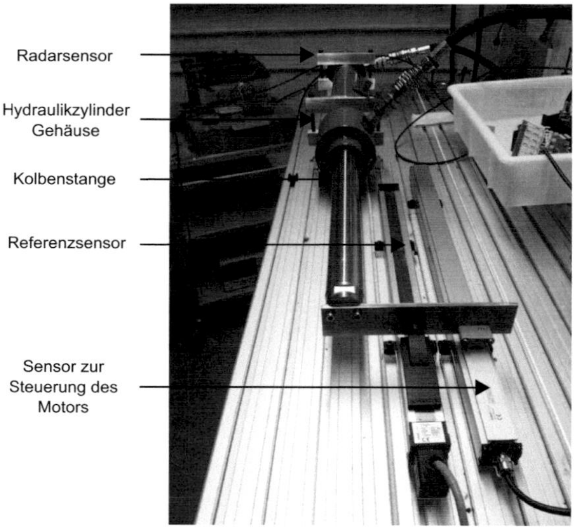

Abbildung 6.34: Foto des Messaufbaus [3] © 2014 IEEE

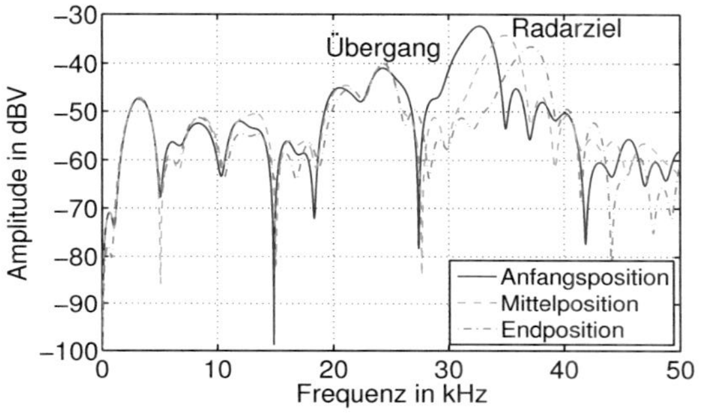

(a) ZF-Signal im Frequenzbereich für drei Messpositionen

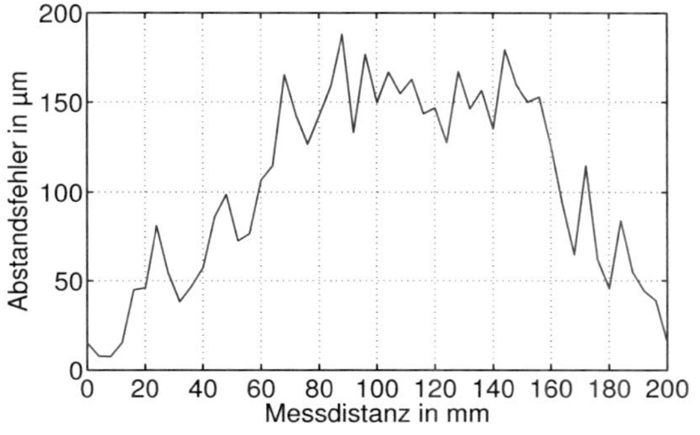

(b) Abstandsfehler für die erweiterte Phasenauswertung

Abbildung 6.35: Messergebnisse für den Hydraulikzylinder [3] © 2014 IEEE

Damit resultiert eine Gesamtdämpfung in Öl von etwa 10 dB pro Meter, was sehr gut mit den zuvor ermittelten Werten übereinstimmt. Erwartungsgemäß weist der Übergang eine um 8 dB niedrigere Amplitude als die Hauptziele auf und liegt für alle Positionen bei einer festen Frequenz von 24,8 kHz. Die entsprechende Länge, den Taper eingeschlossen, ist bekannt. Demzufolge kann die absolute Entfernung des Radarziels (Kolbenstange) durch die Differenzfrequenz zwischen dem Übergang und den Messpunkten ermittelt werden. In diesem Fall resultiert eine absolute Position von etwa 0,814 m. Die Genauigkeitsanforderung an die Frequenzbestimmung wird über die gesamte Strecke erfüllt. Insgesamt wird eine Genauigkeit von etwa 200 μm erreicht (siehe Abbildung 6.35(b)).

6.3.3 Fazit

Im Bereich von Hydraulikzylindern ist die Nachfrage nach integrierten Sensorlösungen groß. Der hohlleiterbasierte K-Band Radarsensor bietet eine vielversprechende Lösung für diese Anwendungen, bei denen konventionelle Sensoren an ihre Grenzen kommen. Der Sensor erreicht eine Genauigkeit von besser als 200 μm und ist direkt in den Hydraulikzylinder integrierbar.
Für die Umsetzung des Sensors werden die Ausbreitungseigenschaften der Radarsignale im ölgefüllten zylindrischen Hohlleiter untersucht. Neben der Modenuntersuchung werden die dielektrischen Eigenschaften des eingesetzten Öls durch Permittivitätsmessmethoden im K-Band charakterisiert. Die Messergebnisse zeigen eine gute Übereinstimmung mit Literaturwerten für vergleichbare Ölsorten. Die Dämpfung von 10 dB/m wird mit einem NWA [3] sowie mit Radarmessungen verifiziert, wodurch keine Einschränkung für den Einsatz des Radars in Öl gegeben ist.
Des Weiteren werden angepasste Übergänge und Einkoppelkonzepte zum Einspeisen des Radarsignals in den Zylinder hinsichtlich der mechanischen und elektrischen Anforderungen entwickelt. Der druckfeste, öldichte Koaxial-zu-Hohlleiter-Adapter bietet eine optimale Kopplung in den Zylinder und der konische Übergang zwischen den beiden Hohlleitersegmenten reduziert die signifikante Reflexionsstelle im System.

7 Schlussfolgerungen

Die Radartechnik wird durch den stetigen Fortschritt in der Halbleitertechnologie für zahlreiche neue Anwendungsfelder attraktiv. Das vorgestellte Messkonzept in dieser Arbeit zeigt Möglichkeiten zur Nutzung der Radartechnik für industrielle Anwendungen, die hohe Abstandsgenauigkeiten unter schwierigen Messbedingungen benötigen. Der Einsatz des Radars bietet insbesondere für diese Anwendungen eine robuste Messmöglichkeit, da die Messung in einem von äußeren Einflüssen geschützten Hohlleiter durchgeführt wird. Durch die gezeigte Kombination von Frequenz- und Phasenauswertung ist eine hochgenaue Abstandsbestimmung möglich. Die maximale Abstandsgenauigkeit hängt jedoch stark von den Eigenschaften des Radarsensors und den Störungen im System ab. Im Rahmen dieser Arbeit werden die Einflüsse auf die Abstandsgenauigkeit analysiert und darauf basierend die Anforderungen an eine radarbasierte Abstandsmessung mit geführter Wellenausbreitung abgeleitet.

In Kapitel 2 wird das Systemkonzept für die Abstandsmessung mit einem Radar beschrieben und die Anforderungen an die Signalverarbeitung abgeleitet. Durch die Erweiterung des FMCW-Prinzips mit einer Phasenauswertung wird neben einem großen Eindeutigkeitsbereich ebenfalls eine hohe Abstandsgenauigkeit gewährleistet. Im Gegensatz zu einer reinen Phasenauswertung wird zusätzlich die Komplexität der Hardware reduziert, da kein IQ-Empfänger (Inphase-Quadratur) benötigt wird. Zur Auswertung der Frequenz und der Phase des ZF-Signals wird die hochgenaue iterative Chirp-Z Transformation eingesetzt. Die schnelle Prozessierung mit diesem Algorithmus ermöglicht hohe Messwiederholraten und ein echtzeitfähiges System.

Die Analyse der Störungen durch die Hardware, die bei einem FMCW-Radar die Messgenauigkeit einschränken, wird im Detail in Kapitel 3 durchgeführt. Die Hauptstörquellen sind das Rauschen und die Nichtlinearität der Frequenzrampe des FMCW-Radars. Um den Einfluss des SNRs (engl. *Signal-to-Noise-Ratio*) auf

die Abstandsgenauigkeit zu zeigen, wird das SNR im monostatischen Radar ermittelt und durch eine Reduzierung des Phasenrauschens verbessert. Zur Bewertung der theoretisch erreichbaren Genauigkeit des Radars wird die Cramér-Rao Grenze (engl. *Cramér–Rao Lower Bound, CRLB*) eingesetzt. Die in Messungen ermittelten SNR-Werte und Standardabweichungen der Abstandsauswertung werden durch die CRLB bestätigt. Zusätzlich wird gezeigt, dass die Abstandsgenauigkeit im realisierten Messaufbau nicht durch Rauschen begrenzt ist.
Des Weiteren wird die Linearität der Frequenzrampe analysiert. Das Phasenrauschen beeinflusst die Phase des Radarsignals, so dass zufällige Frequenzabweichungen auf der Frequenzrampe resultieren. Die Ansteuerung des Radars erzeugt funktionsbedingt Störimpulse, die sich als sinusförmige Nichtlinearitäten auf der Frequenzrampe zeigen. Diese Frequenzabweichungen werden gezielt erhöht und die Auswirkung auf die Linearität und das ZF-Signal untersucht. Damit kann der Zusammenhang zwischen Frequenzabweichungen auf der Frequenzrampe, Phasenrauschen und SNR im ZF-Signal und folglich die zu erwartende Abstandsgenauigkeit gezeigt werden. Somit können bereits im Vorfeld Spezifikationen für das Radar erstellt werden. Durch die analytische Beschreibung der Störimpulse können wiederum die Anforderungen an die Signalqualität des Referenzsignals genau spezifiziert werden.
Der Einfluss der Wellenausbreitung im Hohlleiter wird in Kapitel 4 beschrieben. Es wird gezeigt, dass der Dispersionseinfluss auf die Frequenz und die Phase des ZF-Signals vernachlässigt werden kann. Für die Phasenauswertung ist die Phasengeschwindigkeit im Hohlleiter zu berücksichtigen. Toleranzen der Hohlleitergeometrie führen zu einem linearen Anstieg der Abstandsfehler, die aufgrund der verwendeten Messstrecke von 1 m eine untergeordnete Rolle spielen.
Eine entscheidende Beeinträchtigung der Messungen ist durch Mehrfachreflexionen gegeben. Diese treten lokal und relativ zum Radarziel mitlaufend im Spektrum auf. Der Einfluss der Mehrfachreflexionen wird mit der entwickelten Systemsimulation im Detail untersucht. Dabei wird gezeigt, dass die Reflexion an der Einkopplung in den Hohlleiter den größten Einfluss hat, so dass im relativen Abstand zu dieser Störstelle von 0,35 m keine Messungen durchgeführt werden können. In diesem Bereich ist keine weitere Optimierung ohne Änderungen an der Radar-Hardware möglich. Die nutzbare Messstrecke im Hohlleiter wird ebenfalls durch die Reflexion am offenen Hohlleiterende verringert. Hier wird gezeigt,

dass durch eine Optimierung des Radarziels auch der Bereich am Hohlleiterende für Messungen genutzt werden kann.
Durch die Systemsimulation werden typische Fehlerverläufe über eine große Messstrecke charakterisiert. Es wird deutlich, dass systematische Fehler in der Signalverarbeitung zu periodischen Fehlerverläufen führen. So führt bspw. die Phasenänderung des ZF-Signals in Abhängigkeit der Abstandsänderung zu einer hochfrequenten Fehlerperiode. Des Weiteren wird gezeigt, dass durch die Interferenz von Störstellen und des Radarziels im Frequenzbereich des ZF-Signals eine niederfrequente Fehlerperiode entsteht, die von der Rampendauer abhängt. Damit können Mindestanforderungen an Abstände von Störstellen zum Radarziel und deren Reflexionseigenschafen spezifiziert werden, um den hohlleiterbasierten Messaufbau bereits in der Anfangsphase zu optimieren.
In Kapitel 5 werden Abstandsmessungen über der gesamten Hohlleitermessstrecke durchgeführt. Die Analyse der Störeinflüsse und die Simulation der Messumgebung werden erneut bestätigt. Eine Erhöhung der zufälligen Frequenzabweichungen, die sich durch ein erhöhtes Phasenrauschen ergeben, führt zu höheren Abstandsfehlern, die durch Mittelung reduziert werden können. Mit optimiertem Phasenrauschen zeigt sich, dass die Abstandsfehler nicht durch Mittelung und damit Verbesserung des SNRs verringert werden, sondern aufgrund von Mehrfachreflexionen konstant bleiben. Die analytische Beschreibung der Nichtlinearität mit einem sinusförmigen Störmodell wird messtechnisch verifiziert. Die Ursache dieser Nichtlinearität sind Störimpulse, die im Referenzsignal auftreten können. In Abhängigkeit der Leistung der Störimpulse wird die Frequenzrampe unterschiedlich stark beeinflusst.
Das eingesetzte K-Band Radar mit einer Bandbreite von 800 MHz gewährleistet eine maximale Entfernungsauflösung von 12 cm im Hohlleiter. In dieser Arbeit werden mit diesem Radarsensor Genauigkeiten in der Größenordnung von ± 5 µm innerhalb einer kurzen Messstrecke erreicht. Über die vorher ermittelte Strecke von 0,6 m, in der Messungen ohne starke Verfälschungen möglich sind, wird eine Genauigkeit von ± 20 µm erzielt.

In Kapitel 6 werden unterschiedliche Anwendungsszenarien für radarbasierte Abstandsmessungen in einem Hohlleiter gezeigt. Zunächst wird die Integration der eindimensionalen Abstandsmessung im Hohlleiter in eine hydraulische Vorschubachse beschrieben, die Bestandteil einer neuartigen Werkzeugmaschine für die Mikrostrukturbearbeitung ist. Anschließend wird exemplarisch die wirkstellennahe Abstands- bzw. Positionsbestimmung für ein weiteres Werkzeugmaschinenmodul, einer Parallelkinematik über zwei Dimensionen, vorgestellt. Durch Kombination der Abstandsinformation von zwei Radarsensoren und einer geeigneten Hohlleiterkonstruktion werden Genauigkeiten im Bereich von ± 100 µm erreicht. Des Weiteren wird die Möglichkeit zur radarbasierten Winkelmessung dargestellt. Die Anforderung nach einer $360°$-Messung wird durch einen modifizierten Riblet-Koppler und einem symmetrischen Messkonzept mit zwei Radarsensoren sowie mehreren nach Kapitel 4 optimierten Radarzielen erfüllt. Auf diese Weise wird über den gesamten Umfang von $360°$ eine Genauigkeit von $\pm 0{,}05°$ erreicht. Abschließend wird die Positionsbestimmung in einem Hydraulikzylinder vorgestellt. Das Messkonzept besteht aus zwei Hohlleiterabschnitten, dem Hohlleiter für die Einkopplung und einer Tiefenbohrung in der Kolbenstange. Das Radarziel ist in diesem Fall das Ende der Tiefenbohrung. Um im Hydraulikzylinder zu messen, werden angepasste Übergänge zwischen den Hohlleiterabschnitten und Einkoppelkonzepte zur Einspeisung des Radarsignals in den Zylinder entwickelt. Der Sensor erreicht bei einer Messung in Öl eine Genauigkeit von etwa 200 µm.

Durch die vorliegende Arbeit werden wesentliche Erkenntnisse im Vergleich zum Stand der Technik erzielt:

- Erstmalig werden mit einem K-Band Radarsensor mit einer geringen Bandbreite von 800 MHz hochgenaue Abstandsmessungen im einstelligen µm-Bereich erreicht. Darüber hinaus wird gezeigt, dass sich die erreichte Standardabweichung der Abstandsmessung nur geringfügig vom theoretisch optimalen CRLB-Wert (2,1 µm) unterscheidet. In praktischen Anwendungen ist jedoch die absolute Genauigkeit von viel größerer Bedeutung. Die absolute Messgenauigkeit für die Abstandsmessung in dieser Arbeit weicht mit 4,5 µm nur um einen Faktor 2 vom idealen CRLB-Wert ab.

- Ferner kann der Einfluss der Linearität der Frequenzrampe auf Basis von Messergebnissen auf reale Störungen übertragen und messtechnisch verifiziert werden. Mit Hilfe der DDS-basierten Referenzquelle wird eine Analysemethodik für Nichtlinearitäten realisiert, mit der beliebige Rampenformen und somit beliebige Störungen auf den Frequenzrampen erzeugt und untersucht werden können. Die Einflüsse des Phasenrauschens und von Störimpulsen auf die Frequenzrampe können im Detail beschrieben werden. Ausgehend von einer analytischen Beschreibung der Störungen kann weiterführend der Einfluss auf das Zwischenfrequenzsignal aufgestellt werden, so dass die gesamte Kette von der Ursache der Störung bis hin zur Auswirkung auf die Abstandsmessung mit einem FMCW-Radar analysiert werden kann.
- Durch den neuartigen Simulationsansatz mit einem rekursiven Algorithmus wird der Einfluss von zusätzlichen Reflexionsstellen für ein FMCW-Radar analysiert. Damit sind die Mindestanforderungen für hohe Genauigkeiten in Bezug auf Abstände zwischen den Reflexionsstellen und deren Reflexionsfaktoren anhand einer Simulation berechenbar. Die Erkenntnisse aus der Simulation sind auf Messungen im Freiraum übertragbar, wenn stationäre Reflexionsstellen in der Messstrecke vorhanden sind. In Kombination mit der Analyse der Störungen in einem FMCW-Radar ist damit eine systematische Auslegung des Systems bzw. die Definition von Spezifikationen für die Einzelkomponenten im System im Vorfeld möglich.
- Die zahlreichen, real umgesetzten Messkonzepte der radarbasierten Abstandsmessung zeigen völlig neue Anwendungsmöglichkeiten für das Radar. Die Integration in eine Werkzeugmaschine zur eindimensionalen Abstandsmessung und zur wirkstellennahen Positionsbestimmung über zwei Dimensionen sind in diesem Bereich wegweisend. Die radarbasierte Winkelmessung und die Messung im Öl knüpfen an und zeigen die Vielzahl an Möglichkeiten einer radarbasierten Abstandsmessung.

In dieser Arbeit werden erstmals Messmöglichkeiten für ein Radar in industriellen Anwendungen vorgestellt, die eine hohe Abstandsgenauigkeit im µm-Bereich aufweisen. Die erreichten Genauigkeiten des Radars und das aufgestellte Simulationsmodell, das eine optimale Auslegung der Messstrecke bereits im Vorfeld ermöglicht, eröffnen eine Vielzahl neuartiger Messanwendungen in der Industrie und Automatisierungstechnik. In Kombination mit der hohen Messwiederholrate sind die vorgestellten Algorithmen zur Abstandsauswertung echtzeitfähig in realen Applikationen umsetzbar. Bei höheren Frequenzen ist mit reduzierter Sensorgröße gleichzeitig eine Steigerung der Genauigkeit möglich, so dass die ständig fortschreitende Entwicklung in der Halbleitertechnologie den Einzug der radarbasierten Messtechnik unterstützen wird.

A Basisbandsignalverarbeitung in Echtzeit

Für die FPGA-Umsetzung wird der Xilinx Baustein Virtex 5 [Xil14b] und der AD-Wandler ADS1605 [Tex07] eingesetzt, der eine Abtastrate von 5 MHz bei einer Auflösung von 16 Bit besitzt. Im Vergleich zur minimal notwendigen Abtastrate in Abschnitt 2.2 wird eine Überabtastung mit dem Faktor 100 durchgeführt. Die Basisbandsignalverarbeitung gliedert sich in vier sequentielle Abschnitte, die im FPGA ein gemeinsames Modul darstellen. Abbildung A.1 zeigt den Ablauf der Signalverarbeitung. Die einzelnen Abschnitte bestehen aus der

- Fensterung: Vor der Frequenzauswertung wird das gespeicherte Signal gefenstert. Dazu ist ein Festwertspeicher vorhanden, in dem die Koeffizienten des Fensters hinterlegt sind. Die Berechnung der Koeffizienten erfolgt unter Matlab. Über die Ethernet-Schnittstelle können auf diese Weise unterschiedliche Fensterfunktionen in den FPGA geladen werden. Dabei kommt das Blackman-Fenster zum Einsatz.
- Frequenzauswertung: Die Berechnung der Frequenz des ZF-Signals erfolgt über das CZT-Verfahren aus Abschnitt 2.2. Hierfür wird das Spektrum des ZF-Signals berechnet und anschließend über eine Maximumsuche die Frequenz ermittelt.

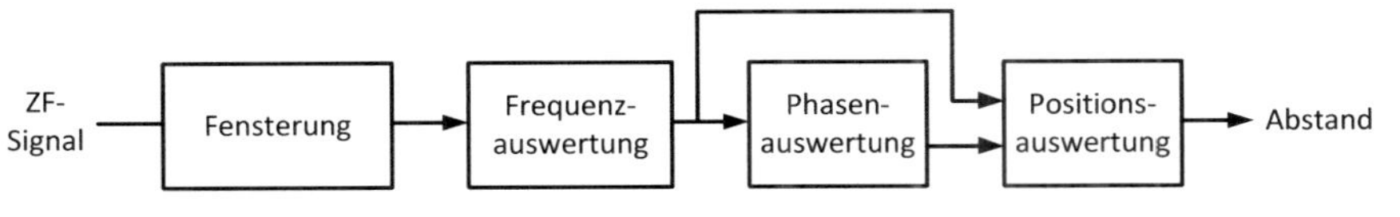

Abbildung A.1: Ablaufdiagramm der Basisbandsignalverarbeitung

- Phasenauswertung: Die Berechnung der Phase kann direkt mit der CZT- oder alternativ mit der Korrelations-Methode durchgeführt werden. Das Ergebnis der beiden Methoden sind, wie in Unterabschnitt 2.2.2 gezeigt, identisch. Für die Phasenauswertung wird immer die Frequenz benötigt. Daher müssen die einzelnen Schritte sequentiell durchgeführt werden.
- Abstandsauswertung: Die Abstandsauswertung erfolgt nach Abschnitt 2.1. Mit der vorangegangenen Bestimmung von Frequenz und Phase wird der Abstand über (2.11) berechnet.

Frequenzauswertung im FPGA

Die Kriterien für die Frequenzauswertung sind die erreichbare Genauigkeit der Frequenzbestimmung und die Rechengeschwindigkeit. Der Ressourcenverbrauch spielt durch den Einsatz des großen FPGAs eine untergeordnete Rolle. Für das Zeropadding-Verfahren ist nach (2.17) eine möglichst große Transformationslänge der FFT notwendig. Die FFT ist bereits von Xilinx implementiert und als konfigurierbarer IP-Core verfügbar. Die Konfigurationsparameter sind die Transformationslänge, die Art der Implementierung (Radix-2 Lite, Radix-2, Radix-4, Pipelined) und die Wahl zwischen Ganzzahl- oder Fließkommagenauigkeit [Xil14a]. Für eine große Transformationslänge kommt allerdings nur eine Ganzzahlarithmetik in Frage, da die Rechenzeit im anderen Fall zu groß wird und die Transformationslänge durch den verwendeten FPGA limitiert ist. Die komplette Abstandsauswertung muss innerhalb einer Rampendauer abgeschlossen sein. Aus diesem Grund wird für die Frequenzauswertung ausschließlich die CZT im Detail untersucht.

Chirp-Z Transformation

Die CZT kann auf verschiedene Arten implementiert werden. Aufbauend auf dem Ansatz aus (2.22) wird die CZT als lineare Filterung umgesetzt. Die Berechnung der CZT ergibt sich zu

$$S_{\mathrm{k,CZT}} = b_{\mathrm{k}}^{*} \cdot \left[(s_{\mathrm{n}} \cdot a_{\mathrm{n}}) * b_{\mathrm{n}} \right] \tag{A.1}$$

Das Spektrum $S_{\mathrm{k,CZT}}$ des ZF-Signals s_n wird mit Hilfe der Koeffizienten a_n und b_n aus (2.20) und (2.21) berechnet. Die Koeffizienten bestimmen über f_off den Anfang des Spektrums und über B_CZT die auszuwertende Bandbreite in (2.19). Für die Implementierung der CZT ergeben sich zwei Möglichkeiten:

- Realisierung als Filter im Zeitbereich
- Realisierung als schnelle Faltung im Frequenzbereich

Die Filterung kann im Zeitbereich, wie in Abbildung A.2 dargestellt, durchgeführt werden. Das Eingangssignal s_n wird mit dem Koeffizienten a_n multipliziert und anschließend gefiltert. Die Impulsantwort H des Filters entspricht dem Koeffizienten b_n. Abschließend wird das gefilterte Signal mit dem komplex konjugierten Koeffizienten b_k^* multipliziert. Eine Frequenzrampe mit $T = 500$ µs hat bei einer Abtastfrequenz von $f_\mathrm{a} = 5$ MHz eine Länge N von 2500. Für eine CZT-Transformation der Länge K von 1000 ergeben sich 2,5 Millionen komplexe Multiplikationen. Bei einem Takt von 200 MHz beträgt die Berechnungsdauer im Zeitbereich etwa 12,5 ms, was für die Radaranwendung zu langsam ist.

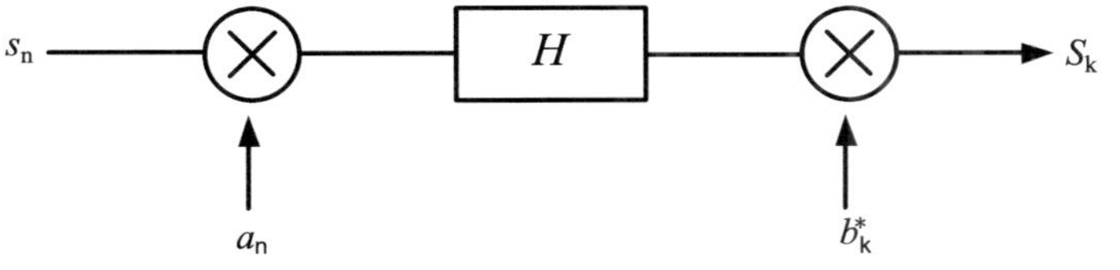

Abbildung A.2: Chirp-Z Transformation als Filter

Die CZT kann ebenfalls im Frequenzbereich berechnet werden. Dazu wird die Filterung, die im Zeitbereich einer Faltung entspricht, im Frequenzbereich implementiert und durch eine Multiplikation ersetzt. Die Transformation in den Frequenzbereich erfolgt über die FFT. Die Berechnung der Faltung im Frequenzbereich ist als schnelle Faltung bekannt. Abbildung A.3 stellt die Implementierung im Frequenzbereich schematisch dar. Der Filter aus Abbildung A.2 wird durch die schnelle Faltung ersetzt. Dadurch kommen drei FFT-Berechnungen und eine zusätzliche Multiplikation hinzu. Bei konstantem Koeffizienten b_n kann die FFT im Voraus berechnet werden und entfällt. Für die Maximumsuche im Spektrum ist der Betrag von Interesse. Daher kann die Multiplikation mit dem Koeffizienten b_k^* auch entfallen, da $|b_k^*| = 1$ ist. Bei der schnellen Faltung handelt es sich um eine zyklische Faltung. Aus diesem Grund muss sichergestellt werden, dass die FFT-Länge N_{FFT} ausreichend ist. Für zyklische Faltungen gilt [LKJ10]

$$N_{FFT} \geq N + K - 1 \quad . \tag{A.2}$$

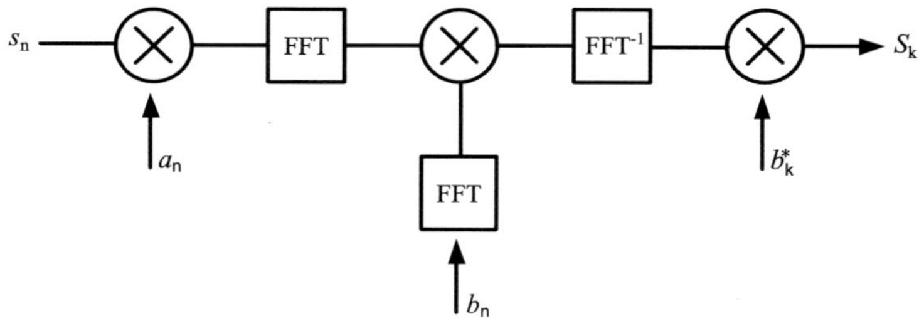

Abbildung A.3: Chirp-Z Transformation mit schneller Faltung

Die Anforderungen an die Rechengenauigkeit der CZT sind für das Radar besonders hoch. Die notwendige Berechnung der CZT über FFTs zur schnellen Faltung sorgt für zusätzliche Ungenauigkeiten. Zur Einschätzung der benötigten Genauigkeit der FFT werden Hardwaresimulationen durchgeführt. Dabei werden verschiedene Bitbreiten der FFT simuliert. Als Eingangssignal wird eine ideale Sinusschwingung bestimmter Frequenz betrachtet. Abbildung A.4 zeigt exemplarisch die Simulation einer CZT mit einer Rechengenauigkeit von 20 Bit Ganzzahlarithmetik, 32 Bit Ganzzahlarithmetik und 32 Bit Fließkommaarithmetik auf. Mit einer Rechengenauigkeit von 20 Bit ist das Quantisierungsrauschen deutlich zu erkennen. Der mittlere Fehler bei der Bestimmung des Maximums liegt bei etwa 102 Hz. Mit 32 Bit kann die mittlere Abweichung auf 5 Hz und mit der Fließkommaarithmetik mit 32 Bit Genauigkeit auf etwa 0,5 Hz reduziert werden.

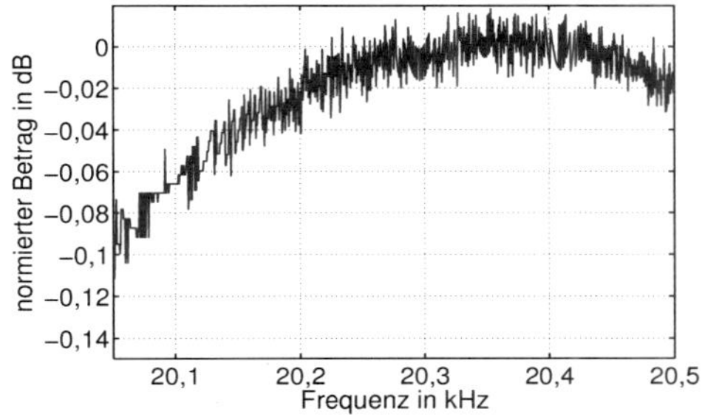

(a) 20 Bit Ganzzahlarithmetik

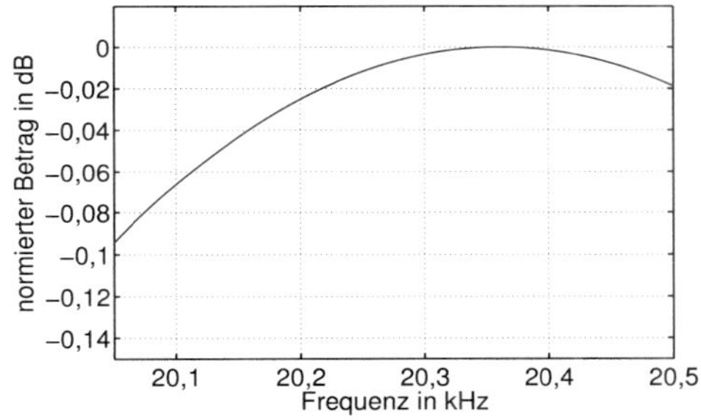

(b) 32 Bit Ganzzahlarithmetik

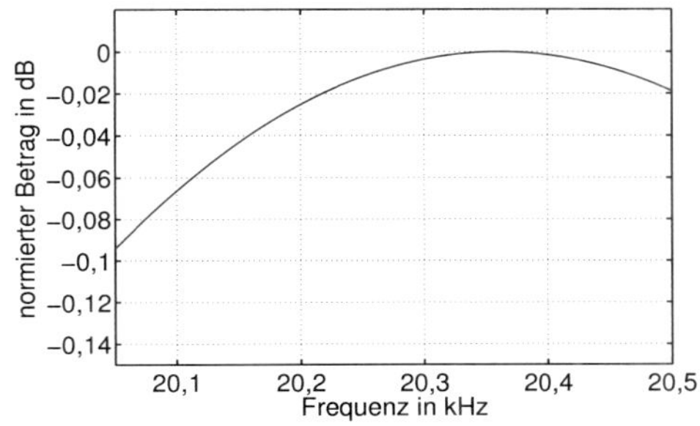

(c) 32 Bit Fliesskommaarithmetik

Abbildung A.4: Simulationsergebnisse der CZT mit unterschiedlicher Rechengenauigkeit und -arithmetik

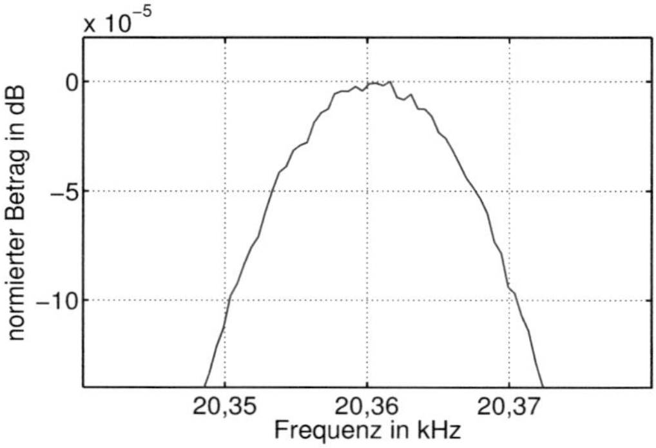

(a) 32 Bit Ganzzahlarithmetik

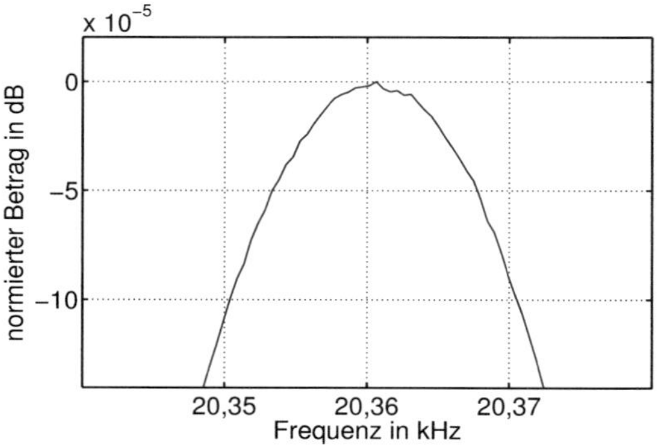

(b) 32 Bit Fliesskommaarithmetik

Abbildung A.5: Simulationsergebnisse der CZT mit unterschiedlicher Rechenarithmetik im Bereich des Maximums im Spektrum

In Abbildung A.5 wird zur Veranschaulichung der Unterschied zwischen der Ganzzahl- und Fließkommaarithmetik mit 32 Bit im Bereich des Maximums vergrößert dargestellt. Die Simulation zeigt, dass die Frequenzauswertung in Fließkommaarithmetik mit erhöhtem Ressourcenverbrauch durchgeführt werden muss,

Länge	Implementierung	Blockspeicher	DSP48	Latenzzeit
	Radix-2	10	8	42 µs
$N_{\mathrm{FFT}} = 1024$	Radix-4	18	24	22 µs
	Pipelined	17	34	21 µs
	Radix-2	18	8	88 µs
$N_{\mathrm{FFT}} = 2048$	Radix-4	22	24	47 µs
	Pipelined	31	44	42 µs
	Radix-2	31	8	185 µs
$N_{\mathrm{FFT}} = 4096$	Radix-4	37	24	93 µs
	Pipelined	54	44	83 µs

Tabelle A.1: Übersicht der Fließkommaarithmetik-FFTs

um die Anforderung im Radar zu erfüllen. Hierfür ist eine separate FPU (engl. *Floating Point Unit*) notwendig, mit der die erforderlichen Operationen wie komplexe Multiplikationen und Additionen in Fließkommaarithmetik durchgeführt werden können.

Neben der Bitbreite der FFT ist ebenfalls die Transformationslänge der FFT in Bezug auf die Rechenzeit entscheidend. Hierfür werden IP-Cores mit Fließkommagenauigkeit von Xilinx verwendet. In Tabelle A.1 ist ein Überblick über die verschiedenen Implementierungen gezeigt. Bei der Berechnung der CZT im Frequenzbereich werden mehrere FFTs hintereinander durchgeführt. Aus diesem Grund darf die Latenzzeit der einzelnen FFT nicht zu groß sein. Als Kompromiss zwischen Rechendauer und Genauigkeit wird die FFT mit einer Transformationslänge von $N_{\mathrm{FFT}} = 2048$ und Radix-4 Implementierung eingesetzt. Für die Berechnung der zyklischen Faltung muss ebenfalls (A.2) eingehalten werden. Bei $N_{\mathrm{FFT}} = 2048$ und einer CZT-Länge von $K = 1024$ folgt eine maximale Anzahl an Abtastwerten von 1024. Bei einer Rampendauer von $T = 500\mu\mathrm{s}$ sind 2500 Abtastwerte vorhanden. Aus diesem Grund wird eine Unterabtastung mit dem Faktor 8 durchgeführt, die im Binärsystem einfach zu realisieren ist. Im Rahmen der Untersuchungen wird der Faktor bewusst groß gewählt, um eine höhere Flexibilität zu erreichen. Damit können bis 8192 Abtastwerte verarbeitet werden, die einer Rampe von etwa $T = 1{,}638$ ms entsprechen. Vor der eigentlichen CZT-Berechnung wird zusätzlich eine FFT zur Grobbestimmung der Frequenz durchgeführt, um das Spektrum weiter einzugrenzen. Damit ergibt sich eine Frequenzauflösung Δf_{CZT} von

$$\Delta f_{\mathrm{CZT}} = \frac{5\,\mathrm{MHz}}{8 \cdot 2 \cdot 1024 \cdot 1024} = 0,29\ \mathrm{Hz} \quad . \tag{A.3}$$

Der Koeffizient b_{n} der CZT bleibt konstant, wodurch eine FFT entfällt und somit nur zwei sequentielle FFTs benötigt werden. Die Rechenzeit zur Frequenzauswertung durch die CZT mit vorangehender FFT zur Grobbestimmung beträgt mit $\tau_{\mathrm{FFT}} = 47$ µs etwa 142 µs.

Phasenauswertung im FPGA

Die Auswertung der Phase kann auf zwei Arten durchgeführt werden, mit der Korrelationsmethode oder direkt aus der CZT-Berechnung. Beide Verfahren sind identisch und benötigen den Arkustangens, der in digitalen Schaltungen über den CORDIC-Algorithmus implementiert wird.

Phasenauswertung über Korrelation

Die Auswertung der Phase ϕ_{ZF} über die Korrelation ist über

$$\phi_{\mathrm{ZF}} = \arctan\left(\frac{\int_0^T \cos\left(2\pi f_{\mathrm{ZF}}t + \phi_{\mathrm{ZF}}\right) \cdot \sin\left(2\pi f_{\mathrm{ZF}}t\right) dt}{\int_0^T \cos\left(2\pi f_{\mathrm{ZF}}t + \phi_{\mathrm{ZF}}\right) \cdot \cos\left(2\pi f_{\mathrm{ZF}}t\right) dt}\right) \tag{A.4}$$

definiert [JMW02]. Die schmatische Darstellung der Korrelation ist in Abbildung A.6 zu sehen. Dabei werden MAC-Operationen (engl. *Multiply-Accumulate*) und ein NCO (engl. *Numerically Controlled Oscillator*) verwendet. Der NCO erzeugt die Sinus- und Kosinusschwingung mit der zuvor über die Frequenzauswertung bestimmten Frequenz f_{ZF}. Die MAC-Operation funktioniert als digitaler Mischer sowie Integrator für das ZF-Signal mit der gesuchten Phase und den erzeugten

Sinus- und Kosinusschwingungen. Das Signal wird im Anschluss an die Integration bzw. die Summation an den CORDIC-Algorithmus weitergegeben, der daraus den Arkustangens berechnet. Die Datenbreite der Phase ist auf 16 Bit festgelegt. Damit beträgt die Phasengenauigkeit $\Delta\phi_{\mathrm{CORDIC}}$ nach Abzug eines Vorzeichenbits und zwei Vorkommastellen

$$\Delta\phi_{\mathrm{CORDIC}} = \arctan\left(2^{-16+3}\right) = 1,22\mathrm{e}^{-4}\mathrm{rad} \quad . \tag{A.5}$$

Bei einer Startfrequenz von 23,7 GHz ist theoretisch eine Genauigkeit von 100 nm gegeben. Die Rechenzeit ist abhängig von der Anzahl der Abtastwerte. Für eine Länge von $N = 2500$ und einer Taktrate von 200 MHz ergibt sich, die Laufzeit der CORDIC-Berechnung eingeschlossen, eine Gesamtlaufzeit etwa 12,6 µs.

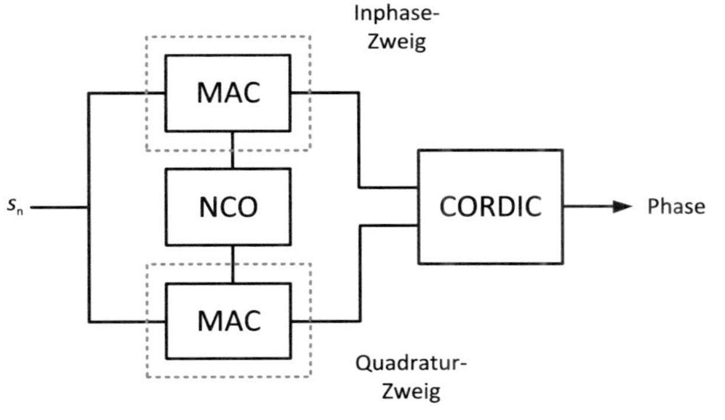

Abbildung A.6: Blockschaltbild der Phasenauswertung über Korrelation

Phasenauswertung über Chirp-Z Transformation

Bei der Phasenauswertung über die CZT wird die Phase direkt aus dem zuvor gefunden Maximum $S_{\mathrm{k_{max}},\mathrm{CZT}}$ der Frequenzauswertung berechnet, das mit dem passenden Koeffizienten b_{k}^{*} multipliziert werden muss, die eine einzige Multiplikation in Anspruch nimmt. Die schematische Darstellung ist in Abbildung A.7 gezeigt. Anschließend wird identisch zur Auswertung über die Korrelation, der Arkustangens mittels CORDIC-Algorithmus mit einer identischen Dauer von 200 ns und einer identischen Phasengenauigkeit nach A.5 berechnet. Eine komplexe Multiplikation ist nach 50 ns abgeschlossen. Die Laufzeit der CZT-Phasenauswertung liegt damit weit unter der Laufzeit mit der Korrelationsmethode bei 250 ns.

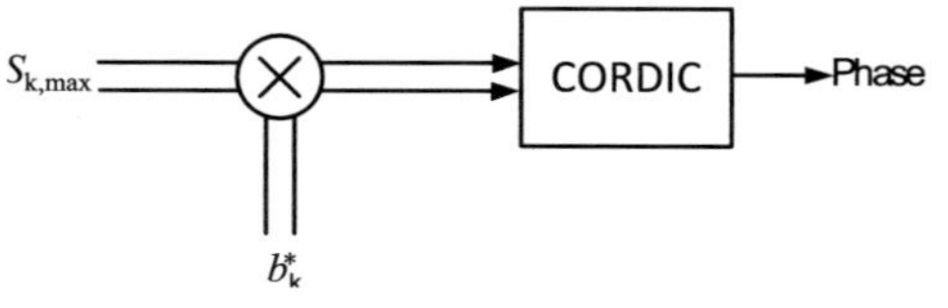

Abbildung A.7: Blockschaltbild der Phasenauswertung über CZT

Abstandsauswertung aus Frequenz und Phase

Die Abstandsauswertung berechnet aus der zuvor bestimmten Frequenz und Phase des ZF-Signals den Abstand zu einer Referenzposition. Dazu wird jeweils der Frequenzunterschied Δf und die Phasendifferenz $\Delta\phi$ nach (2.5) und (2.6) berechnet. Die Bezugsposition und damit die Bezugsfrequenz- und phase bildet die erste gemessene Position. Die Umrechnung in einen Abstand erfolgt nach dem beschriebenen Prinzip in Abschnitt 2.1. Die dazu notwendigen Parameter wie Gruppengeschwindigkeit v_{gr}, Rampendauer T und Bandbreite B sind im FPGA zwischengespeichert. Im FPGA wird die Mehrdeutigkeit der Phase aufgelöst, indem im Unterschied zur Beschreibung (2.11) die geringste Entfernung nach

$$m_{\text{min}} = \arg\min_{m} \left| R_{\phi_{\text{ZF}}} + m \cdot R_{\text{unamb}} - R_{f_{\text{ZF}}} \right| \tag{A.6}$$

ausgewertet wird, um die endgültige Distanz R_{abs} wie folgt zu bestimmen:

$$R_{\text{abs}} = R_{\phi_{\text{ZF}}} + m_{\text{min}} \cdot R_{\text{unamb}} \quad . \tag{A.7}$$

Für die Implementierung wird A.6 umgeformt:

$$R_{\phi_{\mathrm{ZF}}} + m \cdot R_{\mathrm{unamb}} = R_{f_{\mathrm{ZF}}}$$
$$m_{\min} = \left\lfloor \frac{2\left(R_{f_{\mathrm{ZF}}} - R_{\phi_{\mathrm{ZF}}}\right)}{2 \cdot R_{\mathrm{unamb}}} + 0,5 \right\rfloor \quad . \tag{A.8}$$

Das nach der Rundung berechnete $m_{\min}$ ergibt, eingesetzt in (A.7), zusammen mit $R_{\phi_{\mathrm{ZF}}}$ die gesuchte Entfernung R_{abs}. Insgesamt werden für die Abstandsauswertung vier Multiplikationen und vier Additionen benötigt. Da in diesem Modul alle Operationen nacheinander bei einer Taktfrequenz von 100 MHz durchgeführt werden, benötigt eine Multiplikation 50 ns und eine Addition 10 ns, so dass die Laufzeit 240 ns beträgt.

Bewertung des implementierten Systems

FPGAs beinhalten eine Vielzahl an wiederkehrenden Funktionsblöcken. Der verwendete Xilinx Baustein Virtex 5 besteht aus einzelnen Segmenten, die unterschiedliche Komponenten beinhalten. Ein Segment fasst jeweils Lookup-Tabellen, Multiplexer oder Register zusammen. Auf dem FPGA sind weitere, spezifische Funktionsblöcke wie Speicherblöcke und optimierte Schaltungselemente für Multiplikationen vorhanden. Insbesondere für die Signalverarbeitung können diese effizient verwendet werden. Der Ressourcenbedarf der einzelnen Komponenten hängt von der Anzahl an Elementen ab, die für die Anwendung benötigt werden. Aus diesem Grund können beispielsweise nicht beliebige Transformationslängen der FFT realisiert werden, wenn weitere Aufgaben im FPGA durchgeführt werden sollen. Der Ressourcenverbrauch an FPGA-Segmenten ist in Tabelle A.2 zusammengefasst. Insgesamt werden 3657 von insgesamt 17920 Segmenten verwendet. Damit ist der FPGA zu 21% ausgelastet. Spezielle Funktionsblöcke wie Blockspeicher und DSP48 Multiplizierer (engl. *Digital Signal Processor*) sind zu 35% bzw. 57% ausgenutzt. Die maximal mögliche Taktfrequenz ist von der Art der Implementierung abhängig und kann durch Verwendung von Pipelining beschleunigt werden [Xil14a]. Aufgrund des Schwerpunktes auf die Signalverarbeitung werden viele Fließkommarechenoperationen durchgeführt, die eine hohe Taktfrequenz erschweren [FM10]. Der maximal verwendete Takt wird auf

200 MHz festgesetzt. Die Signalverarbeitung besitzt eine Laufzeit von insgesamt 180 µs. Der Zwischenspeicher für die Abtastwerte ist auf eine maximale Anzahl von 10000 begrenzt. Folglich beträgt die maximale Rampe 2 ms. Die Genauigkeit der Frequenzauswertung ergibt sich aus (A.3) auf 0,29 Hz, was einer Abstandsgenauigkeit von etwa 22 µm entspricht. Der für die Phasenauswertung benutzte CORDIC-Algorithmus bietet analog zu (A.5) eine Phasengenauigkeit von $1{,}22e^{-4}$ rad, wodurch eine theoretische Abstandsgenauigkeit von etwa 100 nm gewährleistet ist. Die Genauigkeitsangaben sind rein theoretisch und durch die Implementierung bedingt.

belegte FPGA-Segmente	3657 von 17920 (21%)
Blockspeicher	52 von 148 (35%)
DSP-Multiplizierer	37 von 64 (57%)
max. Taktfrequenz	200 MHz
Rampendauer	80 µs-2000 µs
Messwiederholrate	475 Hz-5500 Hz
Frequenzgenauigkeit	<0,29 Hz
Phasengenauigkeit	$<1{,}22e^{-4}$ rad

Tabelle A.2: Kenndaten der FPGA-Signalverarbeitung

Zur Abschätzung der Abstandsauswertung des implementierten Echtzeitsystems werden die Daten des FPGAs mit den berechneten Positionswerten aus Matlab verglichen und analysiert. Dazu werden sämtliche Rohdaten, sowie die vom FPGA berechneten Werte wie Frequenz, Phase und Abstand über die Ethernet-Schnittstelle an den Rechner übertragen und analysiert. Zum Vergleich wird das Radarziel auf einer festen Position mit 1000 Wiederholungen gemessen. Die Schwankungen der berechneten Position entsprechen direkt dem Rauscheinfluss und der begrenzen Rechengenauigkeit des FPGAs. Abbildung A.8 zeigt das Histogramm der Frequenzauswertung. Zusätzlich ist eine angepasste Normalverteilung dargestellt. Die Standardabweichung der Matlab-Auswertung liegt bei 1,64 Hz. Für die FPGA-Auswertung ergibt sich ein Wert von 3,79 Hz. Die FPGA-Auswertung ist um den Faktor 2 schlechter als Matlab, was auf die Rundungsfehler bei der Berechnung zurückzuführen ist. Abbildung A.9 zeigt ebenfalls den Vergleich der Phasenauswertungen. Die Standardabweichung der Phasenauswertung über Matlab beträgt 2,8 e^{-3} rad (0,160°) und über die FPGA-Auswertung 5,8e^{-3} rad (0,332°). Der Unterschied zur Matlab-Auswertung ist wie bei der Frequenzauswertung um den Faktor 2 schlechter. Die Standardabweichung ergibt, umgerechnet auf den Abstand, die Zusammenstellung nach Tabelle A.3.

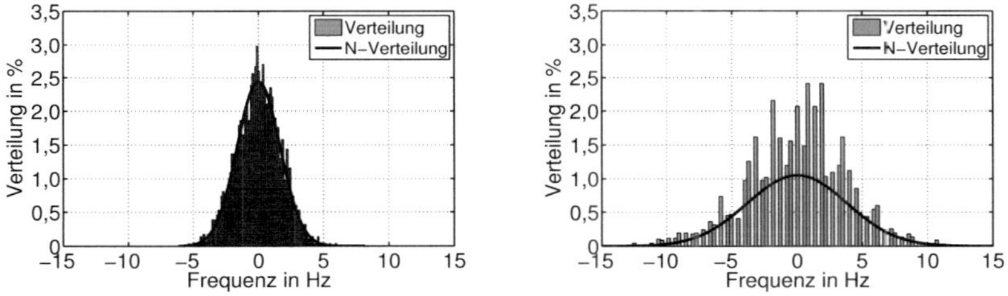

(a) Matlab-Auswertung (b) FPGA-Auswertung

Abbildung A.8: Histogramm der Matlab- und FPGA-Auswertung (Frequenz)

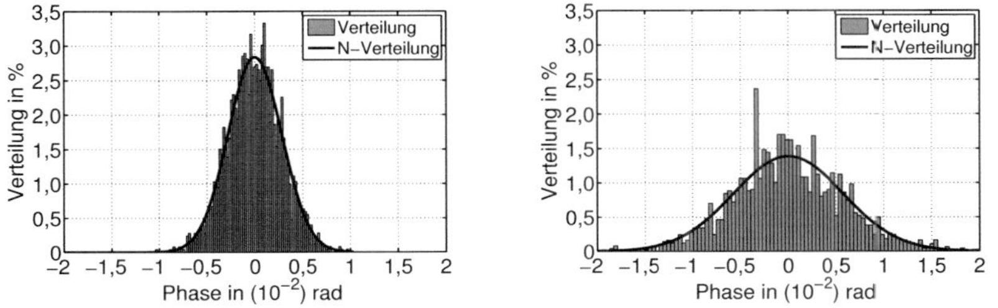

(a) Matlab-Auswertung (b) FPGA-Auswertung

Abbildung A.9: Histogramm der Matlab- und FPGA-Auswertung (Phase)

	Frequenzauswertung	Phasenauswertung
Matlab	125 µm	2,29 µm
FPGA	288 µm	4,75 µm

Tabelle A.3: Standardabweichungen bei fester Position des Radarziels

Fazit

Die Fließkommaarithmetik ermöglicht im FPGA eine hohe Rechengenauigkeit zur Berechnung der CZT. Die erreichte Genauigkeit der 32 Bit Fließkommaarithmetik ist dennoch der 80 Bit Fließkommaarithmetik in Matlab unterlegen. Trotz des hohen Unterschieds sind die Abweichungen zwischen FPGA- und Matlab-Auswertung gering. Im Vergleich zur FPGA-Auswertung mit 180 µs µbeträgt die Rechenzeit in Matlab für eine einzelne Position etwa 20 ms. Der Geschwindigkeitsvorteil durch das FPGA ist enorm. Die aktuelle Version der FPGA-Implementierung ist für die Entwicklung flexibel gestaltet. Daher sind Optimierungsmöglichkeiten gegeben, um eine angepasste Prozessierung durchzuführen. Die erreichten Genauigkeiten im FPGA zeigen, dass mit dem vorgestellten Ansatz eine echtzeitfähige Auswertung des Abstandes durchgeführt werden kann.

B Quadratische Nichtlinearität der Frequenzrampe

Eine quadratische Nichtlinearität auf der Frequenzrampe stellt eine langsame, aber große Abweichung von der idealen Rampenform dar, die bspw. in Systemen mit schlechter Regelung der Frequenzrampe entstehen können. In dieser Arbeit wird die quadratische Nichtlinearität als eine um die Zeit t_0 verschobene Parabel modelliert. Die größte Abweichung der Frequenz beträgt A_0. Ebenfalls wird eine symmetrische Störung angesetzt, so dass die größte Abweichung genau zur Hälfte der Rampendauer auftritt:

$$e(t) = A_1 \left(t - \frac{T}{2}\right)^2 - A_0 \quad . \tag{B.1}$$

Zu Beginn und am Ende der Frequenzrampe ist die Abweichung der Frequenz jeweils Null. Aus den Randbedingungen $e(0) = 0$ und $e(T) = 0$ ergibt sich bei bekannter Frequenzabweichung A_0 der Koeffizient A_1:

$$\begin{aligned} A_1 \left(-\frac{T}{2}\right)^2 - A_0 &\stackrel{!}{=} 0 \\ A_1 &= \frac{4A_0}{T^2} \end{aligned} \tag{B.2}$$

Die quadratische Störung $e(t)$ ist damit vollständig definiert:

$$e(t) = \frac{4}{T^2} A_0 t^2 - \frac{4}{T} A_0 t \quad . \tag{B.3}$$

Zur Berechnung des ZF-Signals wird (3.25) verwendet:

$$s_{\text{ZF}}(t) = \cos\left(\underbrace{2\pi\frac{B}{T}t\tau + 2\pi f_{\min}\tau}_{\phi_{\text{ZF}}(t)} + \underbrace{2\pi\left[\frac{4A_0}{T^2}t^2 - \frac{4A_0}{T}t\right]\tau}_{\text{Störung } 2\pi e(t)\tau = \phi_{\text{ZF,e}}(t)}\right) \quad . \tag{B.4}$$

Dabei treten die ideale Zwischenfrequenz f_{ZF}, die Phase ϕ_{ZF} sowie die Störung $\phi_{\text{ZF,e}}$ auf. Aufgrund der quadratischen Abhängigkeit von t besitzt das ZF-Signal eine lineare FM, die vergleichbar mit der sinusförmigen Störung ist. Zusätzlich wird die Frequenz verschoben. Eine Phasenänderung tritt nicht auf. Die Bewertung des Fehlers erfolgt vereinfacht über die Berechnung der mittleren Frequenzabweichung $\Delta f_{\text{ZF,e}}(t)$, die sich durch Ableitung des Störterms $\phi_{\text{ZF,e}}(t)$ ergibt:

$$\begin{aligned}\Delta f_{\text{ZF,e}}(t) &= \frac{1}{2\pi} \cdot \frac{\mathrm{d}\phi_{\text{ZF,e}}(t)}{\mathrm{d}t} \\ &= \frac{4A_0\tau}{T}\left(\frac{2}{T}t - 1\right) \quad .\end{aligned} \tag{B.5}$$

Anschließend wird die Frequenzabweichung über der Zeit gemittelt:

$$\begin{aligned}\frac{1}{T}\int_0^T \Delta f_{\text{ZF,e}}(t)\,\mathrm{d}t &= \frac{4A_0\tau}{T^2}\int_0^T\left(\frac{2}{T}t - 1\right)\mathrm{d}t \\ &= \frac{4A_0\tau}{T^2}\left(\frac{t^2}{T} - t\right)\bigg|_0^T \\ &= 0 \quad .\end{aligned} \tag{B.6}$$

Die mittlere Frequenzabweichung beträgt demzufolge Null. Die CZT führt bei der Berechnung der Frequenz eine Mittelung durch, so dass die Frequenzabweichung sich im Mittel ausgleicht und die ideale Zwischenfrequenz nicht beeinflusst wird. Allerdings wird aufgrund der FM-Störung das Spektrum des ZF-Signals verbreitert.

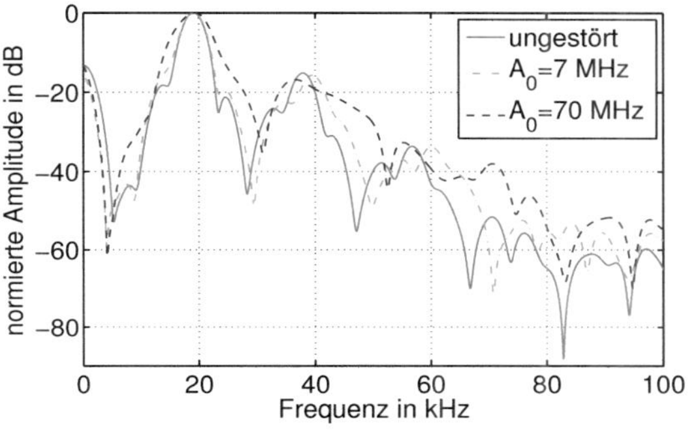

Abbildung B.1: Messergebnis des ZF-Signals im Frequenzbereich mit einer quadratischen Störung

Die Auswirkung der Verbreiterung des ZF-Signals lässt sich mit Hilfe der CRLB analysieren. Ein breiteres Maximum im Spektrum entspricht einer kürzeren Abtastdauer. Dadurch erhöht sich die Varianz der Frequenzauswertung.

Einfluss auf das ZF-Signal

Um die theoretische Analyse zu verifizieren, werden Messungen mit der quadratischen Nichtlinearität durchgeführt. Die Form der Rampe wird zuerst in Matlab erzeugt und anschließend an das DDS-Modul weitergegeben. Die Verbreiterung des Spektrums durch die Nichtlinearität und das ungestörte ZF-Signal sind in Abbildung B.1 zu sehen. Je größer die Störamplitude A_0 wird, desto breiter wird das Maximum im ZF-Signal. Da die Störung der Rampe nicht ideal und symmetrisch erfolgt, sondern aufgrund des VCOs Schwankungen unterworfen ist, führt dies zu einer asymmetrischen Verbreiterung und Verschiebung des Maximums. Beispielsweise besitzt das ZF-Signal mit Störamplitude von $A_0 = 70$ MHz ein leicht verschobenes Maximum, so dass ein starker Frequenz- und Abstandsfehler resultiert. Abbildung B.2 zeigt die Zunahme der Standardabweichung des Abstandsfehlers in Abhängigkeit der Frequenzabweichung A_0. Das ZF-Signal wird für eine Frequenzabweichung zwischen 0 MHz und 70 MHz für eine beliebige Position ausgewertet, da die resultierende Verbreiterung abstandsunabhängig ist. Insbesondere bei hohen Abweichungen über 70 MHz führt die Verbreiterung zu einer Standardabweichung von über 200 µm. Der maximale Fehler liegt in diesem Fall bei mehr als 1,2 mm. Die Messungen des Radarsystems (siehe Abschnitt 3.4) weisen keine konstanten Abweichungen von mehr als 2 MHz auf, so dass diese Art von Nichtlinearität vernachlässigt werden können.

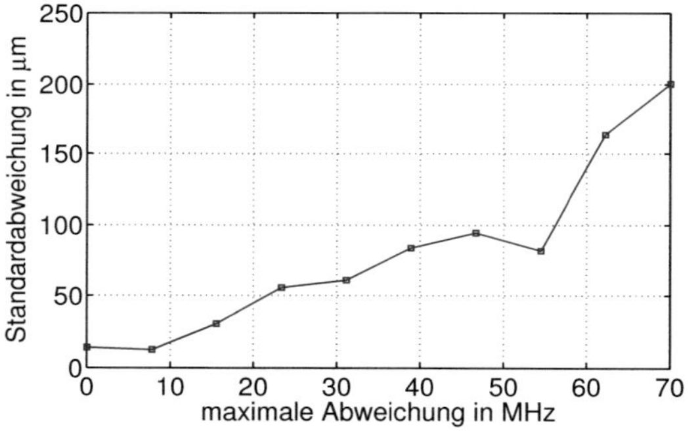

Abbildung B.2: Messergebnis des Abstandsfehlers in Abhängigkeit der quadratischen Frequenzabweichung

Literaturverzeichnis

[Aer11] Aeroflex/Inmet, Inc. *Specifications for A, AH Attenuators*, March 2011.

[Agr07] D. Agrez. Dynamics of Frequency Estimation in the Frequency Domain. *IEEE Transactions on Instrumentation and Measurement*, 56(6):2111–2118, Dec. 2007.

[Ana99] Analog Devices Inc. *Application Note: A Technical Tutorial On Digital Signal Synthesis*, 1st edition, Dec. 1999.

[Ana05] Analog Devices Inc. *Data Conversion Handbook*. Newnes, London, revised edition, 2005.

[Ana07] Analog Devices Inc. *Application Note: Determining if a Spur is Related to the DDS/DAC or to Some Other Source*, 2007.

[Ana08] Analog Devices Inc. *Tutorial MT-085: Fundametals of Direct Digital Synthesis (DDS)*, Aug. 2008.

[Ana11a] Analog Devices Inc. *Datasheet: PLL AD4118*, 2011.

[Ana11b] Analog Devices Inc. Simulationstool: ADIsimPLL. http://www.analog.com, 2011.

[Bal12] Constantine A. Balanis. *Antenna Theory - Analysis and Design*. John Wiley and Sons, New York, 3rd edition, 2012.

[Ban06] Dean Banerjee. *PLL Performance, Simulation and Design*. Dog Ear Publishing, 4th edition, 2006.

[BB93] Jr. Budge, M.C. and M.P. Burt. Range correlation effects in radars. In *Record of the 1993 IEEE National Radar Conference*, pages 212–216, April 1993.

[Blu70] Leo I Bluestein. A linear filtering approach to the computation of discrete Fourier transform. *IEEE Transactions on Audio and Electroacoustics*, 18(4):451–455, Dec. 1970.

[BMF14] Joerg Bauer, Daniel Mack, and Juergen Fleischer. Highly integrated high precision fluidic feed axis. *Procedia CIRP - 6th CIRP International Conference on High Performance Cutting*, 14(0):339 – 344, 2014.

[BR82] Michael K. Brewer and A.V. Raisanen. Dual-Harmonic Noncontacting Millimeter Waveguide Backshorts: Theory, Design, and Test. *IEEE Transactions on Microwave Theory and Techniques*, 30(5):708–714, 1982.

[Bru03] D. Brumbi. *Grundlagen der Radartechnik zur Füllstandmessung*. KROHNE Messtechnik GmbH und Co. KG, 2nd edition, 2003.

[BS91] I.N. Bronstein and K.A. Semendjajew. *Taschenbuch der Mathematik, 25.* Auflage, BG Teubner Verlagsgesellschaft, Stuttgart Leipzig und Verlag Nauka, Moskau, 1991.

[Buc12] David Buchanan. *Application Note AN-237: Choosing DACs for Direct Digital Synthesis*. Analog Devices Inc, 2012.

[BVL+12] F. Barbon, G. Vinci, S. Lindner, R. Weigel, and A. Koelpin. A six-port interferometer based micrometer-accuracy displacement and vibration measurement radar. In *IEEE MTT-S International Microwave Symposium Digest (IMS)*, pages 1–3, June 2012.

[CL01] Victor C. Chen and Hao Ling. *Time-Frequency Transforms for Radar Imaging and Signal Analysis*. Artech House, Norwood, 2001.

[Coh95] Leon Cohen. *Time-frequency Analysis*. Prentice Hall PTR, New Jersey, new edition, 1995.

[Col60] R. E. Collin. *Field Theory of Guided Waves*. New York: McGraw Hill, 1960.

[CST12] CST - Computer Simulation Technology AG. http://www.cst.com, 2012.

[EH79] Glenn F. Engen and Cletus A. Hoer. Thru-Reflect-Line: An Improved Technique for Calibrating the Dual Six-Port Automatic Network Analyzer. *IEEE Transactions on Microwave Theory and Techniques*, 27(12):987–993, Dec. 1979.

[End14] Endress+Hauser Messtechnik GmbH+Co. KG. Homepage. http://www.de.endress.com, 2014.

[Euv10] Euvis Inc. *Datasheet: Euvis DS872 High-Speed Direct Digital Synthesizer*, Dec. 2010.

[FK88] H. Flugel and E. Kuhn. Computer-aided analysis and design of circular waveguide tapers. *IEEE Transactions on Microwave Theory and Techniques*, 36(2):332–336, 1988.

[FLA11] FLANN MICROWAVE. *Microwave Products Catalogue*, March 2011.

[FM10] Henry A. Finney and Herbert E. Miller. *Understanding Digital Signal Processing*. Pearson Education, Amsterdam, 6th revised edition, 2010.

[Guo04] Qi Guoqing. High accuracy range estimation of FMCW level radar based on the phase of the zero-padded FFT. In *International Conference on Signal Processing*, volume 3, pages 2078–2081 vol.3, 2004.

[Har78] F.J. Harris. On the use of windows for harmonic analysis with the discrete Fourier transform. *Proceedings of the IEEE*, 66(1):51–83, Jan. 1978.

[HBB92] F. Hlawatsch and G.F. Boudreaux-Bartels. Linear and quadratic time-frequency signal representations. *IEEE Signal Processing Magazine*, 9(2):21–67, April 1992.

[Hei11] Heidenhain GmbH. *Application Note: Influence of Position Measurement on Accuracy in 5-Axis Machining*, Nov. 2011.

[Hei13] Heidenhain GmbH. *Application Note: Angle Encoders With Integral Bearing*, Sep. 2013.

[Hei14] Heidenhain GmbH. Homepage. http://www.heidenhain.de, 2014.

[HW89] W.A. Huting and K.J. Webb. Numerical analysis of rectangular and circular waveguide tapers. *IEEE Transactions on Magnetics*, 25(4):3095–3097, 1989.

[Inn14] InnoSenT GmbH. Homepage. http://www.innosent.de, 2014.

[JMW02] Friedrich Jondral, Ralf Machauer, and Anne Wiesler. *Software Radio - Adaptivität durch Parametrisierung; mit 14 Tabellen*. Schlembach, Wilburgstetten, 2002.

[JVB+12] T. Jaeschke, M. Vogt, C. Baer, C. Bredendiek, and N. Pohl. Improvements in distance measurement and SAR-imaging applications by using ultra-high resolution mm-wave FMCW radar systems. In *IEEE MTT-S International Microwave Symposium Digest (IMS)*, pages 1–3, June 2012.

[Kay13] Steven M. Kay. *Fundamentals of Statistical Signal Processing, Volume III - Practical Algorithm Development*. Prentice-Hall PTR, Upper Saddle River, har/cdr edition, 2013.

[Ker13] Dominik Kern. *Neuartige Drehgelenke für reibungsarme Mechanismen: Auslegungskriterien und Berechnungsmethoden*. PhD thesis, Karlsruher Institut für Technologie, Karlsruhe, 2013.

[Key12] Keysight Technologies Inc. Advanced Design System (ADS). http://www.keysight.com, 2012.

[Key14] Keysight Technologies Inc. *Datasheet: Infiniium 90000 X-Series Oscilloscope*, Oct. 2014.

[Lab14] Laboratorium Fertigungstechnik - Helmut-Schmidt-Universität-Universität der Bundeswehr Hamburg. SPP1476 Projekt Homepage. http://www.SPP1476.de, 2014.

[LBL+14] S. Lindner, F. Barbon, S. Linz, S. Mann, R. Weigel, and A. Koelpin. Distance measurements based on guided wave 24 GHz dual tone six-port radar. In *European Radar Conference (EuRAD)*, pages 57–60, Oct. 2014.

[LBM+13] S. Lindner, F. Barbon, S. Mann, G. Vinci, R. Weigel, and A. Koelpin. Dual tone approach for unambiguous six-port based interferometric distance measurements. In *IEEE MTT-S International Microwave Symposium Digest (IMS)*, pages 1–4, June 2013.

[LC08] Yan Feng Li and Kui Fu Chen. Eliminating the picket fence effect of the fast Fourier transform. *Computer Physics Communications*, 178(7):486 – 491, 2008.

[Lew55] L. Lewin. Propagation in curved and twisted waveguides of rectangular cross-section. *Proceedings of the IEE - Part B: Radio and Electronic Engineering*, 102(1):75–80, Jan. 1955.

[LKJ10] F.P. León, U. Kiencke, and H. Jäkel. *Signale und Systeme*. Oldenbourg Wissenschaftsverlag, 2010.

[LZ09] W. Lu and Q. Zhang. Deconvolutive Short-Time Fourier Transform Spectrogram. *IEEE Signal Processing Letters*, 16(7):576–579, July 2009.

[Mö05] Ville S. Möttönen. *Receiver Front-End Circuits And Components for Millimetre and Submillimetre Wavelengths*. PhD thesis, Helsinki University of Technology, Helsinki, April 2005.

[Map12] Maplesoft. http://www.maplesoft.com, 2012.

[Mat12] MathWorks GmbH. http://de.mathworks.com, 2012.

[MBV08] S. Max, C. Bohn, and M. Vossiek. State Observation Using the Phase and the Beat Frequency of a FMCW Radar for Precise Local Positioning and Line-of-Sight Detection. In *IEEE Vehicular Technology Conference*, pages 1–5, Sep. 2008.

[MOR90] R.H. MacPhie, M. Opie, and C. R. Ries. Input impedance of a coaxial line probe feeding a circular waveguide in the TM01 mode. *IEEE Transactions on Microwave Theory and Techniques*, 38(3):334–337, 1990.

[MPG+06] T. Musch, N. Pohl, M. Gerding, B. Will, J. Hausner, and B. Schiek. Radar Distance Measurements in Over-sized Circular Waveguides. In *European Microwave Conference*, pages 1036–1039, Sep. 2006.

[Mus03] T. Musch. A high precision 24-GHz FMCW radar based on a fractional-N ramp-PLL. *IEEE Transactions on Instrumentation and Measurement*, 52(2):324–327, April 2003.

[MVG08] S. Max, M. Vossiek, and P. Gulden. Fusion of FMCW secondary radar signal beat frequency and phase estimations for high precision distance measurement. In *European Radar Conference (EuRAD)*, pages 124–127, Oct 2008.

[Nat13] National Instruments. *Datasheet: NI USB 6361*, 2013.

[PGW+07] N. Pohl, M. Gerding, B. Will, T. Musch, J. Hausner, and B. Schiek. High Precision Radar Distance Measurements in Overmoded Circular Waveguides. *IEEE Transactions on Microwave Theory and Techniques*, 55(6):1374–1381, 2007.

[Phy14a] Physik Instrumente PI GmbH und Co. KG. *Datasheet: M-413 High-Load Precision Stage*, 2014.

[Phy14b] Physik Instrumente PI GmbH und Co. KG. *Datasheet: M-660 Rotation Stage*, 2014.

[Phy14c] Physik Instrumente PI GmbH und Co. KG. *Datasheet: M-683 Dynamic Micropositioning Stage*, 2014.

[PKPZ10] P. Pahl, T. Kayser, M. Pauli, and T. Zwick. Evaluation of a high accuracy range detection algorithm for FMCW/phase radar systems. In *European Radar Conference (EuRAD)*, pages 160–163, 2010.

[Poz12] David M. Pozar. *Microwave Engineering*. Wiley India, 2012.

[Ren09] Renishaw GmbH. *Application Note: The accuracy of angle encoders*, Sep. 2009.

[Ren14a] Renishaw GmbH. *Application Note: Ultra-accurate lens measuring systems features advanced air bearing and encoder technologies*, Feb. 2014.

[Ren14b] Renishaw GmbH. Homepage. http://www.renishaw.de, 2014.

[RGV08] S. Roehr, P. Gulden, and M. Vossiek. Precise Distance and Velocity Measurement for Real Time Locating in Multipath Environments Using a Frequency-Modulated Continuous-Wave Secondary Radar Approach. *IEEE Transactions on Microwave Theory and Techniques*, 56(10):2329–2339, Oct 2008.

[Rho06] Rhode und Schwarz. *Datasheet: Microwave Signal Generator SMR*, June 2006.

[Rib52] H.J. Riblet. The Short-Slot Hybrid Junction. *Proceedings of the IRE*, 40(2):180–184, Feb. 1952.

[RK89] R. Roy and T. Kailath. ESPRIT-estimation of signal parameters via rotational invariance techniques. *IEEE Transactions on Acoustics, Speech and Signal Processing*, 37(7):984–995, 1989.

[RSR69] L. Rabiner, R.W. Schafer, and C.M. Rader. The chirp z-transform algorithm. *IEEE Transactions on Audio and Electroacoustics*, 17(2):86–92, 1969.

[SCW+13] A. Strobel, C. Carlowitz, R. Wolf, F. Ellinger, and M. Vossiek. A Millimeter-Wave Low-Power Active Backscatter Tag for FMCW Radar Systems. *IEEE Transactions on Microwave Theory and Techniques*, 61(5):1964–1972, May 2013.

[SDLT99] A. Stelzer, C.G. Diskus, K. Lubke, and H.W. Thim. A microwave position sensor with submillimeter accuracy. *IEEE Transactions on Microwave Theory and Techniques*, 47(12):2621–2624, Dec 1999.

[SDW01] A. Stelzer, C.G. Diskus, and R. Weigel. Accuracy considerations and FMCW operation of a six-port device. In *Asia Pacific Microwave Conference (APMC)*, volume 2, pages 407–410 vol.2, Dec 2001.

[Sko08] M. Skolnick. *Radar Handbook, Third Edition*. McGraw-Hill Education, New York, 3rd revised edition, 2008.

[SM97] Petre Stoica and Randolph Moses. *Introduction to Spectral Analysis*. Prentice Hall, London, new. edition, 1997.

[SPP13] Projekt Partner SPP1476. Special Issue: Small Machine Tools for Small Workpieces - Paradigm Change in Machine Tool Development. *Production Engineering - Research and Development*, 7(5), 2013.

[Sto66] Thomas G. Stockham, Jr. High-speed Convolution and Correlation. In *Proceedings of the Spring Joint Computer Conference*, AFIPS '66 (Spring), pages 229–233, New York, NY, USA, 1966. ACM.

[Stu14] Christian Andreas Sturm. *Gemeinsame Realisierung von Radar-Sensorik und Funkkommunikation mit OFDM-Signalen*. PhD thesis, Karlsruher Institut für Technologie, Karlsruhe, 2014.

[SU79] F. Sporleder and H.-G. Unger. *Waveguide Tapers,Transitions and Couplers*. London: Peter Peregrinus Ltd., 1979.

[Tal12] Daniel B. Talbot. *Frequency Acquisition Techniques for Phase Locked Loops*. John Wiley and Sons, New York, 2012.

[TEV13] K. Thurn, R. Ebelt, and M. Vossiek. Noise in Homodyne FMCW radar systems and its effects on ranging precision. In *IEEE MTT-S International Microwave Symposium Digest (IMS)*, pages 1–3, June 2013.

[Tex07] Texas Instruments. *Datasheet: ADS1605 16-Bit, 5MSPS, Analog-to-Digital Converter*, May 2007.

[TWK98] Manfred K. A. Thumm, Werner Wiesbeck, and Stefan Kern. *Hochfrequenzmesstechnik: Verfahren und Messsysteme*. Teubner, Stuttgart, 1998.

[VEG14] VEGA Grieshaber KG. Homepage. http://www.vega.com, 2014.

[Vol59] Jack E. Volder. The CORDIC Trigonometric Computing Technique. *IRE Transactions on Electronic Computers*, EC-8(3):330–334, 1959.

[VW03] Yan Venot and W. Wiesbeck. 76.5 GHz radar sensor for contact-free distance measurement with micrometer accuracy. In *Proceedings of IEEE Sensors*, volume 1, pages 216–221, Oct 2003.

[WGKK10] J.P. Wulfsberg, S. Grimske, P. Kohrs, and N. Kong. Kleine Werkzeugmaschinen für kleine Werkstücke - Zielstellungen und Vorgehensweise des DFG-Schwerpunktprogramms 1476. In *wt Werkstattstechnik online (11/12)*, pages 886–891, 2010.

[WHW$^+$11] Hermann Winner, Stephan Hakuli, Gabriele (Eds.) Wolf, Hermann Winner, Stephan Hakuli, and Gabriele Wolf. *Handbuch Fahrerassistenzsysteme*. Vieweg+Teubner Verlag / Springer Fachmedien Wiesbaden GmbH, Wiesbaden, 2nd edition, 2011.

[WKM95] T.M. Weller, L.P.B. Katehi, and William R. McGrath. Analysis and design of a novel noncontacting waveguide backshort. *IEEE Transactions on Microwave Theory and Techniques*, 43(5):1023–1030, May 1995.

[WVW+13] J. Wulfsberg, A. Verl, K.-H. Wurst, S. Grimske, C. Batke, and T. Heinze. Modularity in small micro machine tools. *Production Engineering - Research and Development*, 7(5):493–490, 2013.

[Xil14a] Xilinx. *Application Note: LogiCORE IP Fast Fourier Transform v7.1*, Apr. 2014.

[Xil14b] Xilinx. *Data Sheet: Virtex-5 FPGA*, Dec. 2014.

[Zwi04] T. Zwick. How to: Calibrating and de-embedding, 2004.

[ZWN09] Q.C. Zhu, A.G. Williamson, and M.J. Neve. Design of coaxial line-to-circular waveguide transitions. In *IEEE MTT-S International Microwave Symposium Digest (IMS)*, pages 265–268, 2009.

Eigene Veröffentlichungen

Journalartikel

[1] S. Diebold, **S. Ayhan**, S. Scherr, H. Massler, A. Tessmann, A. Leuther, O. Ambacher, T. Zwick, and I. Kallfass. A W-Band MMIC Radar System for Remote Detection of Vital Signs. *Journal of Infrared, Millimeter, and Terahertz Waves*, 33(12):1250–1267, 2012.

[2] J. Bauer, D. Kern, **S. Ayhan**, S. Scherr, S. Fleischer, W. Seemann, and T. Zwick. Planar positioning stage for micro machining. *Production Engineering - Research and Development*, 7(5):511–516, 2013.

[3] **S. Ayhan**, S. Scherr, P. Pahl, T. Kayser, M. Pauli, and T. Zwick. High-Accuracy Range Detection Radar Sensor for Hydraulic Cylinders. *IEEE Sensors Journal*, 14(3):734–746, 2014.

[4] S. Scherr, **S. Ayhan**, G. Adamiuk, P. Pahl, and T. Zwick. Ultrawide Bandwidth -Hybrid-Coupler in Planar Technology. *International Journal of Microwave Science and Technology*, 14(Article ID 486051):6 pages, 2014.

[5] **S. Ayhan**, S. Scherr, P. Pahl, S. Walde, M. Pauli, and T. Zwick. Radar-Based High-Accuracy Angle Measurement Sensor Operating in the K-Band. *IEEE Sensors Journal*, 15(2):937–945, 2015.

[6] S. Scherr, **S. Ayhan**, B. Fischbach, A. Bhutani, M. Pauli, and T. Zwick. An Efficient Frequency and Phase Estimation Algorithm With CRB Performance for FMCW Radar Applications. *IEEE Transactions on Instrumentation and Measurement*, PP(99):1–1, 2015.

Konferenzbeiträge

[7] **S. Ayhan**, P. Pahl, T. Kayser, M. Pauli, and T. Zwick. Frequency estimation algorithm for an extended FMCW radar system with additional phase evaluation. In *German Microwave Conference (GeMIC)*, pages 1–4, March 2011.

[8] **S. Ayhan**, M. Pauli, S. Scherr, and T. Zwick. Millimeterwellen Radar-Sensorik zur hochgenauen Positionsmessung in kleinen Werkzeugmaschinen. In *Radar, Communication and Measurement Workshop (RADCOM)*, April 2011.

[9] **S. Ayhan**, M. Pauli, T. Kayser, S. Scherr, and T. Zwick. FMCW radar system with additional phase evaluation for high accuracy range detection. In *European Radar Conference (EuRAD)*, pages 117–120, Oct. 2011.

[10] S. Scherr, Xuyang Li, **S. Ayhan**, and T. Zwick. A polarity correlator in a UWB-PN-Radar for the detection of multiple targets. In *European Radar Conference (EuRAD)*, pages 210–213, Oct. 2011.

[11] **S. Ayhan**, V. Vu-Duy, P. Pahl, S. Scherr, M. Hübner, J. Becker, and T. Zwick. FPGA controlled DDS based frequency sweep generation of high linearity for FMCW radar systems. In *German Microwave Conference (GeMiC)*, pages 1–4, March 2012.

[12] M. Pauli, **S. Ayhan**, S. Scherr, C. Rusch, and T. Zwick. Range detection with micrometer precision using a high accuracy FMCW radar system. In *International Multi-Conference on Systems, Signals and Devices (SSD)*, pages 1–4, March 2012.

[13] M. Pauli, **S. Ayhan**, S. Scherr, and T. Zwick. Hochpräzise Millimeterwellen-Radarsensorik zur Abstandsmessung. In *Electric and Electronic Engineering for Communication Workshop (EEEfCOM)*, May 2012.

[14] **S. Ayhan**, S. Diebold, S. Scherr, A. Tessmann, O. Ambacher, I. Kallfass, and T. Zwick. A 96 GHz radar system for respiration and heart rate measurements. In *IEEE MTT-S International Microwave Symposium Digest (IMS)*, pages 1–3, June 2012.

[15] **S. Ayhan**, S. Scherr, M. Pauli, and T. Zwick. FMCW radar in oil-filled waveguides for range detection in hydraulic cylinders. In *European Radar Conference (EuRAD)*, pages 63–66, Oct. 2012.

[16] S. Scherr, **S. Ayhan**, M. Pauli, and T. Zwick. Accuracy limits of a K-band FMCW radar with phase evaluation. In *European Radar Conference (EuRAD)*, pages 246–249, Oct. 2012.

[17] S. Diebold, D. Goetzl, **S. Ayhan**, S. Scherr, P. Pahl, H. Massler, A. Tessmann, A. Leuther, O. Ambacher, T. Zwick, and I. Kallfass. W-band MMIC radar modules for remote detection of vital signs. In *European Microwave Integrated Circuits Conference (EuMIC)*, pages 195–198, Oct. 2012.

[18] T. Beuth, **S. Ayhan**, and T. Zwick. Einführung eines fakultäts- und semesterübergreifenden, frühphasigen Teampraktikums für die elektro- und informationstechnischen Bachelorstudiengänge am KIT. In *Tagungsband zur Teaching-Learning Fachkonferenz 2013, movING Forward - Engineering Education from vision to mission*, 2013.

[19] N. Pohl, T. Jaschke, S. Scherr, **S. Ayhan**, M. Pauli, T. Zwick, and T. Musch. Radar measurements with micrometer accuracy and nanometer stability using an ultra-wideband 80 GHz radar system. In *IEEE Topical Conference on Wireless Sensors and Sensor Networks (WiSNet)*, pages 31–33, Jan. 2013.

[20] S. Scherr, **S. Ayhan**, H. Gulan, M. Pauli, and T. Zwick. 61 GHz ISM Band FMCW Radar For Applications Requiring High Accuracy. In *Asia Pacific Microwave Conference (APMC)*, Nov. 2014.

[21] **S. Ayhan**, S. Thomas, N. Kong, S. Scherr, M. Pauli, T. Jaeschke, J. Wulfsberg, N. Pohl, and T. Zwick. Millimeter-wave Radar Distance Measurements in Micro Machining. In *IEEE Topical Conference on Wireless Sensors and Sensor Networks (WiSNet)*, Jan. 2015.

[22] S. Scherr, **S. Ayhan**, J. Hofmann, M. Pauli, and T. Zwick. Sweep Time Variation Algorithm for High Accuracy FMCW Radar Measurements. In *German Microwave Conference (GeMIC)*, March 2015.

[23] **S. Ayhan**, S. Scherr, A. Bhutani, M. Pauli, and T. Zwick. Radar Sensor for Waveguide based Distance Measurements in Machine Tool Components. In *International Conference on Microwaves for Intelligent Mobility (ICMIM)*, April 2015.

Sonstige Beiträge

[24] **S. Ayhan**, S. Scherr, C. Rusch, and T. Zwick. *Abstände mikrometergenau bestimmen*, page 264. publish-industry Verlag GmbH, 2011.

[25] S. Scherr, **S. Ayhan**, M. Pauli, and T. Zwick. *Hydraulikzylinder mikrometergenau steuern*, page 76. publish-industry Verlag GmbH, 2012.

[26] S. Fleischer, W. Seemann, T. Zwick, **S. Ayhan**, J. Bauer, D. Kern, and S. Scherr. *Antriebsmodul für die Mikrobearbeitung - Parallelkinematisches hydraulisches Antriebsmodul mit Radarpositionsmessung*, Heft/Band 11/12, pages 724–729. Verlag Springer-VDI-Verlag, 2012.

[27] **S. Ayhan**, J. Bauer, A. Gerdes, S. Grimske, T. Heinze, D. Kern, C. Müller, and J. Pollmann. *Effektiv auf kleinstem Raum*. Carl-Hanser Verlag, München, 2013.